现代水声技术与应用丛书

杨德森　主编

成像声呐技术及应用

卞红雨　张志刚　刘雨希 等　著

科学出版社
龙门书局
北京

内 容 简 介

　　本书主要针对声呐探测设备中用于高分辨探测的一类设备——成像声呐，论述高分辨成像声呐及其在海洋开发中的应用。第1章介绍成像声呐的种类、应用领域及典型产品；第2章介绍成像声呐数据处理中的常用技术；第3～9章针对成像声呐的典型应用，论述几个具体应用实例的实现原理与图像数据处理过程，包括利用前视声呐获得的海底图像进行载体的运动参数估计（第3章）、利用前视声呐获得的序列声呐图像拼接实现大范围探测（第4～6章）、利用多波束测深声呐和侧扫声呐获得的水下地形地貌匹配实现潜器自主定位（第7～9章）。

　　本书可作为海洋开发等领域科技人员和高等院校及科研院所水声工程专业高年级本科生和研究生的参考书。

图书在版编目（CIP）数据

　　成像声呐技术及应用 / 卞红雨等著.—北京：龙门书局，2023.11

　　（现代水声技术与应用丛书 / 杨德森主编）

　　国家出版基金项目

　　ISBN 978-7-5088-6360-3

　　Ⅰ. ①成… Ⅱ. ①卞… Ⅲ. ①声呐－成像－研究 Ⅳ. ①U666.72

　　中国国家版本馆 CIP 数据核字（2023）第 219027 号

责任编辑：王喜军　高慧元　张　震 / 责任校对：郝甜甜
责任印制：徐晓晨 / 封面设计：无极书装

科 学 出 版 社
龍 門 書 局 出版

北京东黄城根北街 16 号
邮政编码：100717
http://www.sciencep.com

三河市春园印刷有限公司印刷

科学出版社发行　各地新华书店经销

＊

2023 年 11 月第 一 版　　开本：720 × 1000　1/16
2023 年 11 月第一次印刷　　印张：16 1/2　插页：6
字数：343 000

定价：148.00 元

（如有印装质量问题，我社负责调换）

丛 书 序

海洋面积约占地球表面积的三分之二，但人类已探索的海洋面积仅占海洋总面积的百分之五左右。由于缺乏水下获取信息的手段，海洋深处对我们来说几乎是黑暗、深邃和未知的。

新时代实施海洋强国战略、提高海洋资源开发能力、保护海洋生态环境、发展海洋科学技术、维护国家海洋权益，都离不开水声科学技术。同时，我国海岸线漫长，沿海大型城市和军事要地众多，这都对水声科学技术及其应用的快速发展提出了更高要求。

海洋强国，必兴水声。 声波是迄今水下远程无线传递信息唯一有效的载体。水声技术利用声波实现水下探测、通信、定位等功能，相当于水下装备的眼睛、耳朵、嘴巴，是海洋资源勘探开发、海军舰船探测定位、水下兵器跟踪导引的必备技术，是关心海洋、认知海洋、经略海洋无可替代的手段，在各国海洋经济、军事发展中占有战略地位。

从 1953 年中国人民解放军军事工程学院（即"哈军工"）创建全国首个声呐专业开始，经过数十年的发展，我国已建成了由一大批高校、科研院所和企业构成的水声教学、科研和生产体系。然而，我国的水声基础研究、技术研发、水声装备等与海洋科技发达的国家相比还存在较大差距，需要国家持续投入更多的资源，需要更多的有志青年投入水声事业当中，实现水声技术从跟跑到并跑再到领跑，不断为海洋强国发展注入新动力。

水声之兴，关键在人。 水声科学技术是融合了多学科的声机电信息一体化的高科技领域。目前，我国水声专业人才只有万余人，现有人员规模和培养规模远不能满足行业需求，水声专业人才严重短缺。

人才培养，著书为纲。 书是人类进步的阶梯。推进水声领域高层次人才培养从而支撑学科的高质量发展是本丛书编撰的目的之一。本丛书由哈尔滨工程大学水声工程学院发起，与国内相关水声技术优势单位合作，汇聚教学科研方面的精英力量，共同撰写。丛书内容全面、叙述精准、深入浅出、图文并茂，基本涵盖了现代水声科学技术与应用的知识框架、技术体系、最新科研成果及未来发展方向，包括矢量声学、水声信号处理、目标识别、侦察、探测、通信、水下对抗、传感器及声系统、计量与测试技术、海洋水声环境、海洋噪声和混响、海洋生物声学、极地声学等。本丛书的出版可谓应运而生、恰逢其时，相信会对推动我国水声事业的发展发挥重要作用，为海洋强国战略的实施做出新的贡献。

　　在此，向 60 多年来为我国水声事业奋斗、耕耘的教育科研工作者表示深深的敬意！向参与本丛书编撰、出版的组织者和作者表示由衷的感谢！

中国工程院院士　杨德森

2018 年 11 月

自　序

由于海洋开发活动的日益深入，近年来各种声呐设备得到了长足的发展。在水下高分辨探测领域，科研工作者和工程技术人员围绕前视声呐、侧扫声呐、剖面声呐、多波束测深声呐、合成孔径声呐等开展了深入研究，在基础理论和前沿技术方面取得多项进展，产品性能不断提升。这些声呐设备能够以固定或者拖曳方式搭载于各种测量船，也可以固定安装于 AUV、ROV 等潜水器，广泛用于水下目标探测与跟踪、海底地形地貌测绘、海底地质勘查、海洋资源调查等水下工程的各个领域。

由于性能的不断提高，上述声呐设备除了具备传统的探测/测量功能之外，在利用初始探测数据进行后续开发应用方面展现了更多的可能，这也是本书的主要内容。

本书将具有水下高分辨探测能力、探测结果以图像方式呈现的声呐设备统称为成像声呐，论述了成像声呐及其在海洋开发中的应用。

第 1 章介绍了成像声呐的种类、应用领域及典型产品。第 2 章介绍了成像声呐数据处理中的常用技术，如数据可视化、声呐图像的预处理、目标检测的实现等。之后针对成像声呐的几个典型应用，论述了几个具体应用实例的实现原理与图像数据处理过程。第 3 章介绍利用前视声呐获得的海底图像估计载体的运动参数。第 4～6 章论述利用前视声呐获得的序列声呐图像拼接实现大范围探测，包括声呐图像的配准、序列声呐图像的位姿优化、声呐图像拼接等内容。第 7～9 章介绍利用多波束测深声呐和侧扫声呐获得的水下地形地貌匹配实现潜器的自主定位，包括海底地形的图像匹配定位、海底地形图像的适配性分析、海底地形地貌的联合匹配定位等内容。

卞红雨撰写了第 1 章，并和刘雨希完成了第 2 章，张志刚撰写了第 3 章，卞红雨和张健合作完成了第 4～6 章，卞红雨、宋子奇和张锋合作完成了第 7～9 章。

希望本书能为水声工程、海洋开发、水利工程等领域相关方向的科研人员及相关专业的高年级本科生和研究生提供帮助。

感谢国家重点研发计划项目"典型场景鱼类智能传感器与监测系统研发及应用"（项目编号：2022YFB3206900）课题"多平台声图像传感技术研究与装备研制"（课题编号：2022YFB3206902）对本书研究成果的支持。

感谢在本书完成过程中给予帮助的研究生。

本书的大部分内容来自作者及其学生的研究成果，若有疏漏之处还请广大读者批评指正。

作　者

2023 年 5 月

目　　录

第1章 成像声呐概述

随着海洋开发的日益深入，以声波作为信息载体在水中进行探测、定位、导航与通信的声呐设备得到了越来越多的应用。成像声呐作为声呐设备中的一个分支，由于探测或测量精度高，在水下精细探测中发挥着越来越大的作用。对于成像声呐目前并没有严格的概念或者定义。本书从应用的角度出发，把具有水下高分辨探测能力、探测结果显示为图像，可以利用图像处理方法做进一步处理的声呐，均视为成像声呐。成像声呐通常具有以下特征：

（1）工作频率高于传统的远距离探测声呐，通常在几十万赫兹，更高的可以达到几兆赫兹，个别的如剖面声呐在十几赫兹或几万赫兹；

（2）体积较小，基阵孔径在几十厘米量级；

（3）大部分作用距离在几百米，有的只有数十米甚至数米；

（4）声呐的探测结果以图像的方式呈现，并且具有形状或者纹理特征。

1.1 成像声呐的种类

按照如上理解，本书将前视声呐、侧扫声呐、多波束测深声呐等均称为成像声呐。

1.1.1 前视声呐

前视声呐（forward looking sonar）的名称来源于其安装使用方式。这类声呐的声基阵经常安装于载体的前方（有时也安装于侧方），根据具体需求，俯仰角度稍有不同，但工作范围大致为一个向前的扇面，主要用于探测水中环境以及目标。

前视声呐的发射阵和接收阵通常是分置的，其作业示意图如图 1-1 所示。

发射阵发射具有一定水平和垂直角度范围的球面棱锥（立体扇面）形状的声波，接收阵的各个基元接收不同距离的声回波，根据波束形成技术，参见文献[1]，形成指向不同角度的多个接收波束，各角度波束在不同距离上的回波强弱，反映了空间对应位置对声波的散射能力。通常当水中存在目标时，空间对

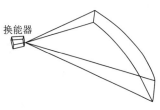

图 1-1 前视声呐作业图

应位置接收的声回波较强，根据目标的大小以及成像性能，有可能在目标亮区后出现阴影；当目标在海底时，阴影区与目标区相连；当目标在水中时，阴影区与目标区分开一段距离或观察不到。

根据获取信息的维度，前视声呐可以分为二维前视声呐和三维前视声呐。二维前视声呐的接收基阵一般为一维线阵或者圆弧阵，可以提供水下环境的距离信息与方位角信息；三维前视声呐的接收基阵一般为二维面阵或球冠阵，除了水下环境的距离信息与方位角信息，还可以提供俯仰角信息。图 1-2 是前视声呐成像图，分别来自 Oculus 二维前视声呐和 Echoscope 三维前视声呐。

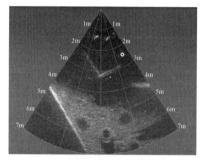 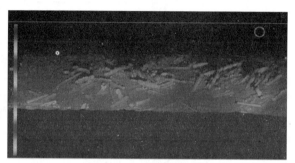

(a) Oculus声呐成像图[2]　　　　　　　　　　　　(b) Echoscope声呐成像图[3]

图 1-2　二维和三维前视声呐的成像图（彩图附书后）

以上两种前视声呐均属于多波束前视声呐，即由于采用了多个基元构成接收基阵，可以同时生成一维方向或者二维方向的多个接收波束。

如果声呐的工作方式为扫描式，则单个接收基元的波束沿水平方向扫描可以获得类似二维多波束前视声呐的信息；水平方向的一维线阵形成的波束沿垂直方向扫描可以获得类似三维多波束前视声呐的信息，反之亦然。扫描式前视声呐的优点是阵元数相对少，相应的电路规模和数据量小，体积小，能耗和成本均相对较低；但缺点是探测速度慢，只能用于水中静止或者低速目标的探测，不适于高速目标探测。

根据波束形成的方式，前视声呐又可以分为电子波束形成声呐和透镜声呐。

包括前视声呐在内的大部分成像声呐均属于电子波束形成声呐，波束形成方法以时移和相移波束形成方法为代表。与此不同，透镜声呐仿照光学透镜的聚焦原理，利用声学透镜的聚焦形成波束。这样做的好处是最大限度地减少了电子电路的规模，而且成像速度快、功耗低，可以采用更高的工作频率以获得更好的角度分辨率。透镜声呐通常用于浑浊水域极近距离的精细探测，由于其高帧率和高质量的成像，被称为水下声学摄像机（acoustical video）。

本书第 3～5 章均以透镜声呐获取的数据为依托。

1.1.2 侧扫声呐

侧扫声呐（side-scan sonar）安装于拖鱼或其他载体，如遥控潜水器（remote operated vehicle，ROV）、自主水下机器人（autonomous underwater vehicle，AUV）的左右两侧下方，主要用于海底地貌以及海底目标的大范围探测，必须依赖扫描完成作业。这是将这类声呐称为 side-scan sonar 的原因。

侧扫声呐一般采用收发合置型基阵，形状为与载体运动方向平行的细长条状。将垂直于载体运动方向称为横向，平行于载体运动方向称为纵向，侧扫声呐向载体两侧的下方水中发射横向宽、纵向窄的声波波束。图 1-3 为其工作示意图[4]。

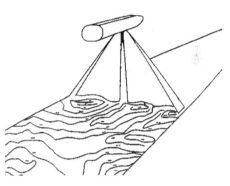

横向宽波束角可以获得大的海底覆盖范围，纵向窄波束角可以获得好的纵向分辨率。测量不同时间的回波强度，并将时间折算成距离，可以得到距离声学中心不同斜距的水下回波强度。根据横向波束开角、安装角，以及水深和载体的倾角，可以进一步将斜距换算为横向距离，再结合载体的纵向运动，可以得到以航迹为中心的反映海底回波强度的侧扫声呐图像。

图 1-3　侧扫声呐工作示意图

图 1-4 为 EdgeTech 公司的 4200 型侧扫声呐获得的海底图像。

图 1-4　侧扫声呐获得的海底图像

当海底较为平坦且对声波散射均匀时，侧扫声呐的回波强度较为平稳；当海底存在目标或者大的起伏以及海底底质不均匀时，侧扫声呐回波会出现明显的强度变化。例如，目标散射区回波强，而被目标遮挡的海底区域会出现阴影。

第 2 章的部分数据来源于侧扫声呐。

1.1.3　多波束测深声呐

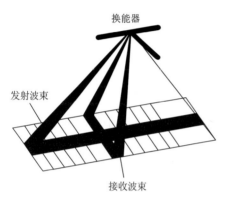

换能器

发射波束

接收波束

图 1-5　多波束测深声呐工作示意图

多波束测深（multi-beam echo sounders）声呐用于测量海底地形。声基阵为收发分置型，基本阵形为呈 T 形布放的两个长条阵，布放于测量船底。其中发射阵沿龙骨方向（称为纵向）向测量船正下方发射横向宽而纵向窄的波束扇面。接收阵与发射阵垂直，由多基元组成，可以形成沿横向分布的多个窄波束。其工作示意图如图 1-5 所示。

通过测量每个波束的海底反射回波到达的时间（时延），并结合海洋声速信息、测量船运动信息等，可以折算出每个波束脚印对应的大地坐标和海底深度。测量船沿规划测线航行，可以完成大面积海底地形的测绘工作。图 1-6 为 Norbit 集成化便携式多波束测深系统及其获得的地形伪彩图，图中用不同颜色表示不同深度。

图 1-6　Norbit 多波束测深系统及地形伪彩图[5]（彩图附书后）

多波束测深声呐与传统的回声测深仪的本质区别在于，后者为单点测深，实际应用中效率低、精度差。而多波束测深声呐一个收发周期（每 ping）可以同时测得发射波束覆盖条带内的多点的深度，因此曾被称为条带测深仪。在海洋测绘和海洋工程领域，有时将多波束测深声呐简称为多波束声呐。但多波束本身是一个与波束形成及阵处理相关的技术概念，如 1.1.1 节所述，大部分前视声呐是多波束声呐，从这个角度并不建议将多波束声呐作为测深声呐的简称。

由于多波束测深声呐具有较高的测量精度和分辨率，尽管测得的是海底高程，但在某些应用中，可以将其显示为图像形式，并提取图像的特征加以应用。第 6～8 章介绍了该方向的应用实例。

合成孔径声呐是一种新型的成像声呐，工作原理与合成孔径雷达相似，利用载体的运动形成大尺度的虚拟阵，从而提高声呐的分辨率。具有分辨率与工作频率和成像距离无关的特点，可以获得比常规阵高 1～2 个数量级的分辨率。其图像形式及物理意义与侧扫声呐类似，故不作单独介绍。

1.2　成像声呐的应用领域

成像声呐常常与各种 ROV、AUV 以及水面船配合，完成各种水下作业。

前视声呐可用于水下小目标探测跟踪、水下场景的监测、水下目标识别等。应用领域包括水下安防、AUV 与 ROV 的环境感知与目标探测、水下避碰及船舶导航、海管探测及巡检、水下救援、深水布放等。

图 1-7 是多波束二维前视声呐 BlueView 及其获得的蛙人图像。该系列声呐是目前应用较多的二维声呐，体积小巧，集成度高，功耗低。

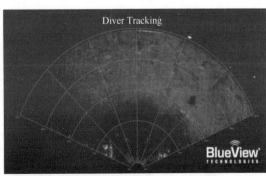

图 1-7　BlueView 及其获得的蛙人图像[6]

图 1-8 是一种主要用于避碰的前视声呐 iScan-180。

图 1-8　前视声呐 iScan-180[7]

该声呐扫测船舶正下方和航向前方水域，实时监测水下地形水深变化、规模鱼群、暗礁分布等情况，并提供及时预警，广泛应用于船舶导航、海事搜救、渔业普查等领域。

图 1-9 是三维前视声呐 Echoscope 及其获得的海底管道伪彩图。

Echoscope 是市场上为数不多的成熟的实时三维声呐产品，适合船载使用。由于比绝大部分二维产品多了一个维度的信息，它能更真实地反映水下三维环境和目标。

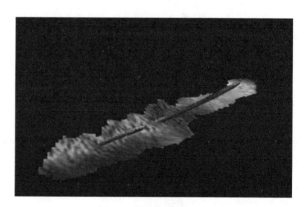

图 1-9　Echoscope 及其获得的海底管道伪彩图[3]（彩图附书后）

图 1-10 是三维扫描声呐 BlueView 及其作业示意图以及探测到的桥墩结构图像。

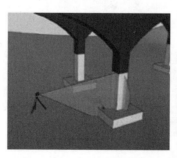

图 1-10　BlueView 及其作业示意图以及探测到的桥墩结构图像[8]

　　侧扫声呐用于海底地貌探测和海底目标探测，可以应用于海洋勘测、水下考古、水下沉物的探测打捞、海管探测、环境调查等。

　　图 1-11 是 EdgeTech 公司的 4125 侧扫声呐系统实物图以及在不同工作频率时探测到的水下残骸图像。

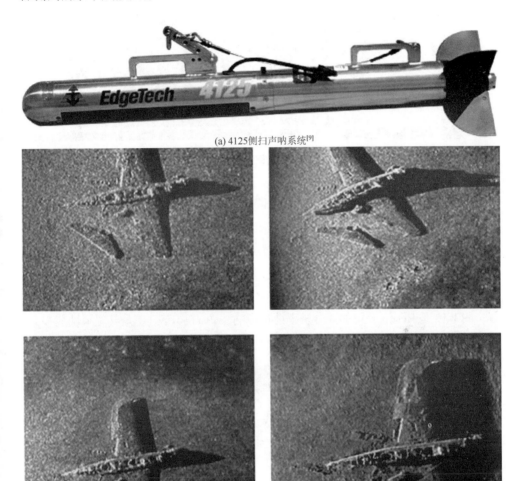

(a) 4125侧扫声呐系统[9]

(b) 4125探测到的水下残骸图像[10]

图 1-11　EdgeTech 公司的 4125 侧扫声呐及成像图

　　由于侧扫声呐具备较高的横向分辨力，可以发现水雷等小目标，还可以发现沉船，并能显示沉船的坐卧海底姿态和破损情况，这是其他探测设备不可替代的。

　　多波束测深声呐可以精确测量海底地形，除直接用于海洋地形测绘以及复杂环境的三维扫描测量外，结合水体数据处理技术，也可以同时用于海管气体泄漏检测等。

图 1-12 是利用多波束测深声呐的水体成像功能探测海管气体泄漏的结果。其中红色点组成的竖直区域为泄漏气泡区。

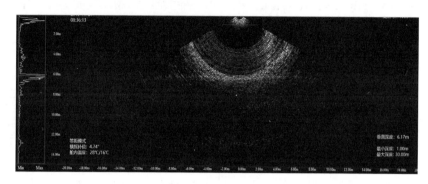

图 1-12   利用多波束测深声呐探测海管气体泄漏结果图（彩图附书后）

1.3   典型成像声呐产品及主要参数

1.3.1   前视声呐

1. 电子波束形成前视声呐

图 1-13 是 Reson 公司的高分辨率前视声呐 SeaBat F50，表 1-1 是其主要性能参数。

图 1-13   高分辨率前视声呐[11]

SeaBat F50 采用了宽扇区、宽频带、聚焦波束形成技术，可安装于水面舰船和 ROV，推荐应用包括水下检查、损坏评估、物体分类、目标跟踪、目标定位、舰船导航等。

表 1-1　SeaBat F50 性能参数

参数	取值
工作频率	200kHz/400kHz
最大工作深度	6000m
最大工作距离	600m/300m
最大更新率	50Hz
水平开角	140°
波束宽度	0.5°
波束个数	256
垂直开角	24°

2. 单波束机械扫描前视声呐

Tritech 公司的 Micron OEM 是一款典型的单波束机械扫描声呐,尺寸小、功耗低,适合安装空间与能耗有限时使用,如图 1-14 所示,其主要性能参数见表 1-2。

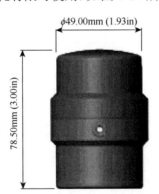

图 1-14　Micron OEM 声呐外观图[12]

表 1-2　Micron OEM 主要性能参数

参数	取值
工作频率	700kHz
最大工作深度	500m/3000m
最大工作距离	100m
扫描速度	3 挡
水平开角	360°(可设置)
水平波束宽度	3°
垂直开角	30°
尺寸	直径 56mm,高 78.5mm
质量	空气中 290g,水中 145g

DIDSON 300m

图 1-15　DIDSON 标准型外观图[13]

3. 透镜声呐

透镜声呐有手持型、ROV 与 AUV 型等多种形式，可用于水下安防、堤坝桥梁等水下设施维护检修、鱼类监测等。

透镜声呐产品以 Sound Metrics 公司生产的 DIDSON 系列和 ARIS 系列为代表。图 1-15 为 DIDSON 标准型外观图，表 1-3 为其主要性能参数。

表 1-3　DIDSON 标准模式下主要性能参数

参数		取值
尺寸		31.0cm×20.6cm×17.1cm 32.5cm×18.36cm×22.4cm 32.5cm×18.36cm×22.4cm
空气中质量		7.9kg/10.6kg/13.9kg
水中质量		1.0kg/2.7kg/6.1kg（一）
工作深度		300m/1000m/3000m
功耗		30W
工作频率 1.1MHz	最大工作距离	40m
	水平波束宽度	0.5°
	波束数	48
	距离分辨率	10mm/20mm/40mm/80mm
工作频率 1.8MHz	最大工作距离	10m
	水平波束宽度	0.3°
	波束数	96
	距离分辨率	2.5mm/5mm/10mm/20mm
最大帧率		4～21Hz
水平开角		29°
垂直开角		14°
聚焦范围		1m——最大工作距离

ARIS 外观图如图 1-16 所示，ARIS Defender 3000 主要性能参数见表 1-4。

图 1-16　ARIS 外观图[14]

表 1-4　ARIS Defender 3000 主要性能参数

参数		取值
尺寸		43cm×24cm×21.5cm
空气中质量		11kg
水中质量		0
工作深度		100m
功耗		20W
工作频率 1.8MHz	最大工作距离	15m
	水平波束宽度	0.3°
工作频率 3.0MHz	最大工作距离	5m
	水平波束宽度	0.2°
波束数		128/64
波束间隔		0.25°
水平开角		30°
最大帧率		4～15Hz（128 波束） 8～15Hz（64 波束）
垂直开角		15°
距离分辨率		3mm～10cm
聚焦范围		1m——最大工作距离

4. 三维前视声呐

Coda 公司的 Echoscope 是市场上唯一"真三维"声呐系列，可以用于海事安全、港口和码头维护、搜寻和救援以及水下蛙人的监控和区分。该系统还可以用于快速地对水下建筑物的风暴损坏程度进行评估，并且可以搜寻残骸以及对水下建筑物的基础设施进行测绘。图 1-17 是其声呐头实物图，表 1-5 列出了其主要性能参数。

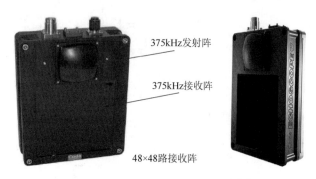

图 1-17　Echoscope 声呐头实物图[15]

表 1-5　Echoscope 主要性能参数

参数	取值
尺寸（高×宽×深）	38cm×30cm×11.2cm
空气中质量	30kg
水中质量	12kg
功耗	72～144W
工作频率	240kHz/375kHz/630kHz
最大工作深度	250m/600m/3000m/4000m
最大工作距离	150m/120m/80m
距离分辨率	2cm/3cm
工作开角	90°×44°/50°×50°/24°×24°
波束间隔	0.19°～0.7°
波束数	128×128
最大帧率	20Hz

　　Teledyne 公司的 BlueView5000 是扫描三维声呐。扫描声呐头和集成的云台可以生成扇面扫描和球面扫描数据，以价格、体积和质量等方面的优势正在占领更多市场份额。由于工作于扫描模式，该声呐适合静止目标及低速运动目标的探测，可生成水下地形、结构和目标的高分辨率图像。声呐采用紧凑型低质量设计，便于在三脚架或 ROV 上进行安装，数据为三维点云形式。配套软件使得声呐图像数据可以与陆上/水面上使用的传统激光扫描图像无缝拼接。其主要性能参数见表 1-6。

表 1-6　BlueView5000 主要性能参数

参数		取值	
型号		BV5000-1350	BV5000-2250
软件和声呐指标	扇面和球面扫描区域	45°～360°	45°～360°

续表

参数		取值	
型号		BV5000-1350	BV5000-2250
软件和声呐指标	视角	45°×1°	42°×1°/80°×1°
	更新率	最高至 40Hz	最高至 40Hz
	频率	1.35MHz	2.25MHz
	最大范围	30m	10m
	理想范围	1～20m	0.5～7m
	波束数	256	256
	波束角度	1°×1°	1°×1°
	波束间隔	0.18°	0.18°
分辨率		0.015m	0.010m
数据输出格式		.son、.off 和.xyz files	.son、.off 和.xyz files
机械指标	尺寸（长×宽×高）	10.5in×9.2in×15.4in	8.9in×8.6in×15.4in
	空气中质量	12kg	10.5kg
	水中质量	4.5kg	3.3kg
	最大适用深度	300m，4000m	300m，4000m
	通信接口	Ethernet/RS485	Ethernet/RS485
	功耗	最大 45W	最大 45W
	供电	20～29V DC	20～29V DC

注：1in = 2.54cm。

1.3.2 侧扫声呐

EdgeTech 公司生产了多型侧扫声呐产品。前述的 4125 具有超高分辨率、便携的特点，适于拖鱼和杆装多种载体，表 1-7 为其主要性能参数。

表 1-7 EdgeTech 4125 侧扫声呐主要性能参数

参数		取值
工作频率		400kHz/900kHz/600kHz/1600kHz
最大工作深度		200m
垂直波束宽度		50°
400kHz	作用距离	150m
	水平波束宽度	0.46°

参数		取值
400kHz	水平分辨率	80cm@100m，40cm@50m，20cm@25m
	垂直分辨率	2.3cm
900kHz	作用距离	75m
	水平波束宽度	0.28°
	水平分辨率	24cm@50m，12cm@25m
	垂直分辨率	1.0cm
600kHz	作用距离	120m
	水平波束宽度	0.33°
	水平分辨率	58cm@100m，29cm@50m，14cm@25m
	垂直分辨率	1.5cm
1600kHz	作用距离	35m
	水平波束宽度	0.2°
	水平分辨率	9cm@25m
	垂直分辨率	0.6cm

2205 模块化声呐系统是 EdgeTech 公司的另一款产品，如图 1-18 所示。

图 1-18　2205 模块化声呐系统[16]

该系统利用全频谱 Chirp 技术，将侧扫与浅剖功能集于一体。采用模块化设计，功耗低，最大工作水深达 6000m。本身装有换能器及耐压舱，可独立作业；也可安装在 AUV 或 ROV 的耐压舱中，利用后者的处理器进行控制。侧扫声呐频率为 75kHz/120kHz、75kHz/410kHz、120kHz/410kHz、230kHz/850kHz、600kHz/1600kHz 等。浅剖可选频率为 1～10kHz、2～16kHz 或 4～24kHz。可应用于地质灾害调查、地球物理测量、电缆/管线敷设的定位及海底目标的搜索回收等领域。表 1-8 列出了其主要性能参数。

表 1-8　EdgeTech 2205 侧扫声呐主要性能参数

参数		取值
工作频率		侧扫：75kHz/120kHz，75kHz/410kHz，120kHz/410kHz，230kHz/850kHz，600kHz/1600kHz 浅剖：1～10kHz，2～16kHz，4～24kHz
最大工作深度		6000m
垂直波束宽度		50°
120kHz	作用距离	500m
	水平波束宽度	0.95°/0.7°
	水平分辨率	330cm/230cm@200m
	垂直分辨率	8cm
230kHz	作用距离	300m
	水平波束宽度	0.62°/0.44°
	水平分辨率	170cm/120cm@150m
	垂直分辨率	3cm
410kHz	作用距离	200m
	水平波束宽度	0.4°/0.28°
	水平分辨率	70cm/50cm@100m
	垂直分辨率	2cm
850kHz	作用距离	75m
	水平波束宽度	0.33°/0.23°
	水平分辨率	26cm/20cm@50m
	垂直分辨率	1cm
1600kHz	作用距离	35m
	水平波束宽度	0.2°
	水平分辨率	9cm@25m
	垂直分辨率	0.6cm

1.3.3 多波束测深声呐

Consberg 公司生产的 EM 2040C 是一款经典的多波束测深声呐，具有水体数据获取功能，如图 1-19 所示，表 1-9 为其主要性能参数。

图 1-19 　EM 2040C 实物图[17]

表 1-9 　EM 2040C 主要性能参数

参数	取值
工作频率	200～400kHz
最大工作深度	50m/1500m
覆盖角度	130°（单探头）/200°（双探头）
波束宽度	1°×1°@400kHz
ping 率	最高 50Hz
最大测深点数	400（单探头，单条带） 800（单探头，双条带） 1600（双探头，双条带）
垂直最大探测距离	350m@400kHz，520m@200kHz
最大覆盖范围	375m（单探头）/530m（双探头）@400kHz 580m（单探头）/700m（双探头）@200kHz
测深精度	10.5mm
质量	30kg（耐压 50m）/37kg（耐压 1500m）
体积	声呐头：332mm×119mm，332mm×122mm 处理机：482.5mm×424mm×88.6mm

参 考 文 献

[1] 田坦. 声呐技术[M]. 哈尔滨：哈尔滨工程大学出版社，2000：67-121.

[2] Oculus 多波束图像声呐[EB/OL]. https://searobotix.com/oculus/[2023-10-23].

[3] Coda 公司 Echoscope 三维图像声呐[EB/OL]. http://www.haiying.com.cn/component_product_center/news_detail. php?id=108[2023-10-23].

[4] 刘孟庵. 水声工程[M]. 杭州：浙江科学技术出版社，2002：372.

[5] NORBIT iWBMS 多波束测深仪多波束水下三维地形测量免校准多波束[EB/OL]. https://b2b.baidu.com/land? id=274e966887901d996e25e8982b17975d10[2023-10-23].

[6] M900 多波束成像声呐/图像声呐[EB/OL]. http://www.hydrosurvey.cn/html/product/137.html[2023-10-23].

[7] Iscan180 前视避碰声呐（慧洋）[EB/OL]. https://ibook.antpedia.com/p/184050.html[2023-10-23].

[8] BlueView 前视声呐[EB/OL]. http://www.membertec.com/product-20398-20291-74349.html[2023-10-23].

[9] 侧扫声呐系统 EdgeTech[EB/OL]. https://www.gkzhan.com/st251205/product_11493499.html[2023-10-23].

[10] 2022 EdgeTech 全系列产品线更新[EB/OL]. https://caifuhao.eastmoney.com/news/20220317171045140317980[2023-10-23].

[11] SeaBat F50[EB/OL]. https://www.teledynemarine.com/en-us/products/Pages/ SeaBat_F50.aspx [2023-10-23].

[12] Micron 机械扫描图像声呐 750/3000 米[EB/OL]. http://www.toptechmaritime.com/product3? product_id= 100[2023-10-23].

[13] DIDSON 水下双频识别声呐[EB/OL]. http://www.fishsonic.com/product/782490315.html[2023-10-23].

[14] ARIS Explorer 1200 渔业/海洋生物学高清多波束图像声呐[EB/OL]. https://www.china. cn/qtzhuanyongyiqiyib/ 5032785202.html[2023-10-23].

[15] Coda Echoscope 3D 图像声呐成像声呐[EB/OL]. https://b2b.baidu.com/land?id=1345ee3061fb846ce3e9a6f77063 e9b810[2023-10-23].

[16] Edgetech2205 模块化 ROV/AUV 侧扫(测深)声呐系统[EB/OL]. https://pusiyouchuang.cn.china.cn/supply/5237789208. html[2023-10-23].

[17] Kongsberg EM2040C 多波束测深仪多波束水下三维地形测量[EB/OL]. https://b2b.baidu.com/land?id=29 ae06da8eb73a75c89e00d49a05a87110[2023-10-23].

第 2 章　成像声呐的数据处理

2.1　声呐数据的可视化

尽管几乎所有的成像声呐产品均提供配套的显控软件，然而在实际应用中，为了实现特定目标，常需要对接收到的数据进行后续处理，此时我们就要自行进行接收数据的可视化处理以便在此基础上进行其他需要的处理。

2.1.1　回波强度数据的可视化

大部分前视声呐和侧扫声呐获得的数据反映了对应空间位置声回波的强度。由于不同的工作方式，前视声呐数据通常以扇形显示，扫描型每 ping 刷新一个小扇面（即一个波束），多波束型每 ping 刷新整个工作扇面；而侧扫声呐数据以左右两个矩形显示，每 ping 刷新左右各一条数据。本章以前视声呐为例介绍数据可视化技术，主要涉及内插处理、坐标转换、伪彩色处理。

1. 前视声呐数据内插

二维多波束前视声呐和单波束扫描声呐接收的图像数据可化为二维矩阵，反映了以距离和方位角描述的空间位置的声回波强度。早期的声呐在角度维度的回波信息较少，如在 120° 的工作开角内仅有 90 个角度信息。如果直接生成图像，则整幅图像"马赛克"现象非常严重。考虑到声呐系统中相邻波束间有一定的覆盖宽度，因此当目标方位对准某一波束时，相邻波束仍有一定的输出。在这种情况下，通过相邻波束的输出幅度就可以内插出中间多个波束的输出值，从而使图像变得柔和、清晰。声呐主瓣附近的指向性可近似为二次形状[1]，在方法上选择更逼真的反映阵指向性的二次内插算法[2]。采用拉格朗日二次插值法，表达式如下：

$$P_n(x) = \sum_{k=0}^{n-1} A_k(x) \cdot y_k \tag{2-1}$$

式中

$$A_k(x) = \prod_{\substack{j=0 \\ k \neq i}}^{n-1} \frac{x - x_j}{x_k - x_j} \tag{2-2}$$

n 为插值所需已知函数点数，对抛物插值 $n=3$；y_k 为已知函数值；A_k 是所用函数权值。由式（2-1）可得两点间内插四点的八点内插公式如下：

$$
\begin{cases}
P(x_{-\frac{4}{5}}) = \dfrac{18y_{-1} + 9y_0 - 2y_1}{25} \\[2mm]
P(x_{-\frac{3}{5}}) = \dfrac{12y_{-1} + 16y_0 - 3y_1}{25} \\[2mm]
P(x_{-\frac{2}{5}}) = \dfrac{7y_{-1} + 21y_0 - 3y_1}{25} \\[2mm]
P(x_{-\frac{1}{5}}) = \dfrac{3y_{-1} + 24y_0 - 2y_1}{25} \\[2mm]
P(x_{\frac{1}{5}}) = \dfrac{-2y_{-1} + 24y_0 + 3y_1}{25} \\[2mm]
P(x_{\frac{2}{5}}) = \dfrac{-3y_{-1} + 21y_0 + 7y_1}{25} \\[2mm]
P(x_{\frac{3}{5}}) = \dfrac{-3y_{-1} + 16y_0 + 12y_1}{25} \\[2mm]
P(x_{\frac{4}{5}}) = \dfrac{-2y_{-1} + 9y_0 + 18y_1}{25}
\end{cases}
\tag{2-3}
$$

为避免内插数值小于 0 或者超出回波的最大强度值 $r_{\max}$，做如式（2-4）的规定：

$$
\begin{cases}
P(x_i) = 0, & P(x_i) < 0 \\
P(x_i) = P(x_i), & 0 \leqslant P(x_i) < r_{\max} \\
P(x_i) = r_{\max}, & P(x_i) \geqslant r_{\max}
\end{cases}
\tag{2-4}
$$

很多新型声呐在成像处理中已经做了波束内插，原始数据已经提供了足够多的波束角度数据，则不必进行此处理。

2. 坐标转换

不同前视声呐接收数据的具体格式有所不同，但都可以转换为二维矩阵形式，矩形的横纵坐标分别代表角度和距离，其对应的工作范围是一个扇面。为了真实反映物理空间的声回波强弱，必须通过坐标转换将矩形声呐数据转换为扇形声呐图像[3]。

基于后向映射插值是一种将原始矩形声呐图像数据转化为反映实际物理空间的扇形图像的坐标变换方法。其从待获得的扇形图像出发，经过坐标变换得到扇形图像中的像素点在矩形数据中的位置，然后根据相应的插值算法求解当前扇形图像中像素点的灰度值。图 2-1 是后向映射示意图。

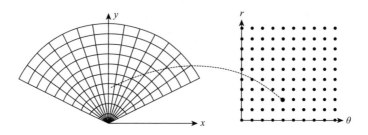

图 2-1   后向映射示意图

图 2-1 中的具体操作如下，其中 $f(x,y)$ 和 $g(\theta,r)$ 分别为待转换的扇形图像和原始矩形数据，令扇形的圆心坐标为 (x_0,y_0)，并假定角度 θ 以基阵正横方向为 $0°$，向右为正，则转换公式为

$$r=\sqrt{(x-x_0)^2+(y-y_0)^2} \qquad (2\text{-}5)$$

$$\theta=\arcsin\frac{x-x_0}{r} \qquad (2\text{-}6)$$

根据式（2-5）和式（2-6）变换后的坐标，常常不为整数，因此需要相应的插值算法来求解该坐标下对应的灰度值。常用的插值算法有以下几种。

最邻近插值算法：其计算与待求解点最近的四点位置关系，将四个已知点中距离待求解点最近的点的值赋值给待求解的点，作为待求解点的像素值。此算法速度快，但精度低，插值完的图像会存在方块及锯齿效应。

双线性插值算法：其通过与待求解点最近的四个已知点在横纵方向上进行两次线性插值，拟合为待求解点的灰度值。其插值效果优于最邻近插值算法，运算速度低于最邻近插值算法。

双三次插值算法[4]：在双线性插值算法的基础上，将待求解点周围的 16 个相邻已知点作为相关信息，将 16 个点的灰度值经过加权平均得到待求解点的灰度值。该方法进一步提高了插值精度，但是速度慢。这些算法均会一定程度地模糊图像中的高频信息。

根据前视声呐图像的特点，在反距离加权插值算法的基础上进行改进，实现原始矩形图像到扇形图像的转换。反距离加权插值的数学形式如下：

$$u(x)=\begin{cases}\dfrac{\sum\limits_{i=1}^{N}w_i(x)u(x)}{\sum\limits_{i=1}^{N}w_i(x)}, & d(x,x_i)\neq 0\\[4mm] u(x_i), & d(x,x_i)=0\end{cases} \qquad (2\text{-}7)$$

$$w_i(x)=\frac{1}{d(x,x_i)^P}$$

式中，x 代表待内插的未知点；x_i 代表内插的已知点；d 代表从已知点到未知点的距离；N 代表插值过程中使用的已知点的总数；P 代表一个正整数，称为加权函数的幂参数，P 越大代表距离带来的影响越大。

根据前视声呐图像的特点，选择距离未知点最近的四个已知点而不是全部的已知点，进行反距离加权插值，加快算法的计算速度。同时，当未知点距离某一个已知点非常近时，该已知点的权值会变得非常大，其余已知点对插值结果的影响可以忽略不计，计算结果将会约等于该已知点的像素值，所以可以设置一个距离阈值，当某一个已知点距离未知点的距离小于距离阈值时，直接采用该已知点的像素值作为未知点的像素值，不进行反距离加权插值计算，以进一步加快算法的运行速度，减少对结果影响不大的冗余计算。以上改进的反距离加权插值算法的数学形式如下：

$$
u(x) = \begin{cases} \dfrac{\sum\limits_{i=1}^{4} w_i(x)u(x)}{\sum\limits_{i=1}^{4} w_i(x)}, & d(x,x_i) \geqslant T;\ i=1,2,3,4 \\ u(x_i), & d(x,x_i) < T;\ i=1,2,3,4 \end{cases} \tag{2-8}
$$

$$
w_i(x) = \frac{1}{d(x,x_i)^2}
$$

式中，T 为距离阈值，当插值使用的四个已知点中的某一点距离未知点的距离小于 T 时，待求解点的像素值为距离最近的已知点的复制，否则采用反距离加权插值算法，加权函数中的幂参数为 2，结果如图 2-2 所示。

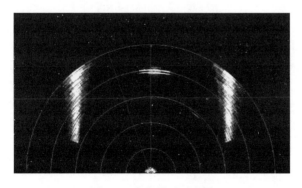

图 2-2　扇形显示示意图

3. 伪彩色处理

本质上，由声回波数据只能得到灰度图像。但人眼仅能区分二十几个灰度等级，而对于色彩的分辨能力则可以达到灰度分辨能力的百倍以上。因此通过对原始灰度图像的伪彩色处理可以显著提高对声呐图像的辨识能力[5]。

伪彩色处理是图像处理中常用的一种方法，是指通过将每个灰度级匹配到彩色空间上的一点，将单色图像映射为一幅彩色图像的一种变换。伪彩色处理既可以在图像空间域进行，也可以在图像频率域进行。在空间域，伪彩色处理就是把黑白图像的各个灰度级按照一种线性或非线性函数关系映射成相应的彩色。而且，这种映射是输入/输出像元间一对一的运算，不改变像元的空间位置。以下是几种常见的伪彩色处理算法。

1）灰度分层法

灰度分层法是伪彩色处理技术中原理最简单、操作最简便的一种。假设黑白图像的灰度范围为 $0 \leqslant g(x,y) \leqslant L$。用 $K+1$ 个灰度等级把该灰度范围划分成 K 个灰度区间，这 $K+1$ 个灰度等级记为 $l_1, l_2, \cdots, l_k$。如图 2-3 所示，对每一个灰度区间赋予一种彩色 C_i，这种映射关系表示为 $C_i = g(x,y)$，$-1 \leqslant g(x,y) \leqslant 1$。

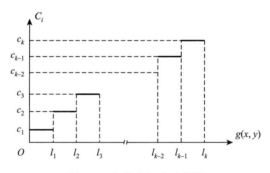

图 2-3 灰度分层法示意图

对灰度区间的划分，可以是一种均匀的分层过程，也可以采用非均匀的分层过程，即对感兴趣的灰度级范围分得密一些，其他区间分得稀一些。灰度分层可以通过硬件实现，也可由编程来实现。原则上说，灰度分层技术的效果和分层密度成比例，层次越多，细节越丰富，彩色越柔和，但分层的层数受到显示系统的硬件性能约束。

2）灰度变换法

根据色度学原理，任何一种彩色均由红、绿、蓝三基色按适当比例合成，所以伪彩色处理从一般意义上讲可以描述成：

$$\begin{cases} R_{(x,y)} = \mathrm{TR}[g(x,y)] \\ G_{(x,y)} = \mathrm{TG}[g(x,y)] \\ B_{(x,y)} = \mathrm{TB}[g(x,y)] \end{cases} \tag{2-9}$$

式中，$R_{(x,y)}$、$G_{(x,y)}$、$B_{(x,y)}$ 分别是伪彩色图像红、绿、蓝三种分量的数值；$g(x,y)$ 是原始图像的灰度级；TR、TG、TB 分别代表灰度级与三基色的映射关系。灰度变换法是对输入图像的灰度级实行三种独立的变换，按照灰度级不同得到不同大小的红、绿、蓝三基色值，从而产生相应的彩色图像显示。灰度变换法形成伪彩色图像原理如图 2-4 所示。

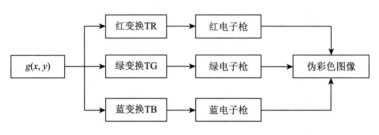

图 2-4　灰度变换法形成伪彩色图像原理图

灰度变换的关系 TR、TG、TB 可以是线性的，也可以是非线性的。图 2-5 表示一种有代表性的映射关系。其中分图（a）、分图（b）和分图（c）分别是红、绿、蓝三基色变换曲线。分图（a）表示，凡是灰度级低于 $L/2$ 的均被映射成最暗的红色；灰度在 $L/2$ 到 $3L/4$ 之间时，红色的亮度随灰度级作线性增加；当灰度级在 $3L/4$ 和 L 范围时，红色保持在最亮的等级上不变。分图（b）和分图（c）可以

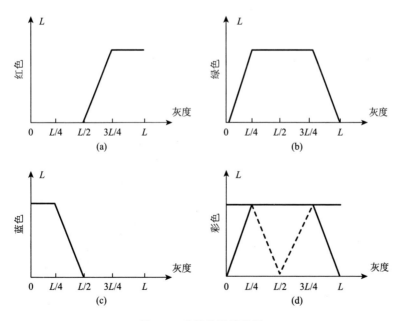

图 2-5　映射关系示意图

作类似的说明。分图（d）是三基色合成的结果。显然，这样合成的结果，只在灰度范围的两端和中点上才映射成单纯的基色，即当 $g(x,y)=L$ 时映射成红色；当 $g(x,y)=L/2$ 时映射成绿色；当 $g(x,y)=0$ 时映射成蓝色。其他的灰度等级则映射成彩色。

图 2-2 的灰度图像经过伪彩色处理可以得到如图 2-6 所示的伪彩色图像。

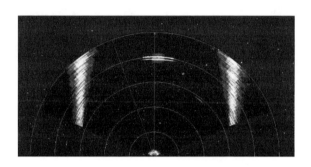

图 2-6　伪彩色处理结果（彩图附书后）

3）频率域伪彩色处理

伪彩色处理也可以在频率域进行。与空间域伪彩色处理相比较，除了图像处理的空间不同之外，频率域伪彩色处理更为重要的特点是，它不是以图像灰度级为根据对图像进行彩色变换的，而是以图像的频谱函数为依据对图像进行彩色变换。也就是说，变换后图像彩色不是图像灰度级特征的表示，而是图像空间频率特征的表示。

2.1.2　声呐点云数据的可视化

典型的多波束测深声呐和部分前视声呐获得的是三维点云数据，即若干空间点的三维坐标，且空间点的分布是不规则的。接下来以多波束测深声呐点云数据为例介绍可视化过程。

多波束测深声呐点云数据的可视化处理是为了直观显示海底地形起伏情况。海底数字地形建模是实现海底地形三维可视化的前提。多波束系统直接获得的深度数据是不规则分布的，利用其进行海底数字地形建模可以采用两种方式。

一种是经异常值剔除后，对测区内的数据点进行格网化（griding）处理，利用离散分布的原始测深数据点的深度信息获得测区范围内规则网格位置上的深度，进行基于规则格网的海底地形建模。先将不规则分布的测深数据进行格网化处理尽管可为后续数字地形模型构建带来方便，但是由于处理过程中对测深数据进行了内插，必然导致地形精度受到一定程度的损失。

随着计算机图形学的飞速发展，越来越多的研究人员开始采用另一种方法进行海底数字地形建模——直接对不规则分布的离散测深数据点进行基于不规则三角网（triangulated irregular network，TIN）的海底数字地形建模。虽然不规则三角网构网算法比较复杂，但是由于它能够较好地保留地形信息，并且能在某一特定分辨率下使用更少的空间和时间更精确地表示复杂地形，因而得到了越来越广泛的应用[6]。

　　建立海底数字地形模型后，使用三维可视化工具进行地形渲染即可实现真实感海底地形的三维可视化。另外，利用已经建立的海底数字地形模型还可以生成2D/3D 等深线图、伪彩图、晕渲图、3D 透视图、3D 彩色图等。图 2-7 为哈尔滨工程大学利用自行研制的多波束测深声呐数据采用不规则三角网绘制的某水下地形图，图中伪彩色对应的数值均为水面以下深度值。

图 2-7　水下地形图示例（彩图附书后）

2.2　声呐图像的预处理

　　受声波本身的物理特性、水介质对声波的吸收、水下环境噪声和体积混响、界面混响以及水下多途效应的影响，声呐图像中目标的有效像素少、对比度低且存在着严重的噪声干扰。尽管一些声呐已经在接收数据时进行了初步处理，但是仍然有必要在以图像形式显示后进行进一步的预降噪处理。

在某些应用中，由于分辨率以及目标尺度所限，成像声呐得到的目标信息只是一团亮点（可能同时包括其对应的阴影区），此时的要求往往是探测目标的有无，因此我们可以不必过多关注细节，而将注意力更多地集中在保留目标的整体信息上。

2.2.1　声呐图像的灰度变换增强

由于原始声呐图像对比度通常较低，有必要利用灰度变换进行声呐图像增强处理。

灰度变换技术是一种基于点运算的有效提高图像对比度的方法。对于一幅输入图像，经过点运算将产生一幅输出图像，输出图像上每个像素的灰度值仅由相应输入像素的灰度值决定，而与像素点所在的位置无关。声呐图像的灰度范围$[a, b]$经常不会充分利用 8bit 表示的最大灰度范围$[0, 255]$，从而导致对比度低，使一些细节不易被察觉，所以对图像进行灰度变换是必要的。灰度变换分为线性、分段线性和非线性几种形式，而非线性灰度变换又分为指数变换，对数变换和指数、对数组合变换。

图 2-8 为一声呐图像分两段作线性变换后的结果，变换函数为

$$f(x) = \begin{cases} 0, & x < 70 \\ x, & x \geq 70 \end{cases} \tag{2-10}$$

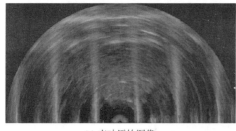

(a) 声呐原始图像　　　　　　　　　　　　　(b) 分段线性变换后的图像

图 2-8　灰度线性变换

变换滤除了很小的回波信号，从而凸显出目标物，有利于后续的图像处理。需要特别注意的是，声呐图像常常出现探测区域内没有目标而只有背景的情况，此时不能针对单帧图像进行基于最大灰度值的归一化线性增强处理，否则会出现大面积的虚假亮点。

2.2.2 图像降噪

均值滤波、中值滤波、小波变换等常见的去噪算法均可用于声呐图像降噪。对一含噪图像进行降噪处理如图 2-9 所示，其中均值滤波和中值滤波的窗口大小均为 5×5。

(a) 含噪图像　　　　　(b) 均值滤波　　　　　(c) 中值滤波

图 2-9 图像降噪处理

文献[7]利用小波变换的方向性去除了声呐图像的周期性噪声干扰，如图 2-10 和图 2-11 所示，可以看到滤除噪声的同时目标得到了保留。

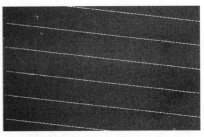

图 2-10 小波变换处理前图像

图 2-11 小波变换处理结果

由于声呐图像的目标区域经常出现一些孔洞，利用数学形态学算法可以达到较好的处理效果。图 2-12（a）是某声呐图像的中间处理步骤，由于我们关心的是右侧区域的左边界，所以首先希望尽量将右侧目标区中小的黑色点（孔洞）填充，图 2-12（b）是形态学闭运算的处理结果，小的孔洞被较好地填充而区域整体形状特别是左边界未发生明显变化。

(a) 处理前图像　　　　　　　　　　　　(b) 处理结果

图 2-12　形态学闭运算

文献[8]利用经验模态分解（empirical mode decomposition，EMD）算法进行了声呐图像去噪。EMD 算法通过对一个时间序列进行经验模态分解，将信号分解为有限个本征模态函数（intrinsic mode function，IMF），然后对每个 IMF 进行希尔伯特（Hilbert）变换，得到瞬时振幅和频率。

二维经验模态分解（BEMD）是在一维 EMD 算法的基础上发展而来的。对于一幅含噪图像 $f(x,y)$，假设其有非零个极大值点和非零个极小值点，利用 BEMD 将其分解为 n 个 IMF_i 和一个余量函数 $r(x,y)$：

$$f(x,y) = \sum_{i=1}^{n} \text{IMF}_i(x,y) + r(x,y) \tag{2-11}$$

式中，IMF_i 表示图像中的边缘、噪声等高频信息，其中 i 的值越小，对应的 IMF_i 的频率越高；余量函数 r 表示图像的基本结构和变换的趋势信息。含噪图像 $f(x,y)$ 的主要信息大多集中于图像的低频部分，而噪声则大多集中于高频部分。因此，BEMD 算法的基本思想是通过对含噪声图像进行 BEMD 分解，得到 n 个 IMF_i 和一个余量函数 $r(x,y)$，对含有高频部分的 IMF_i 进行抑制，而含有低频部分的 IMF_i 保持不变，将处理后的对应各频率成分的子图像相加，即可得到降噪后的图像。BEMD 分解获得的 IMF_i 越多，每个 IMF 表达图像中不同频率的信息就越准确，同时计算量也随之增加[9]。

对于单波束扫描声呐或者侧扫声呐，由于其每 ping 仅获得一维数据，因此可以利用一维 EMD 算法分别处理再将多 ping 数据拼接形成图像，如图 2-13 所示[8]。

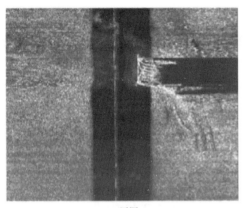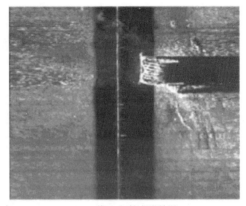

(a) 原图　　　　　　　　　　　　　　　(b) 一维EMD的去噪结果

图 2-13　一维 EMD 算法

后置处理时也可以对多 ping 数据形成的图像做 BEMD 处理，如图 2-14 所示[9]。

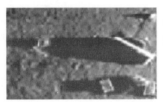

(a) 原图像　　　　　　　　　(b) 小波去噪　　　　　　　　(c) BEMD去噪

图 2-14　BEMD 算法

2.3　基于声呐图像的目标检测

近年来深度学习算法在目标检测领域取得了快速进展，基于卷积神经网络的多个深度学习模型取得了很好的检测效果。但深度学习算法高度依赖数据集，在水下目标检测中常常难以获得足够多的数据，因此传统的目标检测方法依然在基于声呐图像的目标检测中占据重要地位。本节所述目标检测方法指基于声呐图像进行目标有无的自主判断，这是利用图像声呐进行水下目标自主探测的基础。尽管水下机器人的目标自主探测经常需要进行目标识别，但在实际作业时，常常并不具备目标是否存在，存在在哪一区域等先验信息，盲目地对所有接收数据进行以识别为目的的全部处理显然会造成大量的资源浪费，尤其是在水下大面积搜探中。此时首先应该进行目标有无的判断，这也是本节所称"目标检测"的含义。本节主要介绍利用高阶统计量、频域方向模板、点聚集性等作为判断声呐图像中目标有无的方法。

2.3.1　基于高阶统计量的声呐目标检测方法

高阶统计量是指大于二阶统计量的高阶矩、高阶累积量以及它们的谱——高阶矩谱和高阶累积量谱。由于高阶统计量包含了二阶统计量（功率谱和相关函数）没有的大量丰富信息，因此，凡是用功率谱和相关函数分析与处理过的且未得到满意结果的任何问题，都值得重新试用高阶统计量方法。目前国内外很多研究者，将高阶统计量应用于水下目标回波信号或舰船噪声的特征提取中，并取得了一定的成果。

常用的高阶谱是三阶谱（双谱）即两个频率的谱和四阶谱（三谱）即三个频率的谱。

若令 $\{x(n)\}$，$n = 0, \pm 1, \pm 2, \cdots$ 是一个具有有限能量的信号，Fourier 变换记为 $X(\omega)$，则其功率谱、双谱及三谱分别定义如式（2-12）~式（2-14）所示：

$$功率谱：P_x(\omega_1, \omega_2) = X(\omega)X^*(\omega) \tag{2-12}$$

$$双谱：B_x(\omega_1, \omega_2) = X(\omega_1)X(\omega_2)X^*(\omega_1 + \omega_2) \tag{2-13}$$

$$三谱：T_x(\omega_1, \omega_2, \omega_3) = X(\omega_1)X(\omega_2)X(\omega_3)X^*(\omega_1 + \omega_2 + \omega_3) \tag{2-14}$$

一般而言，声呐图像中如果没有目标，图像即为大范围的灰度均匀区域；如果有目标存在，则会出现小范围的连续区域和目标与背景之间的跃变，因此在图像的高阶谱中就会反映成幅度与相位的变化。并且使用高阶谱可以在判断目标有无的同时，避免噪声的干扰。文献[10]利用图像的双谱，对双谱的幅度大小设置阈值，来判断图像中目标的有无情况。

图 2-15 给出了两种侧扫声呐获取的不含目标和含有目标的图像各 2 幅，图中两行图像分别是两种不同声呐采集的，从左到右前两幅是无目标图像，后两幅是有目标图像。

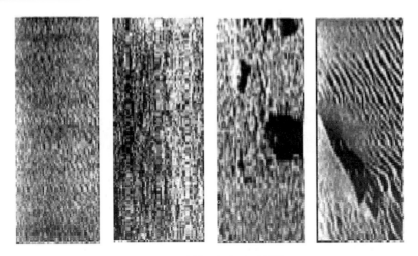

图 2-15　待检测侧扫声呐图像

图 2-16 给出了对以上八幅图像进行双谱分析的结果。其中第一列和第二列从上至下依次对应图 2-15 第一行和第二行从左至右图的双谱结果。

该图的结果表明，不同的声呐系统以及不同的海底底质，当图像中不含有目标时，双谱的值差异较大，达到一个数量级（$10^2 \sim 10^3$）；但存在目标时，尽管目标形态差异较大，但两种声呐图像的双谱值均在 10^4 量级以上。因此可以通过阈值设置实现目标有无的自动判断。

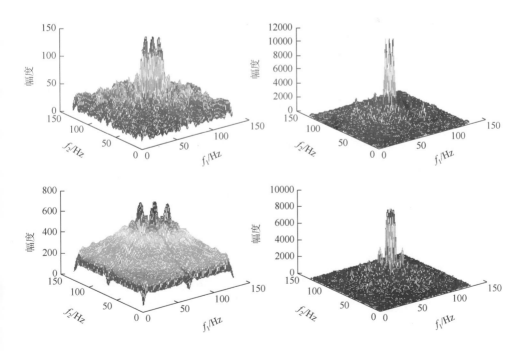

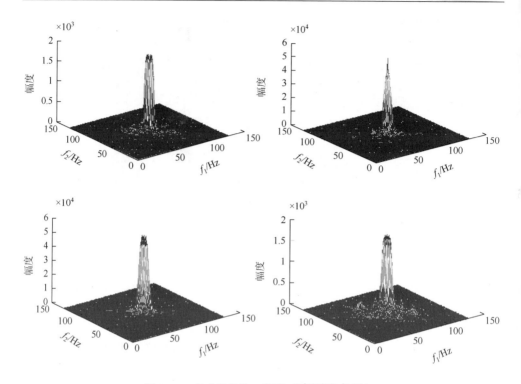

图 2-16　声呐图像的双谱图（彩图附书后）

2.3.2　基于频域方向模板的声呐目标检测方法

文献[11]提出了一种基于频域方向模板的声呐目标检测方法。

假定一个大小为 $M \times N$ 的图像函数 $f(x,y)$，在 $x=k$ 位置有一条垂直直线，直线处像素值为 1，其余处像素值为零，其频谱如式（2-15）所示：

$$F(u,v) = \frac{1}{MN} \sum_{x=0}^{M-1} \sum_{y=0}^{N-1} f(x,y) e^{-j2\pi(ux/M + vy/N)}$$

$$= \frac{1}{MN} \sum_{y=0}^{N-1} e^{-j2\pi vy/N} e^{-j2\pi uk/M} = \begin{cases} 0, & v = 1, \cdots, N-1 \\ \dfrac{1}{M} e^{-j2\pi uk/M}, & v = 0 \end{cases} \quad （2\text{-}15）$$

即一条垂直直线的频谱只在一条水平直线上有值。同理，一条水平直线的频谱只在一条垂直直线上有值，并且在其频谱中有水平直线的位置信息。

一个大小为 $M \times N$ 的图像函数 $f(x,y)$，这里要求 $M = N$，在 $x = y$ 位置像素值为 1，其余处像素值为 0，即在图像中有一条方向为 135° 的直线，其频谱如式（2-16）所示：

$$F(u,v) = \frac{1}{MN} \sum_{x=0}^{M-1} \sum_{y=0}^{N-1} f(x,y) \mathrm{e}^{-\mathrm{j}2\pi(ux/M+vy/N)} = \frac{1}{MN} \sum_{y=0}^{N-1} \mathrm{e}^{-\mathrm{j}2\pi(uy/N+vy/N)}$$

$$= \frac{1}{MN} \sum_{y=0}^{N-1} \mathrm{e}^{-\mathrm{j}2\pi(u+v)/N} = \begin{cases} 0, & u+v \neq N \\ \dfrac{1}{N}, & u+v = 0, N \end{cases} \tag{2-16}$$

从式（2-16）可以看到 135° 的对角线的频谱在 $u+v=0$ 或 $u+v=N$ 处有值。同理，夹角为 45° 的对角线的频谱只在 $u=v$ 处有值。

由以上推导可知，对于灰度图像，在不同方向直线提取时，其频谱在对应方向上的模值明显高于其他位置[11]。利用以上结论可以建立水平方向、垂直方向、45° 方向、135° 方向的频域模板，如图 2-17 所示。

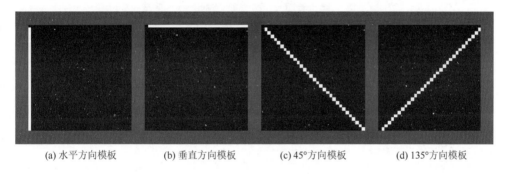

(a) 水平方向模板　　　　(b) 垂直方向模板　　　　(c) 45°方向模板　　　　(d) 135°方向模板

图 2-17　直线频域模板

频域方向模板用于图像中的直线提取的步骤为：首先对图像进行二维傅里叶变换，用各频域方向模板分别提取傅里叶变换相应的系数；然后进行二维傅里叶逆变换，得到各个方向的投影图像。

在实际应用中，可以通过使用频域方向模板对侧扫声呐图像目标进行检测。

侧扫声呐图像通常分为背景区、目标亮区、目标暗区。正常情况下，目标亮区（声反射区）的均值要高于背景区的均值，而目标暗区（声影区）的均值要低于背景区的均值。目标亮区可以看作由比背景区灰度值高的直线组成，目标暗区可以看作由比背景区灰度值低的直线组成。因此根据前述的直线提取方法，利用适当尺寸的频域方向模板，对侧扫声呐图像进行四个方向上的投影，就能够检测到目标亮区和目标暗区。

对一幅侧扫声呐图像采用频域方向模板方法检测目标有无的结果如图 2-18 所示。其中，分图（a）为原图像；分图（b）为分图（a）划分的子图像；分图（c）为水平投影；分图（d）为垂直投影；分图（e）为 45° 方向投影；分图（f）为 135° 方向投影。其中投影图像是由各个方向的一维投影数据在对应方向上延拓得到的。

可以看到当子图像中存在目标亮区或暗区时，其某一方向的投影就会明显偏亮或偏暗。直观地看，频域方向模板的采用起到了"强化"空间域目标的效果。

各个方向上的投影能量如式（2-17）所示：

$$E = \sum_{k=1}^{32} x^2(k) \qquad (2\text{-}17)$$

式中，x 为一维投影数据。

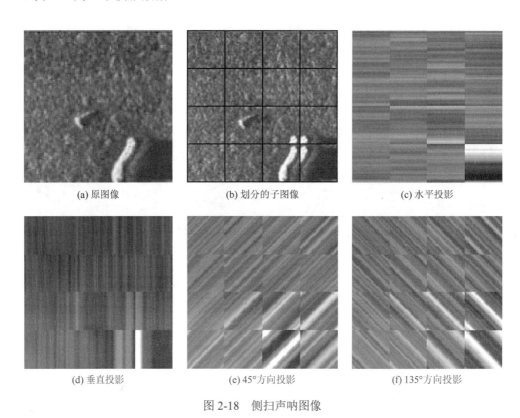

(a) 原图像　　　　　　　(b) 划分的子图像　　　　　　(c) 水平投影

(d) 垂直投影　　　　　　(e) 45°方向投影　　　　　　(f) 135°方向投影

图 2-18　侧扫声呐图像

表 2-1 给出了图 2-18（b）中子图像目标检测结果，其中第 2 列到第 5 列给出了子图像各方向的投影能量。

由于各方向模板中都剔除了直流分量，即令 $F(0,0)=0$，当子图像中没有目标时，投影能量值较小，有利于目标检测。

表 2-1 第 6 列和第 7 列是子图像各个方向上的投影能量和目标检测结果。从求和的结果可以看到当子图像中存在目标时，其投影能量和相对没有目标要大很多，因此可以设定门限从而判定在该子图像中是否存在目标。从有目标的子图像编号可以粗略地估计出目标位于图像的右下角。

表 2-1　图 2-18（b）中子图像目标检测结果

序号	水平方向能量	垂直方向能量	45°方向能量	135°方向能量	能量求和	目标有无判断
1	0.1113	0.0586	0.0252	0.0247	0.2198	无
2	0.0947	0.0684	0.0545	0.0387	0.2563	无
3	0.1311	0.1940	0.0476	0.0561	0.4288	无
4	0.1453	0.1364	0.1178	0.0929	0.4924	无
5	0.0459	0.0816	0.0506	0.0372	0.2153	无
6	0.0630	0.1598	0.0549	0.0624	0.3401	无
7	0.1071	0.1498	0.0475	0.0679	0.3723	无
8	0.0410	0.1762	0.0253	0.0531	0.2956	无
9	0.0621	0.0790	0.0366	0.0457	0.2234	无
10	0.0794	0.4895	0.2483	0.1338	0.9510	有
11	0.2690	0.4764	0.3783	0.2471	1.3708	有
12	0.1081	0.5753	0.5026	0.5091	1.6951	有
13	0.0413	0.1333	0.1069	0.0396	0.3211	无
14	0.0400	0.2934	0.0765	0.0670	0.4769	无
15	0.0766	1.9606	1.4825	0.2754	3.7951	有
16	1.8285	7.8439	0.4094	0.9043	10.9861	有

2.3.3　基于点聚集特性的声呐目标串联检测方法

由于海底存在大量未知的虚假目标，远距离探测时，它们与真实目标具有高相似的形态，容易造成虚警。文献[12]提出一种基于点聚集特性的声呐目标串联检测方法。

首先将声呐图像分割成一系列相互覆盖的 $n \times n$ 方形图像块（overlapping square patch），图像块大小参照目标尺度确定。记第 k 个图像块为 P_k，在每个图像块中使用形态学进行预处理，随后使用动态阈值分割出图像块中的可疑区域，每个图像块的阈值设定如式（2-18）所示：

$$T_{segmentation} = \eta \cdot ave(P_k) \qquad (2-18)$$

式中，ave(·) 表示求均值操作；η 表示阈值系数。

每个图像块需要经过式（2-17）的动态阈值二值化分割，定义大于 $T_{segmentation}$ 的点为前景有效点，反之为背景点。在前景有效点中，针对每一个点 j，计算点 j 与其他每一个有效点 i 的 D4 距离（城市距离）$d_{i,j}$，并根据 D4 距离给 $d_{i,j}$ 赋以权值 $\omega_{i,j}$，将这些加权的距离求和，得到描述点 j 的点聚集特性的值（pixel importance value，PIV），定义如式（2-19）所示：

$$PIV_j = \sum_{i=1,i\neq j}^{N} \omega_{i,j} d_{i,j} \qquad (2\text{-}19)$$

权值 $\omega_{i,j}$ 的分配原则参照零均值归一化的二维高斯函数。当前景有效点呈现较为聚集的形态时，根据式（2-18）每个点的 PIV 会较大；相反地，当前景有效点呈现较为松散的形态时，每个点的 PIV 会较小。在物理意义上，式（2-19）相当于对点的聚集程度进行了量化。因此我们可以对量化后的聚集程度进行操作，通过分割阈值 T_{PIV} 来筛选出那些含有高聚集有效点的图像块 p_k'。这一阶段的筛选尽管会滤除不满足点聚集特性的亮点，但同时也会提取出满足点聚集特性的假目标，如图 2-19 所示。进一步利用卷积神经网络进行第二阶段的目标筛选。

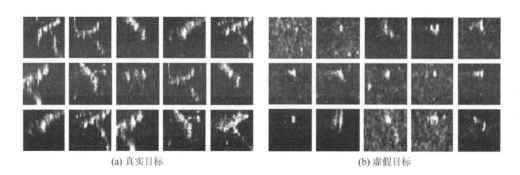

(a) 真实目标　　　　　　　　　　　　(b) 虚假目标

图 2-19　PIV 特征筛选出的目标

对不同时间获取的原始声呐数据进行基于点聚集特性的筛选得到近 1000 个图像块。其中的 40% 进行训练，另外 60% 进行测试，统计得到的召回率为 90.39%，虚警率为 2.39%。

参 考 文 献

[1]　关浩. 海底小目标的成像与检测研究[D]. 哈尔滨：哈尔滨工程大学，1997：52-58.
[2]　丁凯. 水下目标声探测与跟踪技术的研究[D]. 哈尔滨：哈尔滨工程大学，2006：20-24.
[3]　郑向宁. 声呐数据动态显示的线性插值抽值算法[J]. 声学与电子工程，2010，（2）：15-16.
[4]　曹晔锋. 基于双立方插值的多波束前视声呐数据可视化算法[J]. 传感器与微系统，2012，（9）：126-128.
[5]　李弼程. 智能图像处理技术[M]. 北京：电子工业出版社，2004.
[6]　陆丹. 基于联合不确定度的多波束测深估计及海底地形成图技术[D]. 哈尔滨：哈尔滨工程大学，2012.

[7]　卞红雨，陈奕名，柳旭，等. 一种基于小波图像分解的侧扫声呐电源周期性噪声的去噪方法：中国. CN105787900A[P]. 2016.

[8]　李应超，居向明，武同元. 利用经验模态分解的侧扫声呐噪声抑制方法[J]. 测绘工程，2014, 23（4）：24-27.

[9]　李阳. 水下目标探测中的侧扫声呐图像处理技术研究[D]. 哈尔滨：哈尔滨工程大学，2015.

[10]　刘晨晨. 高分辨率成像声呐图像识别技术研究[D]. 哈尔滨：哈尔滨工程大学，2006.

[11]　罗明愿，卞红雨，周志娟. 基于图像频域方向模板的目标检测方法[J]. 计算机工程，2011, 37（12）：215-217.

[12]　卞红雨，陈奕名，张志刚，等. 像素重要性测量特征下的侧扫声呐目标检测[J]. 声学学报，2019, 44（3）：353-359.

第3章　海底声呐图像的匹配与运动参数估计

　　水下机器人利用前视成像声呐对海底区域进行精细探测的过程中，受海水中的流、涌、潮汐等影响，其水下位置和姿态都在不停地发生变化。尽管水下机器人利用搭载的传感器信息不时地进行位置和姿态校正，仍然有小规模的漂移和各种角度变化是传感器无法准确测量的[1, 2]。这种小规模的自由运动使水下机器人的位置和姿态信息产生了误差，直接影响了载体对待探测目标的精确定位。然而从另一个角度看，声呐图像中目标的运动反映了载体的这种小规模声呐运动，或者说描述了成像声呐的运动情况。由于序列声呐图像描述了探测场景中目标的连续变化，在相关文献中也将相邻帧图像间的微小运动称为微分运动[3]。本章针对水下机器人探测海底的应用场景，通过高分辨前视声呐获取海底二维声呐图像，利用声呐图像中目标的运动来分析声呐的小规模运动，进而估算由载体漂移引起的运动参数变化。

3.1　声呐图像与声呐坐标系

　　为描述前视成像声呐对待探测场景中空间一点的声呐图像，建立声呐坐标系与图像坐标系的投影模型，如图 3-1 所示。首先，在图 3-1（a）中定义空间笛卡儿坐标系，其中以声呐声学中心为原点，探测波束垂直方向的中心平面为声呐的

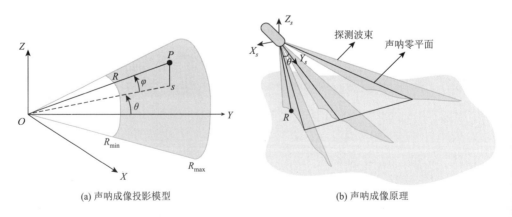

(a) 声呐成像投影模型　　　　　　　　　　(b) 声呐成像原理

图 3-1　声呐坐标系与图像坐标系的投影模型

成像平面，波束水平开角的中心方向为坐标 Y 轴，声呐成像平面上与 Y 轴垂直的方向为坐标 X 轴，声呐成像平面的垂直方向为坐标 Z 轴。

定义空间一点的笛卡儿坐标为 $P=[X,Y,Z]^{\mathrm{T}}$，其极坐标为 $[R,\theta,\phi]^{\mathrm{T}}$，将点 P 投影到声呐的成像平面上，投影点为 s。图 3-1（a）中灰色扇形区域为声呐的成像区域，其所在平面为声呐的成像平面，称为声呐零平面。通常将前视声呐在声呐零平面上所成的扇形图像称为声呐图像。图 3-1（b）描述了前视声呐成像的原理，由连续多个波束对海底的探测构成整个声呐图像的原始数据。

空间一点 P 的笛卡儿坐标可以表示为

$$P=\begin{bmatrix} X \\ Y \\ Z \end{bmatrix}=R\begin{bmatrix} \sin\theta\cos\phi \\ \cos\theta\cos\phi \\ \sin\phi \end{bmatrix} \tag{3-1}$$

式中，R 表示点 P 到声呐的距离；θ 表示点 P 在声呐图像上的方位角；ϕ 表示点 P 相对于声呐的仰角，可以表示为

$$\begin{bmatrix} R \\ \theta \\ \phi \end{bmatrix}=\begin{bmatrix} \sqrt{X^2+Y^2+Z^2} \\ \arctan(Y/X) \\ \arctan(Z/\sqrt{X^2+Y^2}) \end{bmatrix} \tag{3-2}$$

定义点 P 在声呐成像平面上投影点为 $s=[x_s,y_s]^{\mathrm{T}}$，则在零仰角平面上：

$$s=\begin{bmatrix} x_s \\ y_s \end{bmatrix}=\begin{bmatrix} X \\ Y \end{bmatrix}_{\phi=0} \tag{3-3}$$

实际上，声呐发出的声信号被场景表面反射，获取的是接收阵列各波束方向上的数据。声呐的一帧数据是将场景中不同距离 R 和方位角 θ 的反向散射声强转化为二维图像 $I(R,\theta)$，称为波束图像（beam-bin image），$I(R,\theta)$ 为矩形图像。为客观显示场景中目标的距离和方位信息，前视声呐图像大都以扇形显示，通过对矩形波束图像的插值变换得到，因此常见的扇形声呐图像也称为声呐极图像（polar image）。

利用前视声呐测得的距离 R 和方位角 θ 可以表示点 s：

$$s=\begin{bmatrix} x_s \\ y_s \end{bmatrix}=R\begin{bmatrix} \sin\theta \\ \cos\theta \end{bmatrix}=\frac{1}{\cos\phi}\begin{bmatrix} X \\ Y \end{bmatrix} \tag{3-4}$$

因此，声呐对空间点 P 的成像可以看作三维点 P 沿半径为距离 R 的圆向声呐零平面的投影。对比式（3-1）和式（3-4）可以看出，声呐图像在投影映射过程中丢失了仰角 ϕ 的相关信息，即损失了待探测场景结构信息。类比相似的投影映射，在光学图像中场景沿光束方向投影到成像焦平面上，图像在投影映射过程中丢失了距离信息。因此，根据光学图像和声呐图像的成像原理，空间目标运动引起的二维图像的运动有较大差别。图 3-2 描述了声呐成像和光学成像的投影原理及运动关系。

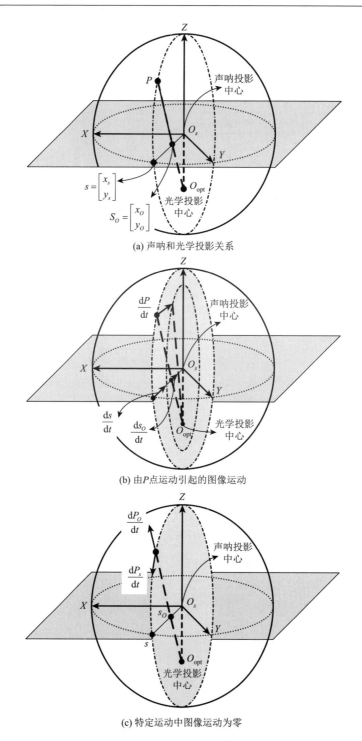

(a) 声呐和光学投影关系

(b) 由P点运动引起的图像运动

(c) 特定运动中图像运动为零

图 3-2　声呐成像和光学成像的投影原理及运动关系

　　图 3-2（a）说明声呐和光学投影关系，其将空间点 P 投射到成像平面上声呐成像点 s 和光学成像点 s_O，O_s 为声呐映射中心，O_{opt} 为光学映射中心。图 3-2（b）描述由空间点 P 的运动 $\mathrm{d}P/\mathrm{d}t$ 引起的声呐图像运动 $\mathrm{d}s/\mathrm{d}t$ 和光学图像运动 $\mathrm{d}s_O/\mathrm{d}t$，箭头方向为微小运动的方向。图 3-2（c）给出了点 P 的两种特定运动 $\mathrm{d}P_s/\mathrm{d}t$ 和 $\mathrm{d}P_O/\mathrm{d}t$，使得对应的声呐图像点和光学图像点的运动为零，说明在两种特定运动中声呐图像和光学图像分别损失了空间三维信息。总结以上光学图像和声呐图像的成像特点，见表 3-1。

表 3-1　光学图像和声呐图像的成像特点

图像类型	成像投影规则	成像损失信息	图像投影的运动不变性
光学图像	沿光束传播方向投影	丢失距离信息	空间点沿到投影中心的直线方向上的运动
声呐图像	沿球形扩展投影	丢失仰角信息	空间点在同一方位角上沿圆弧的运动

　　除声呐图像的坐标几何关系，声呐图像的灰度值因各点位置不同而不同。考虑一个典型的静态海底待探测水域，对于海底目标上点的声回波一般较强，声呐图像中对应的灰度值较大，表现为亮点，对应区域称之为亮区。沿声传播方向上，目标后方会有一个无声（无直达声）区域，在图像上灰度值较小，称为暗区或阴影区。一般的海底回波强度介于以上两者之间，为中等灰度，称为背景区，也称为混响区。声呐图像通常由这三种区域构成，有效利用各区域间的关系，有利于提高探测算法的稳定性。

3.2　基于声图像的声呐运动模型

　　在声呐系统对海底场景的探测任务中，序列声呐图像可以直接反映出由于载体的微小运动而引起目标在图像中的运动。换言之，连续的声呐图像序列包含了海底目标相对于声呐的连续运动情况。本节将利用声呐图像包含的微小连续运动，结合声呐系统的运动参数构建二维声呐图像中目标对应像素点的运动关系，即根据图像中目标的运动构建声呐图像运动模型。

　　水下机器人探测海底的任务中，典型的工作方式是定深规划航行，其预定的航行轨迹是在二维平面中，本章将以此为基础构建的模型定义为二维运动模型。当水下机器人受水下环境影响，在垂直方向（深度方向）运动时，需要加入垂直方向的运动偏移量，以此为基础构建的模型定义为三维运动模型。同时，按照图像数据的呈现形式，将以原始波束数据形式显示的矩形图形称为波束图像；经过坐标变换与重采样，将与实际场景等比例显示的扇形图形称为声呐图像。

3.2.1　声呐图像二维运动模型

由于前视成像声呐的探测水平开角一般较小，典型的高分辨前视声呐水平开角为 30° 左右，水下机器人可以通过连续的水下运动对海底场景进行多角度的全面探测[4]。水下机器人的运动可以用连续的平移运动和旋转运动的组合来表示。相对于固定在水下机器人上的前视成像声呐，海底静态目标可以看作连续运动的目标。为利用前视成像声呐有效检测海底场景中的静态凸起目标，水下机器人通常规划在距海底某一高度上不同位置和方位观测目标上。

下面考虑不同姿态对声呐图像的影响。

首先，分析水下机器人的平移运动。在海底静态目标的探测中，机器人的平移运动可以看作为静态目标在声呐坐标系下的平移运动。假设 P 点移动到 P' 点，平移量为 $[t_x, t_y]^T$，其中，t_x 为声呐沿 X 轴的平移，t_y 为声呐沿 Y 轴的平移。对应的声呐图像上的平移量为 $\Delta s = s - s'$，利用声呐坐标系与图像坐标系的关系，可得到空间点 P 与图像点 s 的平移量误差量 ε：

$$\varepsilon = \Delta s - \begin{bmatrix} t_x \\ t_y \end{bmatrix} = \begin{bmatrix} x_s(1-\cos\phi) - x_s'(1-\cos\phi') \\ y_s(1-\cos\phi) - y_s'(1-\cos\phi') \end{bmatrix} \qquad (3\text{-}5)$$

由式（3-5）可以看出，将空间一点 P 的平移 $[t_x, t_y]^T$ 投影到声呐零平面上，相应的图像上的平移 Δs 受到仰角 ϕ 的影响。常见的 DIDSON 声呐垂直开角为 14°，而相对于其成像零平面探测的俯仰角为 $\pm 7°$（此时 $\cos\phi \approx 1$，$-7° \leqslant \phi \leqslant 7°$）。因此，由式（3-5）计算的平移量误差量 ε 是一个近似为零的量。实际中，假设距声呐 3.5m 处有一个目标，相对于声呐的垂直高度为 2.5m，当声呐沿 X 方向平移 0.5m 时（即 $t_x = 0.5$），经计算对应图像上目标点平移距离为 0.33m。空间点与图像点平移的误差量随探测距离的增大会逐渐减小，如对于同高度下 7m 处目标，声呐平移 0.5m 对应图像点平移为 0.465m，偏差仅为 3.5cm。为简化声呐图像的运动模型，可将空间平移 $[t_x, t_y]^T$ 近似等同于图像平移量 Δs。

其次，考虑水下机器人的横向转向，即声呐绕 Z 轴的旋转。假设声呐绕 Z 轴顺时针旋转 α，等效于目标点 P 相对于声呐绕 Z 轴逆时针旋转 α 到达 P' 点，则

$$P' = \begin{bmatrix} \cos\alpha & -\sin\alpha & 0 \\ \sin\alpha & \cos\alpha & 0 \\ 0 & 0 & 1 \end{bmatrix}, \quad P = \begin{bmatrix} R\sin(\theta-\alpha)\cos\phi \\ R\cos(\theta-\alpha)\cos\phi \\ R\sin\phi \end{bmatrix} \qquad (3\text{-}6)$$

对应声呐图像点 $s' = [R, \theta-\alpha]^T$。与旋转前的图像点 s 相比，当声呐仅进行旋转运动时，投影到声呐平面的图像点保持了方位角的变化，即图像点旋转的角度与三维空间点旋转的角度一致。

此外，声呐的纵摇（即绕声呐 X 轴的旋转）不会影响到 3D 点的投影关系，只会影响到目标的回波强度。随旋转角度的不断变化，目标会逐渐移出声呐的视野。声呐的横摇会引起图像点沿 X 轴方向的压缩，当横摇角较小时是可以忽略的；当声呐伴随有较大的横摇时，需要进行参数修正。

根据以上分析和近似，水下机器人在探测作业中的运动可以简化为用沿 X 轴平移、沿 Y 轴平移和绕 Z 轴旋转 3 个运动参数来表示，并可分别近似等同于声呐图像上沿 x_s 轴平移、沿 y_s 轴平移和声呐图像上的旋转，即可看作声呐图像上的刚性变换。将利用声呐图像上的刚性变换参数来描述三维空间声呐运动的近似方法称为声呐图像二维运动模型。因此，声呐图像上点 s 的二维运动方程可以表示为

$$\begin{bmatrix} x_s' \\ y_s' \end{bmatrix} = \begin{bmatrix} \cos\alpha & -\sin\alpha \\ \sin\alpha & \cos\alpha \end{bmatrix} \begin{bmatrix} x_s \\ y_s \end{bmatrix} + \begin{bmatrix} t_x \\ t_y \end{bmatrix} \tag{3-7}$$

式（3-7）由 2 个等式构成，包含 3 个声呐的运动参数。当给出 $N \geq 2$ 个图像点时，可以求解声呐运动的 3 个参数。

3.2.2　声呐图像三维运动模型

声呐图像的二维运动模型将声呐的三维运动近似为二维图像域的刚性变换，包含了图像平面上的 X 轴平移、Y 轴平移和绕 Z 轴的旋转 3 个自由度。二维运动模型的构建需要对声呐的运动进行一定的限定，如探测过程中声呐需要在某一高度上平移，即沿 Z 轴方向的平移近似为零，这就要求声呐在较好的海洋环境下工作，或通过载体上自带的高度计等传感器进行校正。

二维运动模型在一些对微小运动参数变化不敏感的应用中适用，并且在运算量上更有优势，如基于海底目标的海底场景建图与导航[5]。然而为提高对水下机器人运动参数估计的精度，需要为二维声呐图像引入海底场景高度信息，构建声呐图像的三维运动模型。

当成像声呐移动到一个新位置，空间一点 P 经过一个刚性变换移动到 P′ 点，其坐标变换可以用一个 3×3 的旋转矩阵 R 和一个三维平移向量 T 来表示：

$$P' = RP + T \tag{3-8}$$

式中，旋转矩阵 R 满足 $RR^{\mathrm{T}} = R^{\mathrm{T}}R = I$。

在三维空间中声呐的微分刚性运动可以用声呐的旋转分量 $w = [w_x, w_y, w_z]^{\mathrm{T}}$ 和平移分量 $t = [t_x, t_y, t_z]^{\mathrm{T}}$ 来表示，其中，w_x、w_y、w_z 分别代表 P 点绕 X 轴、Y 轴、Z 轴的旋转，t_x、t_y、t_z 分别代表 P 点沿 X 轴、Y 轴、Z 轴的平移。那么，空间点 P 相对于声呐的运动速度为

$$\frac{\mathrm{d}P}{\mathrm{d}t} = -w \times P - t \tag{3-9}$$

为给出对应的声呐图像点 s 的速度，可将式（3-4）表示为

$$s = \frac{1}{\cos\phi}\begin{bmatrix} X \\ Y \end{bmatrix} = \frac{1}{\cos\phi}\begin{bmatrix} 1 & 0 & 0 \\ 0 & 1 & 0 \end{bmatrix} P \tag{3-10}$$

并对式（3-10）两边求导数，得到图像点 s 的速度：

$$\frac{\mathrm{d}s}{\mathrm{d}t} = \frac{1}{\cos\phi}\begin{bmatrix} 1 & 0 & 0 \\ 0 & 1 & 0 \end{bmatrix}\frac{\mathrm{d}P}{\mathrm{d}t} + \tan\phi s \frac{\mathrm{d}\phi}{\mathrm{d}t} \tag{3-11}$$

式中，$\mathrm{d}\phi / \mathrm{d}t$ 可以通过对式（3-1）进行求导给出：

$$\frac{\mathrm{d}P}{\mathrm{d}t} = \begin{bmatrix} -R\sin\theta\sin\phi \\ -R\cos\theta\sin\phi \\ R\cos\phi \end{bmatrix}\frac{\mathrm{d}\phi}{\mathrm{d}t} \quad \text{或} \quad \frac{\mathrm{d}\phi}{\mathrm{d}t} = \begin{bmatrix} -\sin\theta\sin\phi / R \\ -\cos\theta\sin\phi / R \\ \cos\phi / R \end{bmatrix}^{\mathrm{T}}\frac{\mathrm{d}P}{\mathrm{d}t} \tag{3-12}$$

将式（3-9）代入式（3-10）中，有

$$\frac{\mathrm{d}s}{\mathrm{d}t} = \tan\phi s\left(\begin{bmatrix} -\sin\theta\sin\phi / R \\ -\cos\theta\sin\phi / R \\ \cos\phi / R \end{bmatrix}^{\mathrm{T}}(-w \times P)\right) + \frac{1}{\cos\phi}\begin{bmatrix} 1 & 0 & 0 \\ 0 & 1 & 0 \end{bmatrix}(-w \times P)$$

$$+ \frac{\sin\phi}{R}\left(\begin{bmatrix} \sin\theta\tan\phi \\ \cos\theta\tan\phi \\ -1 \end{bmatrix}^{\mathrm{T}}t\right)s - \frac{1}{\cos\phi}\begin{bmatrix} 1 & 0 & 0 \\ 0 & 1 & 0 \end{bmatrix}t \tag{3-13}$$

经过复杂的代数变换，二维声呐图像点的微分运动 $\mathrm{d}s / \mathrm{d}t$ 可以用声呐的三维运动参数来表达，则

$$\frac{\mathrm{d}s}{\mathrm{d}t} = (u \cdot w)s_n + \frac{\sin\phi}{R}(u \cdot t)s - \frac{1}{\cos\phi}\begin{bmatrix} 1 & 0 & 0 \\ 0 & 1 & 0 \end{bmatrix}t \tag{3-14}$$

式中，$u = [\sin\theta\tan\phi, \cos\theta\tan\phi, -1]^{\mathrm{T}}$，并定义 $s_n = [-y_s, x_s]^{\mathrm{T}}$ 为与 $s = [x_s, y_s]^{\mathrm{T}}$ 垂直的向量。

由此，式（3-14）给出了声呐图像三维运动模型，即构建了用声呐图像上点 s 的坐标、点 s 的微分运动以及点 s 的三维高度信息来描述声呐运动的模型。声呐图像三维运动模型包含声呐的旋转向量 w 和平移向量 t 的 6 个自由度的运动。相对于声呐图像二维运动模型，式（3-14）中包含了空间点 P 向声呐平面投影过程中丢失的仰角 ϕ，将二维图像运动扩展为包含三维高度信息的图像运动，是对声呐运动的精确描述。因此，利用声呐图像三维运动模型可以获得更精确的声呐运动参数估计值。

为有效利用声呐图像三维运动模型，进一步将式（3-14）用声呐图像坐标表示为

$$\begin{bmatrix} \dfrac{\mathrm{d}x_s}{\mathrm{d}t} \\ \dfrac{\mathrm{d}y_s}{\mathrm{d}t} \end{bmatrix} = \begin{bmatrix} \left(-\dfrac{t_x}{\cos\phi} - \left(\dfrac{t_z\sin\phi}{R}\right)x_s + w_z y_s + \left(\dfrac{t_x\sin\phi\tan\phi}{R^2}\right)x_s^2 \right. \\ \left. + \left(\dfrac{t_y\sin\phi\tan\phi}{R^2} - \dfrac{w_x\tan\phi}{R}\right)x_s y_s - \left(\dfrac{w_y\tan\phi}{R}\right)y_s^2 \right) \\ \\ \left(-\dfrac{t_y}{\cos\phi} - w_z x_s - \left(\dfrac{t_z\sin\phi}{R}\right)y_s + \left(\dfrac{t_y\sin\phi\tan\phi}{R^2}\right)y_s^2 \right. \\ \left. + \left(\dfrac{t_x\sin\phi\tan\phi}{R^2} + \dfrac{w_y\tan\phi}{R}\right)x_s y_s + \left(\dfrac{w_x\tan\phi}{R}\right)x_s^2 \right) \end{bmatrix} \tag{3-15}$$

式（3-15）用图像坐标的二次项和低阶项表示了声呐 6 个运动参数的图像微分运动，称该表达式为二阶声呐图像运动模型或 6 参数模型。在式（3-15）中，二阶项主要对较大视野场景的变化有影响，而低阶项主要对较小范围的视野变化有影响。对于感兴趣的三维目标或者一帧图像也只占有较小一块视野，可认为只受式（3-15）中低阶项的影响。由于本节构建的声呐图像运动模型针对的是图像点的小规模刚性运动，二阶项相比于低阶项是可以忽略的。忽略这些二阶项，就得到了化简的一阶声呐图像运动模型：

$$\begin{bmatrix} \dfrac{\mathrm{d}x_s}{\mathrm{d}t} \\ \dfrac{\mathrm{d}y_s}{\mathrm{d}t} \end{bmatrix} \approx \begin{bmatrix} -\dfrac{t_x}{\cos\phi} - \dfrac{t_z\sin\phi}{R}x_s + w_z y_s \\ -\dfrac{t_y}{\cos\phi} - w_z x_s - \dfrac{t_z\sin\phi}{R}y_s \end{bmatrix} \tag{3-16}$$

大多数二维成像声呐系统的垂直波束开角都比较小。例如，两种常见的前视声呐 DIDSON 和 BlueView 的最大仰角 $|\phi_{\max}|$ 为 7° 和 10°。因此，可以近似将 $\cos\phi \approx 1$ 代入式（3-16）中，可得

$$\begin{bmatrix} \dfrac{\mathrm{d}x_s}{\mathrm{d}t} \\ \dfrac{\mathrm{d}y_s}{\mathrm{d}t} \end{bmatrix} \approx \begin{bmatrix} -t_x - \dfrac{t_z\sin\phi}{R}x_s + w_z y_s \\ -t_y - w_z x_s - \dfrac{t_z\sin\phi}{R}y_s \end{bmatrix} \tag{3-17}$$

一阶声呐图像运动模型是声呐图像三维运动模型在声呐图像坐标系下的一种简化形式。它将描述声呐运动的 6 个自由度参数简化为 4 个自由度参数 $\{t_x, t_y, t_z, w_z\}$，并分析式（3-17）可知：①平移分量 $\{t_x, t_y\}$ 导致了图像点微分运动的均值，因此对图像噪声不敏感；②图像点 (x_s, y_s) 的线性运动变化受 t_z 和 w_z 的影响；③相对于小规模的平移运动 t，旋转量 w_z 可能是一个较大的量，主要对成像的视野区域有影响。

由式（3-16）和式（3-17）描述的一阶声呐图像运动模型与旋转运动 w_x 和 w_y

不相关，这说明在成像的小区域中绕 X 轴、Y 轴的两个运动成分对图像运动影响很小。而一阶声呐图像运动模型对这两个角度的简化可以通过装备声呐的载体上其他传感器来提供，如水下机器人通常装配的角度传感器（倾角计和陀螺仪）来测量这两个旋转运动成分。

相对于声呐图像的二维运动模型，声呐图像的三维运动模型是将二维声呐图像加入了表达三维场景信息的仰角值。而对于二维运动模型相当于声呐图像的仰角全部置零，即将三维的海底场景近似为声呐成像的零平面。此时，在式（3-17）表示的一阶声呐图像运动模型中，相当于仰角 $\phi = 0$，同时将微分运动 $[\mathrm{d}x_s / \mathrm{d}t,$ $\mathrm{d}y_s / \mathrm{d}t]^{\mathrm{T}}$ 用运动前后的图像点坐标 $[x_s' - x_s, y_s' - y_s]^{\mathrm{T}}$ 替换，则表达式可化简为

$$
\begin{bmatrix} x_s' \\ y_s' \end{bmatrix} = \begin{bmatrix} x_s + w_z y_s - t_x \\ -w_z x_s + y_s - t_y \end{bmatrix} = \begin{bmatrix} 1 & w_z \\ -w_z & 1 \end{bmatrix} \begin{bmatrix} x_s \\ y_s \end{bmatrix} - \begin{bmatrix} t_x \\ t_y \end{bmatrix} \tag{3-18}
$$

对比式（3-18）与二维运动模型方程（3-7），两方程表达形式完全相同，常数项符号的不同是因为二维运动模型中定义了参数的方向。由此可以看出，声呐图像的三维运动模型是二维运动模型的扩展，或者可以认为二维运动模型是三维运动模型的一种特殊形式。

此外，在笛卡儿坐标系下由式（3-15）～式（3-17）表示的声呐图像运动模型也取决于海底的场景结构。其场景结构可由仰角 $\phi(R,\theta)$ 的多项式或者空间场景点的坐标 $Z = R\sin\phi$ 的多项式来表示。而声呐系统在探测海底场景的过程中，只获得了空间点三个极坐标参数中的两个：空间点的距离 R 和方位角 θ。空间点仰角 ϕ 是未知的，并随空间点的位置变化而改变。利用声呐图像三维运动模型估计声呐运动参数必须首先计算出图像中各目标点的仰角，对于仰角的估算可以通过海底目标亮区与阴影区的关系进行求解。

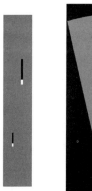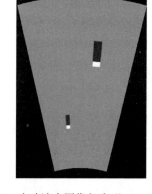

图 3-3　声呐波束图像与扇形扫描图像的变换关系

3.2.3　波束图像三维运动模型

声呐系统在探测海底场景的过程中，可以获得探测开角范围内海底场景中的不同距离 R 和方位角 θ 的反向散射声强，即一个探测信号获得一帧波束图像 $I(R,\theta)$。波束图像 $I(R,\theta)$ 是声呐系统真实测量值，而常见的扇形声呐图像则是对波束图像的插值得到的。图 3-3 描述了包含两个目标的声呐波束图像到扇形声呐图像的转换示意图。

相比于扇形声呐图像，波束图像具有明确的目标距离和方位信息，并且对于相同的

图像具有较小的数据量。因此，本节提出以包含三维高度信息的波束图像运动来描述三维声呐运动的模型仍然具有重要意义。

首先用空间点的距离 R 和方位角 θ 来表示图像点的运动 $\mathrm{d}s/\mathrm{d}t$，对式（3-4）求导数有

$$\frac{\mathrm{d}s}{\mathrm{d}t} = \begin{bmatrix} \sin\theta \dfrac{\mathrm{d}R}{\mathrm{d}t} + R\cos\theta \dfrac{\mathrm{d}\theta}{\mathrm{d}t} \\ \cos\theta \dfrac{\mathrm{d}R}{\mathrm{d}t} - R\sin\theta \dfrac{\mathrm{d}\theta}{\mathrm{d}t} \end{bmatrix} \tag{3-19}$$

将式（3-19）代入关于图像点 s 的三维运动模型表达式（3-14），并化简同类项，有

$$\begin{bmatrix} \dfrac{\mathrm{d}R}{\mathrm{d}t} \\ \dfrac{\mathrm{d}\theta}{\mathrm{d}t} \end{bmatrix} = \begin{bmatrix} -t_x \sin\theta\cos\phi - t_y \cos\theta\cos\phi - t_z \sin\phi \\ -\dfrac{t_x}{R\cos\phi}\cos\theta + \dfrac{t_y}{R\cos\phi}\sin\theta + w_z - w_x \sin\theta\tan\phi - w_y \cos\theta\tan\phi \end{bmatrix} \tag{3-20}$$

则式（3-20）为波束图像 6 参数运动模型。类似声呐图像直角坐标系下一阶声呐图像运动模型的近似方法，忽略两个旋转分量 w_x 和 w_y，并结合仰角的近似表达式 $\cos\phi \approx 1$，可得波束图像 4 参数运动模型：

$$\begin{bmatrix} \dfrac{\mathrm{d}R}{\mathrm{d}t} \\ \dfrac{\mathrm{d}\theta}{\mathrm{d}t} \end{bmatrix} \approx \begin{bmatrix} -t_x \sin\theta - t_y \cos\theta - t_z \sin\phi \\ -\dfrac{t_x}{R}\cos\theta + \dfrac{t_y}{R}\sin\theta + w_z \end{bmatrix} \tag{3-21}$$

由此，式（3-20）和式（3-21）给出了波束图像三维运动模型，即在波束图像域构建了用波束图像上点 s 的坐标、点 s 的微分运动以及点 s 的三维高度信息来描述声呐运动的模型。从广义上讲，波束图像和扇形扫描图像都是声呐图像；本节为阐述两种图像上构建模型和估算参数的区别，从狭义上定义常见的声呐扇形扫描图像为声呐图像，声呐波束域上的数据图像为波束图像。

3.3　声呐运动参数的估计理论

利用声呐图像上可跟踪的特征点的运动来求解声呐所在载体的运动参数是本章的基本出发点。本节将利用声呐图像三维运动模型逐步对声呐 6 个自由度的运动参数进行估计，并讨论运动参数的求解方法。

3.3.1　单纯旋转

在讨论声呐 6 个自由度一般运动估计方法前，首先考虑两个特殊情况：单纯

旋转和单纯平移。旋转向量 w 和平移向量 t 是构成声呐一般运动的两个基本成分。研究两个简单的运动有助于理解声呐图像运动的基本规律和运动的基本属性，同时也是指导工程应用中控制声呐系统的方法。

首先考虑声呐的单纯旋转运动。在一些应用中，声呐绕固定的极点进行旋转，因此声呐图像的运动仅取决于声呐的旋转。对于声呐的一般运动，可理解为 $t=0$ 的情况，那么简化声呐图像三维运动模型式（3-14），可得

$$\left(\frac{\mathrm{d}s}{\mathrm{d}t}\right)_r = (u \cdot w)\, s_n \qquad (3\text{-}22)$$

式中，$(\mathrm{d}s/\mathrm{d}t)_r$ 表示单纯旋转的声呐图像微分运动。

利用图像点 s 与 s_n 的正交关系 $s \cdot s_n = 0$，对式（3-22）两边点乘向量 s，有

$$s \cdot \left(\frac{\mathrm{d}s}{\mathrm{d}t}\right)_r = (u \cdot w)\, s_n \cdot s = 0 \qquad (3\text{-}23)$$

引入图像坐标系下的坐标，可得

$$x_s \frac{\mathrm{d}x_s}{\mathrm{d}t} + y_s \frac{\mathrm{d}y_s}{\mathrm{d}t} = \frac{\mathrm{d}(x_s^2 + y_s^2)}{\mathrm{d}t} = \frac{\mathrm{d}R^2}{\mathrm{d}t} = 0 \qquad (3\text{-}24)$$

由式（3-24）可知，对于声呐的单纯旋转，海底场景中目标表面点到声呐的距离 R 保持不变。此外，对于声呐图像上小规模运动的图像特征点，其坐标 x_s 和 y_s 是非独立变化的，已知其中一个坐标值都可以通过式（3-24）确定另一个坐标值。

由式（3-22）描述的由声呐单纯旋转运动引起的声呐图像运动包含了 4 个未知量：仰角 ϕ 和旋转向量 w 的三个分量。对于每一个图像特征点，可以确定一个含有 4 个未知量的运动约束方程。更一般地，N 个图像点可以确定 N 个约束方程，含有 $N+3$ 个未知量。因此，由声呐旋转引起图像运动不足以同时计算三维运动参数和场景结构。然而，场景结构参数 ϕ 可通过图像点三维重建方法独立求得。那么，从含有 $N \geq 3$ 个特征点的声呐图像运动中可以估算出声呐的旋转运动参数，由式（3-23）得到表达式：

$$\begin{bmatrix} -y_{s1}u_1^{\mathrm{T}} & -(\mathrm{d}x_{s1}/\mathrm{d}t)_r \\ x_{s1}u_1^{\mathrm{T}} & -(\mathrm{d}y_{s1}/\mathrm{d}t)_r \\ \vdots & \vdots \\ -y_{sN}u_N^{\mathrm{T}} & -(\mathrm{d}x_{sN}/\mathrm{d}t)_r \\ x_{sN}u_N^{\mathrm{T}} & -(\mathrm{d}y_{sN}/\mathrm{d}t)_r \end{bmatrix} \begin{bmatrix} w \\ 1 \end{bmatrix} = 0 \qquad (3\text{-}25)$$

在连续的声呐图像序列上，通常可跟踪的特征点的数量在几十甚至几百个。对于式（3-25），满足条件的特征点数远大于特征点数 $N \geq 3$ 的估算要求。因此，可以利用大量的冗余数据，构建关于旋转参数 w 的齐次方程组，通过对系数矩阵的奇异值分解得到最小二乘解，即奇异值分解后的最右侧奇异向量对应最小的奇异值。

在一些特殊情况下，假设声呐安装在极点上，则声呐只存在绕极点的旋转。

当声呐仅以参量 w_z（$w_x = 0$，$w_y = 0$）运动，即声呐绕坐标 Z 轴旋转扫描周围的海底场景。这个运动参数容易估算：

$$w_z = \frac{|\, \mathrm{d}s / \mathrm{d}t\,|}{R} \tag{3-26}$$

类似的方法可以确定其他的旋转参数，如声呐安装在极点上经历横摇运动 w_y。利用式（3-22）可以计算未知的仰角值：

$$\phi = -\arctan\left(\frac{\left(\dfrac{\mathrm{d}x_s}{\mathrm{d}t}\right)_r}{y_s \cos\theta\, w_y}\right) = \arctan\left(\frac{\left(\dfrac{\mathrm{d}y_s}{\mathrm{d}t}\right)_r}{x_s \cos\theta\, w_y}\right) \tag{3-27}$$

此外，如果通过搭载前视声呐的潜器上的倾角计或陀螺仪来测量全部的旋转成分，那么未知的场景结构 $\phi(R,\theta)$ 可以从声呐图像序列中任意一帧的图像点来确定：

$$\phi = -\arctan\left(\frac{w_z - \dfrac{1}{y_s}\left(\dfrac{\mathrm{d}x_s}{\mathrm{d}t}\right)_r}{w_x \sin\theta + w_y \cos\theta}\right) = \arctan\left(\frac{w_z + \dfrac{1}{x_s}\left(\dfrac{\mathrm{d}y_s}{\mathrm{d}t}\right)_r}{w_x \sin\theta + w_y \cos\theta}\right) \tag{3-28}$$

当场景特征点位于法向量为 n 的平面场景时，可以简化旋转运动和场景结构的估算。6 个未知量参数（平面法向量 n 和旋转运动参数 w）都可以通过 $N \geqslant 6$ 个图像点的运动来确定。

对 6 个参数的迭代求解可以按如下步骤进行。

（1）初始化平面法向量 n；

（2）计算场景结构参数 $\phi_i = f(R,\theta;n), i = 1,2,\cdots,N$；

（3）通过式（3-25）求解旋转运动参数 w；

（4）通过式（3-28）求解 ϕ_i，然后计算空间点 P_i 坐标 $[X_{si}, Y_{si}, Z_{si}]^{\mathrm{T}}$，并利用 $P_i \cdot n = -1$ 构建奇异值分解问题求解平面法向量 n：

$$\begin{bmatrix} X_{s1} & Y_{s1} & Z_{s1} & 1 \\ \vdots & \vdots & \vdots & \vdots \\ X_{sN} & Y_{sN} & Z_{sN} & 1 \end{bmatrix} \begin{bmatrix} n \\ 1 \end{bmatrix} = 0 \tag{3-29}$$

（5）返回步骤（2）进行迭代，直到 6 个参数收敛。

3.3.2　单纯平移

对于声呐的一般运动，单纯平移可理解为旋转成分 $w = 0$ 的情况。或者当 3 个旋转分量全部由载体上的传感器测量得到时，一般运动也可以看作单纯平移运动。假定在后者更一般的情况下，忽略旋转运动成分对一般运动的贡献，可以简化声呐图像三维运动模型式（3-14），可得

$$\left(\frac{ds}{dt}\right)_t = \frac{\sin\phi}{R}(u \cdot t)s - \frac{1}{\cos\phi}\begin{bmatrix} 1 & 0 & 0 \\ 0 & 1 & 0 \end{bmatrix}t \tag{3-30}$$

式中，$\left(\dfrac{ds}{dt}\right)_t = \dfrac{ds}{dt} - \left(\dfrac{ds}{dt}\right)_r$ 表示声呐只经历平移运动引起的声呐图像微分运动。

由于常见的前视成像声呐具有较小的垂直波束开角（$|\phi_{max}| \leqslant 7°$），可以近似为 $\cos\phi \approx 1$，则化简平移运动为

$$\left(\frac{ds}{dt}\right)_t \approx \frac{\sin\phi}{R}(u \cdot t)s - \begin{bmatrix} t_x \\ t_y \end{bmatrix} \tag{3-31}$$

当已知图像点的仰角 ϕ 时，式（3-31）由两个线性方程组成，包含关于平移运动的 3 个未知参数。利用声呐图像上一个可跟踪的特征点可以建立两个方程式，那么 $N \geqslant 2$ 个特征点的微分运动就可以计算出声呐的三维平移运动 t。

当图像点的仰角 ϕ 为未知量时，如果能够去除声呐图像运动模型方程中关于仰角 ϕ 的项，则可以继续对该方程求解。利用图像点 s 与 s_n 的正交关系，在式（3-31）两边点乘 s_n，可得

$$\left(\frac{ds}{dt}\right)_t \cdot s_n + \begin{bmatrix} t_x \\ t_y \end{bmatrix} \cdot s_n = 0 \tag{3-32}$$

这样就获得了对图像运动的一个线性约束，从中可以很容易估算平移向量的前两个成分 t_x 和 t_y。那么利用声呐图像坐标表示式（3-32）可以得到

$$\left[y_s, -x_s, y_s\left(\frac{dx_s}{dt}\right)_t - x_s\left(\frac{dy_s}{dt}\right)_t \right] \cdot [t_x, t_y, 1]^{\mathrm{T}} = 0 \tag{3-33}$$

对式（3-33）可以利用 $N \geqslant 2$ 个图像点构建一个奇异值分解问题来求解 $\{t_x, t_y\}$。每一个图像点对应系数矩阵的一行，构建的系数矩阵由 N 个行向量组成，形式如 $c_t = [y_s, -x_s, y_s(dx_s / dt)_t - x_s(dy_s / dt)_t]$。对该 $N \times 3$ 的系数矩阵进行奇异值分解，分解所得最右边的奇异向量为最优运动参数。

以上两个平移成分 $\{t_x, t_y\}$ 是从声呐图像的微分运动 $(ds / dt)_t$ 映射到向量 s_n 上表达式求解得到的，即 $\{t_x, t_y\}$ 可以通过沿 s_n 方向的平移图像运动 $(ds / dt)_t$（或者说平移图像运动 $(ds / dt)_t$ 的法向分量）来确定。

为进一步求出平移分量 t_z，可以利用式（3-31）在 s 方向的分量，即图像运动的切向分量。将式（3-31）两边点乘 s，并代入声呐图像坐标，经过复杂计算有

$$t_z = -\frac{1}{R\sin\phi}\left(\left(\left(\frac{ds}{dt}\right)_t + \cos\phi\begin{bmatrix} t_x \\ t_y \end{bmatrix} \right) \cdot s \right) \tag{3-34}$$

这里仍然采用 $\cos\phi \approx 1$ 的近似，可化简为

$$t_z \approx -\frac{1}{R\sin\phi}\left(\left(\left(\frac{ds}{dt}\right)_t + \begin{bmatrix} t_x \\ t_y \end{bmatrix}\right) \cdot s\right) \tag{3-35}$$

至此，平移分量 t_z 可以利用至少一个图像点及其仰角通过式（3-34）或式（3-35）进行估算求解。例如，当有 $N \geqslant 1$ 个图像点并已知其仰角 ϕ 时，可以构建基于最小二乘问题，并通过对 $N \times 2$ 系数矩阵进行奇异值分解得到最优解。这里的 $N \times 2$ 矩阵由 N 个形式如 $d_t = \left[\sin\phi, ((dx_s / dt)_t + t_x)\sin\theta + ((dy_s / dt)_t + t_y)\cos\theta\right]$ 的行向量组成，每个图像点对应一个行向量。

综上对单纯平移运动的估计，首先根据声呐图像运动的法向分量（沿 s_n 方向）计算 $\{t_x, t_y\}$，需要至少两个可跟踪的图像点构建方程求解；其次，根据图像运动的切向分量（沿 s 方向）计算 t_z，需要至少一个图像点并要已知对应的仰角。

3.3.3　一般运动

前面 3.3.1 节和 3.3.2 节两节结合声呐图像三维运动模型，对声呐单纯旋转运动和单纯平移运动引起的声呐图像微分运动进行了分析，并对运动参数进行了估计。整体的参数估计思路是：首先，利用图像点的性质尽量减少运动模型等式中所含未知量的个数化简运动模型；其次，将运动模型等式中图像点及其微分运动用声呐图像坐标进行代换；然后，利用多个可跟踪的图像点构建齐次，将运动参数的估计转化为方程组的求解问题；最后，对包含大量冗余数据方程组的求解相当于求其最小二乘解，并对方程组的系数矩阵进行奇异值分解，获得的最右侧奇异向量即为最优解。为了减少求解过程中对图像点仰角的大量计算，在运动参数估计的过程中仍将仰角 ϕ 作为未知量考虑。在估计方法中，给出了求解运动参数需要的最少图像点的个数，以及对应所需仰角的个数。

将前面的结论扩展到由旋转分量和平移分量组成的一般运动。首先要重新扩展定义一些符号，扩展定义 $s = [x_s, y_s, 0]^T$ 和 $s_n = [-y_s, x_s, 0]^T$ 表示两个正交向量，图像点 s 仍然满足 $s \cdot s_n = 0$，$s \cdot s = s_n \cdot s_n = R^2$。定义 $(ds/dt)_s$ 和 $(ds/dt)_n$ 分别表示在 s 和 s_n 两个方向上图像运动 $\left[(ds/dt)^T, 0\right]^T$ 的切向分量 $(ds/dt)_s = (ds/dt) \cdot s$ 和法向分量 $(ds/dt)_n = (ds/dt) \cdot s_n$。下面可以利用声呐图像三维运动模型来构建包含全部 6 个运动参数的线性方程。通过式（3-14）分别求图像运动的切向分量和法向分量如下：

$$\left(\frac{ds}{dt}\right)_s = R\sin\phi(u \cdot t) - \frac{1}{\cos\phi}\begin{bmatrix} t_x \\ t_y \\ 0 \end{bmatrix} \cdot s \tag{3-36}$$

$$\left(\frac{\mathrm{d}s}{\mathrm{d}t}\right)_n = R^2(u \cdot w) - \frac{1}{\cos\phi}\begin{bmatrix} t_x \\ t_y \\ 0 \end{bmatrix} \cdot s_n \qquad (3\text{-}37)$$

将式（3-36）和式（3-37）转化为关于声呐运动参数 t 和 w 的方程为

$$\begin{bmatrix} R\sin\phi\, u^{\mathrm{T}} - \dfrac{1}{\cos\phi}s^{\mathrm{T}} & 0_{1\times3} & -\left(\dfrac{\mathrm{d}s}{\mathrm{d}t}\right)_s \\[3mm] -\dfrac{1}{\cos\phi}s_n^{\mathrm{T}} & R^2 u^{\mathrm{T}} & -\left(\dfrac{\mathrm{d}s}{\mathrm{d}t}\right)_n \end{bmatrix}\begin{bmatrix} t \\ w \\ 1 \end{bmatrix} = 0 \qquad (3\text{-}38)$$

式（3-38）给出了包含 6 个运动参数的线性约束方程，可通过 $N \geqslant 3$ 个可跟踪的图像特征点求解全部运动参数。其中，仰角 ϕ 无法通过线性变换或增加方程的个数来直接求解，需要采用一个互补的方法来估计。下面给出两种求解方法。

1. 方法一

式（3-38）第一行对应图像运动切向成分，与声呐的旋转运动无关，可以利用该约束方程首先求解平移运动参数 t。同样从一个降阶的奇异值分解问题中求解参数 t，系数矩为 $N \times 4$（$N \geqslant 3$），由 N 个行向量组成，形式为

$$c = (R\sin\phi\, u^{\mathrm{T}} - (1/\cos\phi)s^{\mathrm{T}}, -(\mathrm{d}s/\mathrm{d}t)_s) \qquad (3\text{-}39)$$

其次，利用式（3-38）第二行和已知的平移运动 t，从另一个奇异值分解问题中来求解旋转运动 w。其系数矩阵为 $N \times 4$（$N \geqslant 3$），由 N 个行向量组成，形式为

$$d = (R^2 u^{\mathrm{T}}, -(1/\cos\phi)s^{\mathrm{T}}t - (\mathrm{d}s/\mathrm{d}t)_n) \qquad (3\text{-}40)$$

2. 方法二

直接基于式（3-38）构建奇异值分解问题，并计算 $2N \times 7$ 系数矩阵（由 $N \geqslant 3$ 个图像点组成）的最右侧奇异向量，得到全部 6 个运动参数。

以上两种方法都可以实现对 6 个运动参数的求解。对于理想的图像数据，两者会得到相同的结果。然而对于一般数据含有噪声的情况，前者方法提供了一种更精确的估算方法。

另外，声呐图像的微分运动模型中图像坐标的二阶项通常是可忽略的，或可由载体上的角度传感器较精确地测量，因此得到了化简的一阶声呐图像运动模型，如式（3-16）和式（3-17）所示。这样就可以用 4 个运动参数来表示声呐的一般运动，对应的只需进行包含 4 个运动参数 $\{t_x, t_y, t_z, w_z\}$ 的部分运动参数估计。

将式（3-17）的图像运动可以改写为关于平移运动向量 t 和旋转运动参数 w_z 的表达式：

$$\begin{bmatrix} 1 & 0 & x_s \sin\phi / R & -y_s & dx_s / dt \\ 0 & 1 & y_s \sin\phi / R & x_s & dy_s / dt \end{bmatrix} \begin{bmatrix} t \\ w_z \\ 1 \end{bmatrix} = 0 \qquad (3\text{-}41)$$

对于式（3-41），需要已知仰角 ϕ 以及至少 $N \geqslant 2$ 个图像点来实现 4 个运动参数的估计。利用冗余的图像点数据，对 $2N \times 5$ 的系数矩阵进行奇异值分解，得到的最右侧奇异值向量是最小奇异向量，为线性方程的最优解。

进一步地，对式（3-41）的第一行乘 y_s 与第二行乘 x_s 作差，可得到

$$\left[y_s, -x_s, 0, -R^2, y_s \frac{dx_s}{dt} - x_s \frac{dy_s}{dt} \right] \cdot [t_x, t_y, t_z, w_z, 1] = 0 \qquad (3\text{-}42)$$

由式（3-42）可知，图像微分运动的法向分量不取决于平移分量 t_z 和仰角 ϕ，其表达式为 $(ds / dt)_n = -y_s(dx_s / dt) + x_s(dy_s / dt)$，即可给出简化的约束如下：

$$\left[y_s, -x_s, -R^2, -\left(\frac{ds}{dt} \right)_n \right] \cdot [t_x, t_y, w_z, 1] = 0 \qquad (3\text{-}43)$$

可以用式（3-43）来直接估算 3 个运动分量 $\{t_x, t_y, w_z\}$，至少需要包括 $N \geqslant 3$ 个点的图像运动。

同理，可对式（3-41）的第一行乘 x_s 与第二行乘 y_s 作和，可得到

$$\left[x_s, y_s, R\sin\phi, 0, x_s \frac{dx_s}{dt} + y_s \frac{dy_s}{dt} \right] \cdot [t_x, t_y, t_z, w_z, 1] = 0 \qquad (3\text{-}44)$$

由式（3-44）可知，图像微分运动的切向分量取决于平移向量 t，其表达式为 $(ds / dt)_s = x_s(dx_s / dt) + y_s(dy_s / dt)$，而与旋转分量 w_z 无关，其约束如下：

$$\left[x_s, y_s, R\sin\varphi, \left(\frac{ds}{dt} \right)_s \right] \cdot [t_x, t_y, t_z, 1] = 0 \qquad (3\text{-}45)$$

当已由式（3-43）求得 $\{t_x, t_y\}$ 时，再从关于切向成分的表达式（3-45）中求出平移分量 t_z。对于该分量的估算需要 $N \geqslant 1$ 个图像点及其对应的仰角 ϕ。至此，实现了对部分运动参数的估计。

综上，本节在声呐的单纯平移和单纯旋转运动的基础上，对构成声呐一般运动的 6 参数声呐图像运动模型和其简化的 4 参数声呐图像运动模型进行了运动分析和数值估算，主要从声呐图像上可跟踪运动点的切向分量和法向分量来具体分析图像的运动，并尽量简化对参数的数值求解。

3.3.4　波束图像上的运动参数估计

本节从狭义上将前视声呐常见的扇形扫描图像定义为声呐图像，它通常是按照声呐的水平探测开角大小将波束图像插值为扇形图像进行显示，以使得图像上

目标的尺度与实际场景中目标的尺度相同。前面内容对声呐运动参数的估计均基于扇形声呐图像而展开。

与扇形声呐图像相比，波束图像描述场景中不同距离和不同方位上的反向散射声强，是由声呐系统直接测量量化得到的原始数据，数据量较小，具有明确的目标-阴影关系。波束图像三维运动模型具有更明确的距离和方位信息，表达的物理意义更清晰。下面结合波束图像三维运动模型再次对声呐的运动参数进行估计，并省略与前面内容相似部分。

在波束图像上，图像点的微分运动满足由式（3-14）描述的声呐图像三维运动模型。延续对图像点 s 的定义，利用图像直角坐标与极坐标关系式（3-19），逐一求解声呐的运动参数。

（1）单纯旋转：利用波束图像的坐标关系式（3-19）对式（3-23）进行化简，可得

$$\left[\begin{array}{cc} u^{\mathrm{T}} & \dfrac{\mathrm{d}\theta}{\mathrm{d}t} \end{array}\right]\left[\begin{array}{c} w \\ 1 \end{array}\right] = 0 \tag{3-46}$$

式中，$u = [\sin\theta\tan\phi, \cos\theta\tan\phi, -1]^{\mathrm{T}}$。式（3-46）说明声呐的单纯旋转运动与距离 R 及其微分运动 $\mathrm{d}R/\mathrm{d}t$ 无关，仅与方位角 θ 有关，即声呐的单纯旋转是沿以距离为 R 的球表面运动，只能引起波束图像上方位角的变化。旋转向量 w 的估算需要 $N \geqslant 3$ 个图像点，可利用奇异值分解求解。

（2）单纯平移：当图像点的仰角 ϕ 为未知量时，利用波束图像的坐标关系式对式（3-32）进行化简，可得

$$\left[\begin{array}{ccc} \cos\theta & -\sin\theta & R\left(\dfrac{\mathrm{d}\theta}{\mathrm{d}t}\right)_t \end{array}\right] \cdot [t_x \quad t_y \quad 1] = 0 \tag{3-47}$$

式中，$(\mathrm{d}\theta/\mathrm{d}t)_t$ 表示由单纯平移引起的方位角 θ 的微分运动。式（3-47）表明平移分量 $\{t_x, t_y\}$ 可首先由 $N \geqslant 2$ 个图像点的奇异值分解问题求解。

进一步求平移分量 t_z，可以利用式（3-31）在 s 方向的分量，即图像运动的切向分量。同样代入波束图像坐标，得

$$t_z \approx -\frac{1}{\sin\phi}\left(\left(\frac{\mathrm{d}R}{\mathrm{d}t}\right)_t + t_x\sin\theta + t_y\cos\theta\right) \tag{3-48}$$

式中，$(\mathrm{d}R/\mathrm{d}t)_t$ 表示由单纯平移引起的距离 R 的微分运动。平移分量 t_z 可以利用至少一个图像点及其仰角进行求解，对于冗余数据可构建最小二乘问题求最优解。

与扇形图像的结论相同，首先可利用至少两个图像点从图像运动的法向分量中求解 $\{t_x, t_y\}$；其次利用至少一个图像点及其仰角值从图像运动的切向分量计算 t_z。

（3）一般运动：在与扇形图像相同的扩展定义两个正交向量 s 和 s_n，两个正交的运动向量 $(\mathrm{d}s/\mathrm{d}t)_s$ 和 $(\mathrm{d}s/\mathrm{d}t)_n$。将波束图像的坐标关系代入式（3-14），分别求图像运动的切向分量和法向分量构建方程组如下：

$$\begin{bmatrix} -R\sin\theta\cos\phi & -R\cos\theta\cos\phi & -1 & 0_{1\times3} & -R\dfrac{\mathrm{d}R}{\mathrm{d}t} \\ R\cos\theta/\cos\phi & -R\sin\theta/\cos\phi & 0 & R^2 u^{\mathrm{T}} & -R^2\dfrac{\mathrm{d}\theta}{\mathrm{d}t} \end{bmatrix} \begin{bmatrix} t \\ w \\ 1 \end{bmatrix} = 0 \quad (3\text{-}49)$$

由于常见的前视成像声呐具有较小的垂直波束开角（$|\phi_{\max}| \leqslant 7°$），可以近似为 $\cos\phi \approx 1$，将式（3-49）化简为

$$\begin{bmatrix} -R\sin\theta & -R\cos\theta & -1 & 0_{1\times3} & -R\dfrac{\mathrm{d}R}{\mathrm{d}t} \\ R\cos\theta & -R\sin\theta & 0 & R^2 u^{\mathrm{T}} & -R^2\dfrac{\mathrm{d}\theta}{\mathrm{d}t} \end{bmatrix} \begin{bmatrix} t \\ w \\ 1 \end{bmatrix} = 0 \quad (3\text{-}50)$$

从式（3-50）的第一行可首先估算平移向量 t，需要求解由 $N \geqslant 3$ 个图像点构建的奇异值分解问题；再利用已知的平移向量 t，从式（3-50）的第二行估算旋转向量 w，同样需要求解由 $N \geqslant 3$ 个图像点构建的奇异值分解问题。

（4）部分运动参数的一般运动：利用波束图像的坐标关系式改写式（3-17），可得

$$\begin{bmatrix} \sin\theta & \cos\theta & \sin\phi & 0 & \dfrac{\mathrm{d}R}{\mathrm{d}t} \\ \cos\theta & -\sin\theta & 0 & -R & R\dfrac{\mathrm{d}\theta}{\mathrm{d}t} \end{bmatrix} \begin{bmatrix} t \\ w_z \\ 1 \end{bmatrix} = 0 \quad (3\text{-}51)$$

分析式（3-51）可知，式中第二行是由 3 个运动分量 $\{t_x, t_y, w_z\}$ 引起的图像微分运动，与图像点仰角 ϕ 无关。首先，可通过包括 $N \geqslant 3$ 个点的图像运动求解运动分量 $\{t_x, t_y, w_z\}$；其次，利用已求得的 $\{t_x, t_y\}$，从式（3-51）第一行估算旋转分量 w_z，该分量的求解需要 $N \geqslant 1$ 个图像点及其对应的仰角 ϕ。从而，实现波束图像上对部分运动参数的估计。

以上利用波束图像三维运动模型重新估算了声呐的运动参数。与扇形声呐图像相比，波束图像上的参数估计具有较明确的物理意义，表达式更加简单直观，对运动参数数值求解的运算量更小。同时，两种声呐图像上的参数估计具有相似的求解过程和相同的结论。在理论计算上基于波束图像的参数估计有运算上的优势，但利用图像处理方法获取运动的图像点可能带来更大的位置误差。

3.4　声呐图像匹配与参数估计模型

针对每一帧海底声呐图像都可以提取表示目标的特征点，并将目标区域用概

率模型描述。要实现声呐图像的匹配还要建立在连续两帧图像中同一目标的特征变换关系，即声呐图像的匹配模型。在 3.2 节中已经讨论了由于声呐存在微分运动所获得的连续声呐图像序列之间的关系。本节研究的声呐图像序列仍然满足微分运动关系，因此可利用声呐图像的三维运动模型来继续研究两帧连续图像间的匹配模型。

构建两帧连续声呐图像的匹配模型就是寻找第一帧图像中一个目标点 s 与第二帧图像中对应的目标点 s' 之间的变换关系。那么两个图像点构成的微分运动为 $ds / dt = s' - s$，相应的二维图像坐标为 $[dx_s / dt, dy_s / dt]^T = [x_s' - x_s, y_s' - y_s]^T$。根据由式（3-16）或式（3-17）描述的一阶声呐图像运动模型，可用对应的目标图像点表示为

$$\begin{bmatrix} x_s' - x_s \\ y_s' - y_s \end{bmatrix} = \begin{bmatrix} -\dfrac{t_x}{\cos\phi} - \dfrac{t_z \sin\phi}{R} x_s + w_z y_s \\ -\dfrac{t_y}{\cos\phi} - w_z x_s - \dfrac{t_z \sin\phi}{R} y_s \end{bmatrix} \tag{3-52}$$

进一步化简有

$$\begin{bmatrix} x_s' \\ y_s' \end{bmatrix} = \begin{bmatrix} \left(1 - \dfrac{t_z \sin\phi}{R}\right) x_s + w_z y_s - \dfrac{t_x}{\cos\phi} \\ -w_z x_s + \left(1 - \dfrac{t_z \sin\phi}{R}\right) y_s - \dfrac{t_y}{\cos\phi} \end{bmatrix} \tag{3-53}$$

为描述点 s 与点 s' 之间的变换关系，用齐次坐标 $s = [x_s, \ \ y_s, \ \ 1]^T$ 来表示第一帧图像中的目标点，则连续声呐图像的特征点的匹配关系可以表示为

$$s' = Hs \ 或 \begin{bmatrix} x_s' \\ y_s' \end{bmatrix} = \begin{bmatrix} 1 - \dfrac{t_z \sin\phi}{R} & w_z & -\dfrac{t_x}{\cos\phi} \\ -w_z & 1 - \dfrac{t_z \sin\phi}{R} & -\dfrac{t_y}{\cos\phi} \end{bmatrix} \begin{bmatrix} x_s \\ y_s \\ 1 \end{bmatrix} \tag{3-54}$$

式（3-54）中，矩阵 H 称为声呐图像匹配的变换矩阵，包含了 4 个自由度的声呐运动参数 $\{t_x, t_y, t_z, w_z\}$ 以及表示目标点三维高度信息的仰角 ϕ。式（3-54）也可称为声呐图像的三维运动匹配模型，是基于特征点变换矩阵的表现形式。

在式（3-7）表示的二维运动匹配模型中，对应点的匹配关系也可以化简为式（3-54）的形式，如 $s' = \hat{H}s$。其变换矩阵 $\hat{H}$ 可以表示为

$$\hat{H} = \begin{bmatrix} \cos\alpha & -\sin\alpha & t_x \\ \sin\alpha & \cos\alpha & t_y \end{bmatrix} \tag{3-55}$$

说明 $\hat{H}$ 矩阵包含了 XOY 平面上的平移 $\{t_x, t_y\}$ 和旋转角 α，以固定的矩阵变换形式来表示声呐图像特征点的匹配关系。与二维运动匹配方程相比，三维运动匹配

模型的变换矩阵 H 与匹配特征点对的仰角 ϕ 和距离 R 有关，并随目标点的不同而变化。因此，三维运动匹配模型描述对应目标点的运动关系更加精确。在实际应用中，如果操作声呐以探测场景的切线方向入射，或者相对于场景的距离较远且高度较低，那么所探测场景的声呐图像则具有零仰角或者仰角可以忽略，此时的三维运动匹配模型与二维运动模型完全相同。

由于式（3-54）中的变换矩阵 H 包含 4 个自由度的运动参数，那么矩阵 H 可以看作运动参数 $m = [t_x, t_y, t_z, w_z]^T$ 的函数 $H(m)$。同样，由式（3-53）表示的声呐图像匹配关系可以看作估计运动参数 m 的表达式。为利用特征点对 s 与 s' 来估计两帧声呐图像之间的运动参数变化，用齐次坐标 $m = [t_x, t_y, t_z, w_z, 1]^T$ 来描述声呐从获得第一帧图像所在位置到第二帧图像的运动，则基于声呐图像的运动参数估计表达式为

$$s' = H(s)m \text{ 或 } \begin{bmatrix} x'_s \\ y'_s \end{bmatrix} = \begin{bmatrix} -\dfrac{1}{\cos\phi} & 0 & -\dfrac{\sin\phi}{R}x_s & y_s & x_s \\ 0 & -\dfrac{1}{\cos\phi} & -\dfrac{\sin\phi}{R}y_s & -x_s & y_s \end{bmatrix} \begin{bmatrix} t_x \\ t_y \\ t_z \\ w_z \\ 1 \end{bmatrix} \qquad (3\text{-}56)$$

式中，矩阵 $H(s)$ 是关于图像点 s 的变换矩阵，包含了点 s 到声呐的距离 R 及对应的仰角 ϕ。式（3-56）也可称为基于声呐图像三维运动的运动参数估计模型。

综合式（3-54）和式（3-56）可以看出，声呐图像匹配模型或者运动参数估计模型都是声呐图像运动模型的一种变换形式，实现了声呐图像的匹配就相当于估计出声呐的运动参数，两者的计算是等价的。实际中，可以根据需要直接选择式（3-54）和式（3-56）来直接匹配图像或估计运动参数。

3.5　匹配问题的构建与求解

3.5.1　构建匹配的最优化问题

声呐图像的匹配是寻找使两帧图像公共目标区域重叠最大化的图像变换矩阵或声呐运动参数。由于本章研究的声呐运动是连续变化的微分运动，所以可以认为在连续两帧图像中仅包含相同的海底目标，图像的匹配是对描述目标区域特征点的跟踪。结合概率模型的目标区域描述，声呐图像的匹配问题可以转化为构建并求解最优化计分函数（scoring function）的问题，即将一帧图像的特征点经匹配模型投影到另一帧图像的高斯概率模型中，寻找获得最大概率分布的投影关系。

在声呐图像匹配中，计分函数是以概率密度来描述图像匹配程度的函数。为

获得图像间目标区域的最大重叠，可以将第 1 帧特征点落在第 2 帧图像中的概率密度和作为图像匹配的计分函数，而计分函数最优化是寻求概率密度和的最大值。考虑两帧声呐图像的匹配，假定 s_i 是第 1 帧图像中的第 i 个特征点，点 s_i 按照运动参数 m 投影到第 2 帧图像中的映射点 s_i'，其中运动参数 $m = (m_i)_{i=1,\cdots,4}^t = (t_x, t_y, t_z, w_z)^t$ 包含声呐图像匹配模型中四个自由度的运动，且 $s_i' = H(s_i)m$。

如果对第 2 帧声呐图像进行概率描述，映射点 s_i' 对应的正态分布均值和协方差矩阵分别为 μ_i' 和 Σ_i'，那么最优的图像匹配是使得全部服从 $N(\mu_i', \Sigma_i')$ 的映射点 s_i' 的概率密度和最大。关于运动参数 m 的计分函数 score 可以表示为

$$\text{score}(m) = \sum_i \exp\left(\frac{-(s_i' - \mu_i')^t \Sigma_i'^{-1}(s_i' - \mu_i')}{2}\right) \tag{3-57}$$

式（3-57）中，使计分函数 score(m) 取得最大值时的解 m 为两帧声呐图像的运动参数，由式（3-54）可以给出任意图像点对应的变换矩阵 H。

下面结合正态分布变换（normal distributions transform，NDT）方法来估计声呐图像的运动参数，对连续两帧声呐图像进行匹配，如图 3-4 所示。其中，图 3-4（a）和（b）的原图像针对模拟海底探测序列图像数据中抽取的 2 帧图像，利用 NDT 方法对图像的目标区域进行描述，并根据区域描述特征进行匹配。

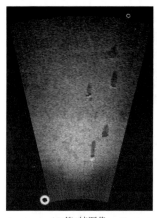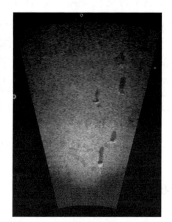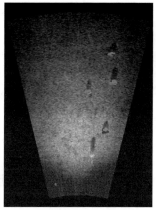

(a) 第1帧图像　　　　　　　　(b) 第2帧图像　　　　　　　　(c) 匹配后图像

图 3-4　基于 NDT 的声呐图像匹配（彩图附书后）

参数估计具体步骤如下：

（1）对第 2 帧声呐图像进行 NDT，获得图像的概率描述图；

（2）初始化待估计的运动参数（参数为零或者某一个指定值）；

（3）利用声呐图像匹配模型将第 1 帧图像中的特征点全部映射到第 2 帧图像中；

（4）计算每一个映射点出现在正态分布模型中的概率密度；

（5）计算该组运动参数下的全部映射点的概率密度和，即计分函数 score；

（6）优化 score 函数，估计一组更接近真实运动的新运动参数；

（7）回到步骤（3），迭代直到收敛条件。

以上过程的前四步是为第 2 帧图像建立 NDT 区域描述的过程，由于本章针对的是微分运动，步骤（2）中可以采用零初始值的运动参数；步骤（3）的特征点投影可以利用式（3-55）的二维运动模型或式（3-54）的三维运动模型；步骤（6）对 score 函数的优化求解将在 3.5.2 节中研究。而本节采用在小范围内对运动参数遍历的方法来获得最优 score 函数，对连续两帧声呐图像 3-4（a）和（b）进行匹配，匹配结果如图 3-4（c）所示，红色叉形标记了描述目标区域的特征点，绿色点标记了第 1 帧图像经过匹配模型投影到第 2 帧图像中的位置。

对比两帧图像的特征点集，构成同一目标区域的特征点集并不完全相同，这使得图像序列顺序可能影响图像匹配中计分函数的最优值。为提高图像匹配的精度和稳定性，可考虑进一步改进匹配图像的计分函数。式（3-57）构建的计分函数仅考虑了按图像序列顺序的第 1 帧投影到第 2 帧的概率密度和，计分函数与图像的顺序直接相关。为降低这种图像顺序及随机噪声的干扰，积分函数的构建需要考虑图像间双向投影变换的概率模型，即图像匹配的计分函数包括两部分：第 1 帧图像各特征点投影到第 2 帧图像中的概率密度；第 2 帧图像各特征点到第 1 帧图像的反向投影的概率密度。令 $\{s_i, N^j\}$ 和 $\{s'_i, N'^j\}$ 分别表示两帧图像中提取的特征点和高斯区域，则构建关于运动参数 m 的计分函数 score 可以表示为

$$score(m) = \sum_{i=1}^{M} \sum_{j=1}^{R'} N'^j\{H(s_i)m\} + \sum_{i=1}^{M'} \sum_{j=1}^{R} N^j\{H(s'_i)m'\} \qquad (3-58)$$

式中，$H(s_i)$ 是关于图像点 s_i 的运动参数模型变换矩阵；$N^j\{s_i\}$ 表示点 s_i 处高斯分布的概率密度；m' 表示从第 2 帧到第 1 帧的反向运动参数。由式（3-58）构建的计分函数的最优化是寻找最适合的匹配变换矩阵，使两帧图像的特征点集相互映射到另一帧图像中，出现在目标区域上的概率密度和取得最大值。式（3-58）描述的计分函数相当于由式（3-57）表示的正向运动与反向运动的概率密度和。需要说明的是，特征点的投影变换（图像匹配的变换矩阵）$H = H(m, R, \phi)$ 不仅取决于刚性声呐运动 m，也取决于距离 R 和每一个特征点 s_i 对应的仰角 ϕ。

3.5.2　匹配问题的快速求解

利用声呐图像匹配模型可以将一帧图像提取的特征点投影到另一帧图像的高斯概率模型中，图像的匹配问题转化为计分函数的最优化问题。获得图像匹配变换矩阵或运动参数的过程是对计分函数最优化求解的过程，使计分函数 score 取得

最大值对应的解为所估计的运动参数。通过对各运动参数变化范围的遍历可以得到计分函数的最大值，然而这种方法的实时性不高，参数变化范围只是经验值。本节引入牛顿迭代算法来寻求计分函数的最优解。

牛顿迭代算法是一种经典的近似求解方法[6]。对于方程 $f(x) = 0$，如果一阶导数不为零，即 $f'(x) \neq 0$，那么该方程可通过如下迭代求解：

$$x_{k+1} = x_k - \frac{f(x)}{f'(x)} \tag{3-59}$$

式（3-59）是第 $k+1$ 次迭代的近似解。其几何意义是通过求解初始点 $(x_k, f(x_k))$ 处 $y = f(x)$ 的切线与坐标 X 轴的交点横坐标 x_{k+1}，即 x_{k+1} 是相比于 x_k 更接近真实解的近似解。因此，牛顿迭代算法也称为切线法。

通常最优化问题是构建一个最小值问题，因此为适应这种惯例，将计分函数的最大值问题转化为求 $f = -\text{score}(m)$ 函数的最小值问题。采用牛顿迭代算法是寻找使得函数 f 获得最小值时的运动参数 $m = (m_i)'$，或者说求解满足 $f' = 0$ 条件下的 m 值。那么对于声呐图像匹配的运动参数估计，每一次迭代求解可通过如下方程表示：

$$\Delta m = m_{k+1} - m_k = -\frac{g(f)}{H(f)} \quad \text{或} \quad H(f)\Delta m = -g(f) \tag{3-60}$$

式中，Δm 是每一次迭代运动参数的变化量；$g(f)$ 是函数 f 的移位梯度，形式为

$$g_i(f) = \frac{\partial f}{\partial m_i} \tag{3-61}$$

$H(f)$ 是函数 f 的黑塞（Hessian）矩阵，形式为

$$H_{ij}(f) = \frac{\partial^2 f}{\partial m_i \partial m_j} \tag{3-62}$$

为了直观说明计分函数 score 的求解过程，此处的 score 函数采用式（3-57）表示的正向运动基本形式，而式（3-58）的 score 函数相当于加入反向运动的计算。为简化字符表达，并避免 m 的参数标号 i 与式（3-57）中表示特征点 s_i 的样本数标记 i 的重复定义，这里仅保留运动参数 m 的标号 i。重新定义式（3-57）中的符号表示如下：

$$q = s_i' - \mu_i' \tag{3-63}$$

那么，q 对 m 的偏导数相当于 s_i' 对 m 的偏导数。对于 $-\text{score}$ 函数，一个特征点对应的概率密度为

$$e = -\exp\frac{-q^t \Sigma_i^{-1} q}{2} \tag{3-64}$$

对于同样的一个特征点，函数梯度可以表示为

$$\tilde{g}_i(f) = -\frac{\partial e}{\partial m_i} = -\frac{\partial e}{\partial q}\frac{\partial q}{\partial m_i} = q^t \Sigma^{-1}\frac{\partial q}{\partial m_i}\exp\frac{-q^t \Sigma^{-1} q}{2} \qquad (3\text{-}65)$$

式中，q 对 m_i 的偏导数可以通过式（3-56）计算匹配变换矩阵 H 的雅可比矩阵 J_H：

$$J_H = \begin{bmatrix} -1 & 0 & -\dfrac{\sin\phi}{R}x_s & y_s \\[3mm] 0 & -1 & -\dfrac{\sin\phi}{R}y_s & -x_s \end{bmatrix} \qquad (3\text{-}66)$$

对于同一个特征点，函数的 Hessian 矩阵 $\tilde{H}_{ij}(f)$ 可以表示为

$$\tilde{H}_{ij}(f) = -\frac{\partial^2 e}{\partial m_i \partial m_j} = -\exp\frac{-q^t \Sigma^{-1} q}{2}\left(\left(-q^t \Sigma^{-1}\frac{\partial q}{\partial m_i}\right)\left(-q^t \Sigma^{-1}\frac{\partial q}{\partial m_j}\right)\right.$$

$$\left. + \left(-q^t \Sigma^{-1}\frac{\partial^2 q}{\partial m_i \partial m_j}\right) + \left(-\frac{\partial q^t}{\partial m_j}\Sigma^{-1}\frac{\partial q}{\partial m_i}\right)\right) \qquad (3\text{-}67)$$

由于雅可比矩阵 J_H 不含运动参数，因此式（3-67）中的二阶偏导 $\dfrac{\partial^2 q}{\partial m_i \partial m_j}=0$。

此外，对于声呐图像的二维运动模型，计算的步骤和公式基本相同。由于二维匹配模型中变换矩阵的差异，仅需替换对应的雅可比矩阵。由式（3-55）可以计算二维运动模型中雅可比矩阵 $J_{\hat{H}}$ 为

$$J_{\hat{H}} = \begin{bmatrix} 1 & 0 & -x_s \sin\alpha - y_s \cos\alpha \\ 0 & 1 & x_s \cos\alpha - y_s \sin\alpha \end{bmatrix} \qquad (3\text{-}68)$$

式（3-68）的雅可比矩阵含有运动参数 α，因此二维匹配模型对应的 Hessian 矩阵 $\tilde{H}_{ij}(f)$ 中 q 的二阶偏导为

$$\frac{\partial^2 q}{\partial m_i \partial m_j} = \begin{cases} \begin{bmatrix} -x_s \cos\alpha + y_s \sin\alpha \\ -x_s \sin\alpha - y_s \cos\alpha \end{bmatrix}, & i=j=3 \\[4mm] \begin{bmatrix} 0 \\ 0 \end{bmatrix}, & \text{其他} \end{cases} \qquad (3\text{-}69)$$

由以上推导的公式可以看出，计算 −score 函数的梯度和 Hessian 矩阵的运算量已经有较大的降低。对于单个特征点，只需进行一次指数运算和较少数量的乘法运动。基于二维运动模型的图像匹配中，三角函数取决于当前估计的运动参数 α，因此在迭代中至少需要一次计算；基于三维运动模型的图像匹配中，函数 f 的梯度和 Hessian 矩阵仅与特征点的仰角有关，迭代中无须重复计算。

3.6　综合实验

3.6.1　水池综合实验场景的构建

本章针对海底场景小目标的探测应用问题，在哈尔滨工程大学水声技术实验室的信道水池开展了相关的实验研究。实验中采用的声呐图像的采集设备是由美国 Sound Metrics 公司开发的 DIDSON 300m 双频前视成像声呐。具体的水池实验场景和实验设备如图 3-5 所示。

图 3-5　水池实验场景和实验设备

为模拟真实海底场景中的静态小目标，本章选用了 5 个具有不同尺度的石块目标来构建池底场景，其中石块目标的高度在 6～19cm。实验中选用的石块目标如图 3-6 所示。

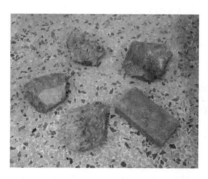

图 3-6　水下探测实验中选用的石块目标

3.6.2　实验的设计思想与方法

为验证和分析声呐图像匹配方法和微分运动估计的精度和误差，通过在平坦水池底部布放静态目标来模拟海底场景，开展多目标水池场景的探测实验，并获取包含多自由度运动的水池场景序列声呐图像。由于估计的声呐微分运动在实际中难以用传感器测量，为定量验证所估计的运动参数的精度，实验中从连续运动的序列声呐图像中抽取一定数量的帧图像来定义一个闭环的运动轨迹，并通过图像匹配来确定估算运动参数的精度。

具体来说，构建闭环的运动轨迹是将抽取的第一帧图像既作为初始图像又用作最后一帧待匹配的图像，以使声呐轨迹的初始和最终位置为相同位置。实验方法是建立声呐图像帧到帧的匹配，并计算从第一帧到最后一帧中每一帧图像目标特征的运动。理想情况下，由于有效的真实运动为零，所以构成目标区域的每一个特征点应该回到它的初始位置。这样的误差显然比帧到帧的匹配误差大很多，但这可以反映出匹配方法的平均误差，并能够对图像匹配和运动参数估计的性能进行评估。

池底小目标的探测实验在池壁装有吸声橡胶的信道水池进行，水池场景由平坦的池底和 5～7 个不同尺度和高度的石块目标构成，其选用的石块目标如图 3-6 所示。通过一系列的平移和旋转运动，获得了水池场景的序列声呐图像，抽取其中 5 帧含有重叠目标区域的声呐图像，如图 3-7 所示。

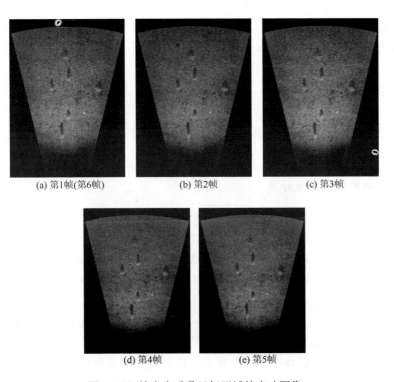

图 3-7　5 帧含有重叠目标区域的声呐图像

按照匹配模型的维度不同，描述匹配方法的基本步骤如图 3-8 所示。

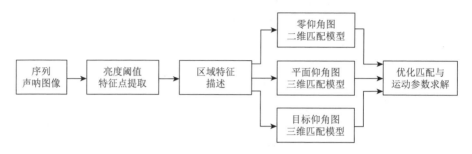

图 3-8　实验中采用的三种图像匹配方法

对于帧到帧的声呐图像匹配，实验采用了三种声呐图像匹配方法。匹配方法的选用考虑到如下因素：基于梯度阈值与亮度阈值的特征点提取方法效果大致相同，因此两种特征提取方法均有应用；区域的概率描述采用了 NDT 和自适应聚类两种方法；匹配模型针对不同的仰角估计方法分别采用零仰角图的二维匹配模型、平面仰角图的三维匹配模型、目标仰角图的三维匹配模型。其中，平面仰角图是指不含目标的平坦池底的仰角图，声呐波束图像中沿距离方向仰角大小线性变化；目标仰角图是指含目标的平坦池底的仰角图，声呐波束图像中海底部分仰角大小线性变化，目标区域的仰角大小为实际估算的仰角。

3.6.3　实验结果与分析

利用以上三种声呐图像匹配方法对抽取的闭环序列图像进行匹配。主要从两个角度分析实验数据。

1. 声呐图像的匹配精度

通过声呐图像序列的闭环匹配，分析特征点的离散程度。即分析匹配的误差统计量，用特征点的映射平均误差来描述。

特征点的映射平均误差是指声呐系统经过一系列闭环微分运动，声呐图像上构成目标区域的特征点经过连续映射后距离其初始位置的偏离程度。图 3-7 描述了第 1 帧图像特征点和闭环映射到最后 1 帧图像的特征点，其中特征点的初始化位置用红色叉形标记，映射位置用绿点标记。对比三种匹配方法对应的特征点映射结果，在图 3-9（a）中映射后特征点位置偏离程度较大，而图 3-9（b）和（c）中初始特征点与映射后特征点的位置重合度较高，偏离程度基本一致。这说明了包含仰角信息的三维匹配模型的匹配更加准确、精度更高。

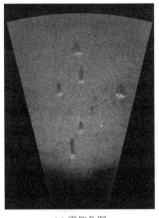 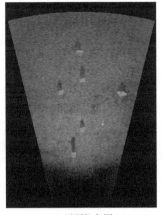 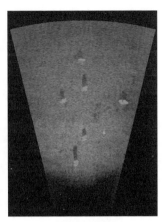

(a) 零仰角图　　　　　　　　　　(b) 平面仰角图　　　　　　　　　　(c) 目标仰角图

图 3-9　第 1 帧图像特征点和闭环映射到最后 1 帧图像的特征点（彩图附书后）

计算三种匹配方法的平均误差见表 3-2，其中平均误差的大小用像素（pixel）来表示。与图 3-9 的分析相似，采用二维匹配模型方法的闭环累积误差最大，其均方根误差约为 4.53 像素，采用平面仰角图和目标仰角图的三维匹配方法的闭环累积误差比较接近，而采用目标仰角图的方法相对精度更高，其均方根误差分别为 2.06 像素和 1.92 像素。由于特征点大多位于目标区域上，逼近真实情况的目标仰角信息有利于提高图像匹配的精度。在该组序列图像中，一个像素点对应的尺度为 0.88cm，因此三种方法分别进行 5 次匹配的累积均方根误差约为 4.0cm、1.81cm、1.69cm。

表 3-2　水池实验中三种匹配方法的平均误差结果

项目	二维匹配	三维匹配	
	零仰角	平面仰角图	目标仰角图
坐标 X 平均误差/像素	−1.57	0.54	0.49
坐标 Y 平均误差/像素	2.93	0.67	0.42
均方根误差/像素	4.53	2.06	1.92

2. 声呐运动参数的估计精度

采用二维匹配（零仰角）和三维匹配（目标仰角图）两种匹配方法，估算全部帧到帧的声呐运动参数，如表 3-3 所示。结果表明，基于目标仰角图的三维模型匹配方法取得最佳的参数估计精度。需要说明的是，表 3-3 中包含了三个自由

度的平移向量 $t = [t_x, t_y, t_z]^T$ 和一个自由度的旋转成分 w_z 的估算。然而，二维声呐图像匹配模型中不包含平移分量 t_z，可以假定其值为零，因此二维匹配不存在累积的 t_z 误差。在真实运动中，声呐的微分运动通常包含某一个 t_z 成分，平移分量 t_z 可以利用基于三维运动模型的匹配方法进行估计。

表 3-3　二维和三维匹配方法估计的运动参数

匹配方法	运动参数	帧到帧的闭环匹配				
		1-2	2-3	3-4	4-5	5-1
二维匹配 （零仰角）	t_x /cm	3.2	−2.1	−1.6	4.7	1.5
	t_y /cm	−1.3	0.1	0.9	1.2	−2.6
	t_z /cm	0	0	0	0	0
	w_z /(°)	0.6	0.1	−0.2	−0.3	0.9
三维匹配 （目标仰角图）	t_x /cm	1.8	−0.7	3.5	4.1	−6.1
	t_y /cm	−0.7	0	0.1	0.4	1.2
	t_z /cm	0.5	2.6	5.1	−6.3	1.2
	w_z /(°)	−0.5	0.1	0	0.2	0.4

综合以上分析与结果，本章研究的声呐图像匹配方法的特点可以总结如下。

（1）三维声呐图像匹配方法针对三维运动参数空间，可以直接估算声呐 6 个运动参数中的 4 个，而二维声呐图像匹配方法仅针对二维声呐平面，可估算平面上的 3 个运动参数。

（2）三维声呐图像匹配方法包含了特征点的三维仰角，使得目标区域能够实现精确的匹配，因此采用包含目标的海底平面仰角图的匹配方法获得最高精度，而不考虑仰角信息或采用零仰角的二维匹配方法匹配精度最差。

此外，采集的声呐图像质量直接影响图像匹配和参数估计的精度。主要的影响因素可分为两个方面：①声呐的高度和探测范围，这组参数的调整是探测范围和探测精度的折中，较小的探测范围可以获得更精确的目标图像，并能够提取更多的目标特征；②探测场景中背景与目标的材质，相似材质的回波强度区分度较低，不利于图像分析与处理，如本章水池实验中，石块目标与水泥池底在材质上非常相近，相对于海底常见的沙底或泥底，声呐图像质量更差，特征提取的难度更大。

参 考 文 献

[1]　Negahdaripour S，Pirsiavash H，Sekkati H. Integration of motion cues in optical and sonar videos for 3-D positioning[C]. 2007 IEEE Conference on Computer Vision and Pattern Recognition，Minneapolis，2007：1-8.

[2]　Negahdaripour S. A new method for calibration of an opti-acoustic stereo imaging system[C]. Oceans 2010 MTS/IEEE，Seattle，2010：1-7.

[3]　Negahdaripour S，Aykin M D，Sinnarajah S. Dynamic scene analysis and mosaicing of benthic habitats by FS sonar imaging-issues and complexities[C]. Oceans 2011 MTS/IEEE KONA，Waikoloa，2011：1-7.

[4]　Johannsson H，Kaess M，Englot B，et al. Imaging sonar-aided navigation for autonomous underwater harbor surveillance[C]. 2010 IEEE/RSJ International Conference on Intelligent Robots and Systems，Taibei，2010：4396-4403.

[5]　Mallios A，Ridao P，Hernández E，et al. Pose-based SLAM with probabilistic scan matching algorithm using a mechanical scanned imaging sonar[C]. Oceans 2009 Europe，Bremen，2009：1-6.

[6]　Boyd S，Vandenberghe L. Convex Optimization[M]. Cambridge：Cambridge University Press，2004.

第 4 章　邻近帧前视声呐图像配准算法

在第 2 章中，我们介绍了前视声呐水中目标探测中的应用，其中所针对的目标主要为"小目标"。这里"小目标"是一个相对概念，一方面指相对于大型舰船、潜艇等，这些目标较小，如水雷、蛙人等；另一方面，指我们所用的前视声呐开角足够大，作用距离足够远，从而使目标能比较完整地被一帧图像所覆盖，即目标相对于探测范围较小。因此，我们能够依据来自于一帧数据的信息来观察目标，进而实现目标的自主探测。

然而当我们对一个复杂的大目标进行探测成像时，由于观察细节的需要，声呐经常在距离目标较近的距离上进行扫描作业，由于距离较短，在相同的开角下覆盖的面积将减小，单帧图像不能覆盖目标整体。尤其对于成像质量高，但探测开角小的透镜声呐，其单帧图像覆盖的探测区域有时甚至很难包括有意义的局部信息。为了观察到目标的全貌或者完整的局部区域，必须利用载体搭载前视声呐在目标附近按一定路径进行连续成像，将获得的图像序列进行拼接，就如同对测深声呐和侧扫声呐所做的那样，只不过这里的待拼接图像具有比测深声呐和侧扫声呐每 ping 数据更大的开角。

从本章开始到第 6 章，我们将针对前视声呐进行复杂目标大范围探测这一典型应用，分析图像序列拼接中的关键问题，并针对几种典型场景，给出可能的解决方案。需要说明的是，这部分主要侧重利用前视声呐中具有较高成像性能的透镜声呐实现大范围探测，因而用于分析的实测数据全部来源于 Sound Metrics 公司提供的透镜声呐实测数据。

4.1　图像拼接和图像配准

4.1.1　图像拼接

图像拼接技术根据每个步骤分工的目的性，主要步骤包括图像配准(image registration)、全局比对(global alignment)以及图像融合(image fusion)。图 4-1 是典型的图像拼接算法流程图。

图 4-1　图像拼接算法流程图

　　实现序列声呐图像的拼接，一个容易想到的方案是利用载体运动传感器的参数直接进行配准与融合拼接，如同对测深声呐和侧扫声呐每 ping 数据所做的那样。然而对于高分辨率的前视声呐图像而言，如同后面的分析要看到的，直接利用载体运动传感器获得的参数进行配准是远不能满足要求的。

　　因此整个过程首先仍然要基于连续帧声呐图像，利用图像配准算法估计帧图像之间的变换关系，将视觉内容在空间上对齐；随后需要确定参考帧图像，并通过累加配准结果估计每帧图像与参考帧图像的变换关系，其间微小的配准误差经累加后会引起较大的误差，因此需要使用全局比对消除这些累积误差；最后，利用图像融合技术将帧图像中的有利视觉信息传递到拼接图像，同时去除帧图像之间的接缝，生成平滑清晰的拼接结果。

　　尽管整个步骤与光学图像的拼接过程一致，但应用于具体的声呐图像，在每一步骤的具体实现方法上却有着特殊性。本章首先论述邻近帧前视声呐图像配准算法。

4.1.2　图像配准算法概述

　　图像配准是将两幅或更多具有重叠区域，不同时间、不同传感器或不同视角获得的图像在空间上对齐的技术，其目的是为不同源数据的合并提供位置保障[1, 2]。图 4-2 是图像配准实例，图 4-2（a）和（b）分别是参考图像和待配准图像，它们在视角内具有一定的重叠区域。利用图像配准算法将待配准图像与参考图像的重叠区域空间对齐，如图 4-2（c）所示。

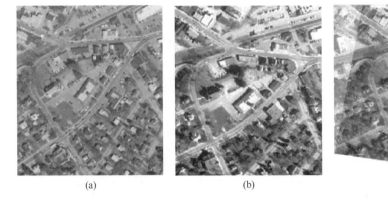

(a)　　　　　　　　　　　(b)　　　　　　　　　　　(c)

图 4-2　图像配准实例

　　图像配准算法主要分为两大类：基于特征的图像配准[3-7]算法和基于灰度的图像配准算法[8-12]。

1. 基于特征的图像配准算法

基于特征的图像配准算法以图像某稀疏信息作为图像特征，通过图像间特征的一致性确定映射关系，进而计算图像之间的变换关系。其主要步骤包括以下几点。

（1）特征提取。提取图像中突出或显著性信息，常用特征包括角点、线特征、区域特征、统计特征等。为了进一步处理，某些特征也可以用它们的点特征表达，如区域重心、直线端点或中点、直线间交点等。

（2）特征匹配。特征提取会在图像中产生相当数量的特征，此时需要建立图像间特征的一致性关系，同时需要排除误提取的特征。在此期间，需要应用各种特征描述符以及与空间信息相关的相似性度量参量。

（3）单应性模型估计。单应性表示参考图像和待配准图像坐标之间的某种映射关系，这种关系可以用单应性矩阵表示。特征匹配完成之后，利用特征一致性估计矩阵中的所有元素，可以得到图像之间的变换关系。

（4）图像重采样。确定图像之间变换关系后，需要将待配准图像通过单应性矩阵转换到参考图像坐标系中，但是转换后的坐标不能精确地坐落于整数坐标上，于是需要利用插值方法估计坐落于非整数坐标上的数值。

文献[13]假设图像之间满足 6 自由度仿射变换，提取图像中 Harris 角点，利用模板匹配法建立角点间对应关系，实现前视声呐图像配准。为了降低图像噪声的影响，该文献对图像进行高斯金字塔分解，在第四层金字塔图像上提取 Harris 角点，提高了提取的准确率。水下生境制图实验[14]使用尺寸不变特征变换（scale invariant feature transform，SIFT）特征用于图像配准，但是由于噪声的影响，导致图像之间 150 个初始匹配点对中只有 12 个正确匹配点对，严重降低了配准准确性。为了提高匹配准确率，文献[15]提取 SIFT 特征之后采用随机抽样一致（RANdom sample consensus，RANSAC）算法剔除外点，但是该方法要求声呐图像视野中包含丰富的特征，建立足够的特征匹配以计算图像之间的单应性关系。

除了点特征，一些前视声呐图像配准还利用了斑状特征，这些斑状特征一般是由将超过某特定门限的像素聚类而产生的点集组成。文献[16]提取图像中梯度值较大的像素，使用 k 均值（k-means）聚类算法提取的像素，同时剔除较小的点集，将剩下的点集作为斑状特征。随后，用一系列尺寸均匀的栅格划分斑状特征，利用每个栅格内像素分布特点结合 NDT 算法[17]配准图像。类似地，文献[18]、[19]利用图像视野中的目标和阴影信息，提取灰度值较大并具有垂直方向负梯度的像素点集，应用高斯混合模型（Gaussian mixture model，GMM）代替栅格划分点集，使得算法能适应形状不规则的点集。最后根据点集分布模型参数建立优化策略，寻找图像间最优变换参数。总体上，基于斑状特征配准方法优于点特征配准方法。

这是因为前视声呐图像噪声污染严重，导致特征点错误提取，并影响图像间特征点的匹配关系，少量错误的特征匹配就能产生较大的误差。相比之下，斑状特征集合具有相同性质的像素点，若干数量的外点对斑状特征提取和匹配影响不严重，所以斑状特征对噪声容忍能力更强，产生较好的配准结果。但是该类方法只适用于特征丰富的前视声呐图像[20]，不适用于如船壳检查、桥梁检验等特征不丰富的声呐图像序列。图 4-3 给出了前视声呐特征的几个例子，分图（b）与分图（c）分别为斑状特征与点特征，分图（a）为不易提取特征。

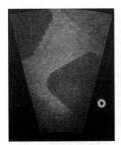  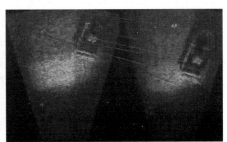

(a) 不易提取特征的　　　　(b) 前视声呐斑状特征提取　　　(c) 基于SIFT点特征的前视声呐图像配准
　　前视声呐图像

图 4-3　前视声呐图像特征

由于前视声呐图像序列中有相当一部分帧图像不包含丰富的视觉内容，这极大地限制了特征提取的稳定性和准确性，也限制了算法的通用性。而且图像信噪比低的特点使得特征描述符和空间相关性准确度降低，引起特征误匹配，并有可能最终导致错误的变换关系。

2. 基于灰度的图像配准算法

基于灰度的图像配准算法不需要特别提取图像特征，也不利用图像特征间一致性估计单应性矩阵，而是利用预定义尺寸矩形窗口内的所有像素估计配准参数。

最具有代表性的基于灰度的配准方法是基于归一化互相关的图像配准算法。该方法计算参考图像和待配准图像窗口内的相关函数，寻找其最大值代表平移量。如果需要精确到亚像素级精度，要进一步对相关函数插值。尽管基于相关的方法只能计算平移参数，但仍可近似用于具有轻微旋转和缩放的图像。许多广义的相关方法可以用来解决复杂的图像形变，一般能够处理达到相似变换的复杂程度，而 Berthilsson 在文献[21]中提出的方法能够配准仿射变换的图像，Simper[22]提出利用系统划分结合相关法配准因视角发生变化和由透镜不完美导致扭曲的图像，然而该方法的计算量随着变换模型的复杂度迅速增加。

Fourier 变换配准算法（如文献[23]）将图像从空间域变换到频域上，基于平移与相位相关理论，计算参考图像和待配准图像之间的互光谱，根据相关峰位置寻找平移量。该方法对图像噪声、灰度不均匀和灰度时变性具有较强的鲁棒性，对大尺寸图像仍能保证较少的计算时间。Castro 等将该方法延伸，使其能够计算图像之间旋转信息，将其结合对数极坐标变换，可计算图像间尺度变化，此时该方法称为 Fourier-Mellin 算法[24]。文献[25]将 Fourier-Mellin 算法应用于遥感和医学图像，在仿真实验中测试了方法在遮挡条件下的准确性，得到了满意的结果。文献[26]结合相位相关和极坐标变换法配准具有仿射形变的图像，在方法中融入目标边缘信息，能够处理多传感器图像配准。为了提高配准精度，文献[27]、[28]利用相关峰旁瓣高度比估计亚像素级配准精度。

另一种基于灰度的图像配准算法是互信息（mutual information，MI）法[29]，在医学图像中应用尤为广泛。互信息起源于信息理论，该物理量用于衡量两组数据统计相关性，特别适用于配准多峰值图像[30]。两个随机变量 X 和 Y 的互信息定义为

$$\mathrm{MI}(X,Y) = H(Y) - H(Y\,|\,X) = H(X) + H(Y) - H(X,Y) \tag{4-1}$$

式中，$H(X) = E(-\lg P(X))$ 代表随机变量的熵；$P(X)$ 是随机变量概率分布；$E(\cdot)$ 代表取均值运算。配准过程中寻找最优解使互信息最大，有时为了避免局部极小值，往往采用 Coarse-to-fine 策略。Viola 等[31]提出了互信息配准核磁共振图像，匹配三维目标模型与实际场景，配准过程采用梯度下降法寻找互信息极大值。Thevenaz 等[32]应用 Parzen 窗计算联合概率分布，采用列文伯格-马夸尔特优化方法计算最大互信息，为了加快计算速度，他们使用图像金字塔结构代替原图像。Studholme 等[33]提出三个相似信息度量概念，分别是联合熵、互信息和归一化互信息，他们应用离散直方图代替 Parzen 窗估计联合概率分布，配准磁共振-计算机断层扫描成像（MR-CT）和磁共振-正电子发射计算机断层显像仪（MR-PET）人脑图像。

4.2　前视声呐图像配准模型与问题分析

当前视声呐对复杂目标进行大范围探测时，经常在与目标距离相同的平面上运动。此时可认为前视声呐图像序列中，目标尺度没有明显改变，即可以不考虑尺度对图像间变换模型的影响。所以前视声呐两帧图像间的变换近似满足刚性变换模型，根据正交投影模型，空间上某点在两帧图像的投影 (x, y) 和 (x', y') 满足

$$\begin{bmatrix} x' \\ y' \end{bmatrix} = \begin{bmatrix} \cos\theta_0 & -\sin\theta_0 \\ \sin\theta_0 & \cos\theta_0 \end{bmatrix} \begin{bmatrix} x \\ y \end{bmatrix} + \begin{bmatrix} t_x \\ t_y \end{bmatrix} \tag{4-2}$$

式中，平移向量 (t_x, t_y) 和 θ_0 分别为图像间的平移向量和旋转量。图像 (x, y) 按照先旋转后平移的顺序变换为 (x', y')，因此计算配准参数时应该先计算图像之间的旋转量，随后进行角度补偿，再计算图像之间的平移向量。

在 4.1 节介绍的配准方法中，基于特征的配准算法只适用于视野内具有显著特征的帧图像；当前视声呐图像序列中特征不明显时，更适合使用基于灰度的配准方法。此时面临的主要困难如下所述。

首先，一般的基于灰度的配准算法只局限于准确计算图像间的平移关系，如果计算旋转角度，则需要进行极坐标变换，这种坐标变换过程涉及像素的插值，损失图像原始信息，对于图像内容本身不显著的前视声呐图像影响更严重，从而降低配准的准确性。

其次，基于灰度的图像配准算法要求图像平面灰度均匀，而前视声呐图像距离聚焦区近的区域灰度较高，距离聚焦区远的区域灰度较低，导致一些基于灰度的配准参数计算方法效果不好。

针对以上问题 4.3 节给出了一种适用于前视声呐图像的配准算法。需要特别说明的是，本章所用图像序列均由 Sound Metrics 公司生产的前视声呐获取。

4.3　一种有效的前视声呐图像配准算法

4.3.1　前视声呐图像平移参数的计算

对于计算图像变换中的平移向量或是旋转角度，基于灰度的配准算法都需要计算坐标轴上的平移关系，所以计算平移量是基于灰度的配准算法最核心的步骤。于是首先要确定适用的平移参数计算方法，使其能够在一系列干扰下保证计算准确。

相位相关法可以使用图像二维信息计算配准参数。假定图像 $f_1(x, y)$ 和 $f_2(x, y)$ 之间存在如下平移关系：

$$f_2(x, y) = f_1(x + t_x, y + t_y) \tag{4-3}$$

将其进行二维离散傅里叶变换，得到频谱 $F_1(u, v)$ 和 $F_2(u, v)$，它们满足

$$F_2(u, v) = e^{j2\pi(ut_x + vt_y)} \times F_1(u, v) \tag{4-4}$$

结合复数共轭性质，得到如下关系：

$$\frac{F_1(u, v)F_2^*(u, v)}{|F_1(u, v)F_2^*(u, v)|} = e^{-j2\pi(ut_x + vt_y)} \tag{4-5}$$

因为函数 $e^{-j2\pi(ut_x + vt_y)}$ 是冲激函数 $\delta(x - t_x, y - t_y)$ 的傅里叶变换形式，于是图像之间平移向量 (t_x, t_y) 对应于相位相关矩阵 C 的峰值坐标，即相关矩阵相关峰坐标：

$$(\Delta x, \Delta y) = (t_x, t_y) \tag{4-6}$$

为抑制傅里叶变换中的频谱泄漏，利用掩模图像进行加窗操作，用来平缓有限信号边界的过渡区，抑制频谱泄漏以削弱旁瓣的影响，如图 4-4 所示。分图（a）

和分图（b）分别为原始图像及其频谱，分图（c）为掩模图像，分图（d）和分图（e）分别为掩模处理后的图像及其频谱。

(a) 原始图像　　　　　　　　(b) 原始图像频谱　　　　　　　(c) 掩模图像

(d) 掩模处理后图像　　　　　　(e) 处理后图像的频谱

图 4-4　抑制频谱泄漏

具体过程如下所述。

（1）构造相同尺寸的掩模图像 f_{mask}，令扇形边界范围内掩模图像值为 1，其他位置为 0。

（2）对掩模进行形态学收缩处理得到 f_s，收缩像素为

$$f_s = \text{bwmorph}(f'_{\text{mask}}, \text{shrink}', n) \tag{4-7}$$

（3）构造大小为 $6n \times 6n$ 的高斯核函数 k，并且令方差 $\sigma = n$：

$$k(x, y) = \frac{1}{2\pi\sigma_1\sigma_2} \exp\left(-\frac{1}{2}\left(\frac{(x-\mu_1)^2}{\sigma_1^2} + \frac{(x-\mu_2)^2}{\sigma_2^2}\right)\right) \tag{4-8}$$

式中，$\mu_1 = \mu_2 = 0$；$\sigma_1 = \sigma_2 = n$。

（4）将 f_s 与高斯核函数 k 进行卷积，得到新的掩模 f_m：

$$f_m = f_s \times k \tag{4-9}$$

（5）利用掩模 f_m 平滑原始图像 i，得到平滑后的图像 i_m：

$$i_m = i \times f_m \tag{4-10}$$

从图 4-4（d）和（e）可以看出，平滑图像扇形边界能够有效抑制图像频谱泄漏，从而可以抑制相关峰偏移。

图 4-5 和图 4-6 分别给出了对某序列前视声呐图像中两组图像的配准结果。图中相关矩阵相关峰尖锐，重叠图像基本对齐，差值图像在两帧图像的重叠区内灰度值很低，说明配准较好。

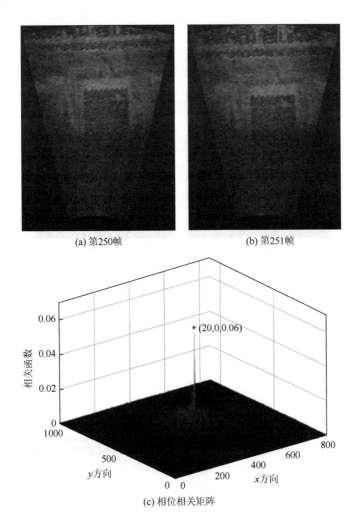

(a) 第250帧　　　　　　　　　(b) 第251帧

(c) 相位相关矩阵

(d) 配准结果的重叠图像　　　　　　(e) 配准结果的差值图像

图 4-5　配准结果 1

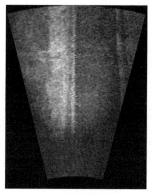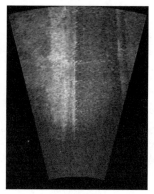

(a) 第211帧　　　　　　　　　　　(b) 第212帧

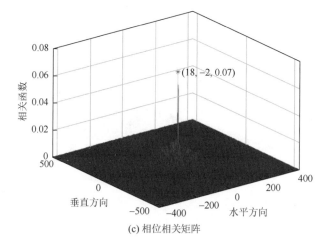

(c) 相位相关矩阵

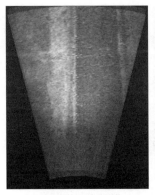

(d) 配准结果重叠图像　　　　　(e) 配准结果差值图像

图 4-6　配准结果 2

4.3.2　前视声呐原始数据估计旋转角度

假设图像 $f_1(x,y)$ 和 $f_2(x,y)$ 之间存在平移和旋转关系如下：

$$f_2(x,y) = f_1((x\cos\theta_0 - y\sin\theta_0) + t_x, (x\sin\theta_0 + y\cos\theta_0) + t_y) \tag{4-11}$$

式中，θ_0 和 (t_x,t_y) 分别是旋转角度和平移量，当仅存在旋转时，极坐标系下有更简洁的表示：

$$f_2(r,\theta) = f_1(r,\theta + \theta_0) \tag{4-12}$$

将原图像进行二维离散傅里叶变换，有

$$F_2(u,v) = e^{j2\pi v\theta_0} \times F_1(u,v) \tag{4-13}$$

同样可以利用相位相关法计算两图像间的旋转角度：

$$\frac{F_1(u,v)F_2^*(u,v)}{|F_1(u,v)F_2^*(u,v)|} = e^{-j2\pi v\theta_0} \tag{4-14}$$

但是上面的角度计算过程中需要将 Cartesian 坐标系下的图像变换到极坐标系下，涉及利用插值来计算变换过程中非整数坐标的像素灰度值，而插值操作严重损坏原始数据信息，会对这种利用像素灰度计算配准参数的方法产生严重影响。如图 4-7 所示，分图（a）和（b）是上述序列前视声呐图像的第 270 和 271 帧，它们之间存在旋转角度；分图（c）为配准结果的重叠图像，明显没有准确对齐；分图（d）的差值图像上也残留了明显的像素信息，说明配准错误。

由前视声呐的成像原理可知，前视声呐的原始数据反映的是极坐标系中空间位置的回波强弱，经坐标变换转换到 Cartesian 坐标系中呈现为扇形图像。原始数

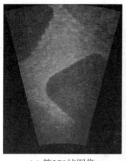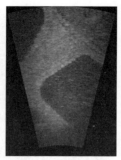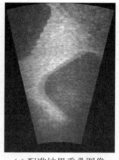

(a) 第270帧图像　　　　　(b) 第271帧图像　　　　(c) 配准结果重叠图像　　　(d) 配准结果差值图像

图 4-7　旋转图像配准错误

据中，水平和垂直维分别表示距离和方位角信息，水平起始和截止位置分别对应扇形的内外圆周，垂直起始和截止位置分别对应扇形径向边缘。于是为了避免坐标转换带来的插值计算，可以直接使用前视声呐原始数据估计图像之间的旋转角度，旋转关系对应于原始数据角度轴上的平移关系。

当声呐停留在原地，只通过改变其方位角扫描周围环境时，声呐图像间不存在位移，图像的声学原点重合，对于极坐标上的原始数据 $fp_1(i,j)$ 和 $fp_2(i,j)$（i 和 j 分别表示半径和角度方向坐标）只存在移位关系：

$$fp_2(i,j) = fp_1(i, j-j_0) \tag{4-15}$$

对于声呐移动探测，即图像间存在位移的情况，由于前视声呐以视频帧速记录存储图像，图像序列相邻和邻近帧时间间隔小，考虑到水下探测器有限的移动速度，相邻和邻近帧图像间位移有限，相比于声呐图像视野范围可以忽略不计，此时图像间的声学原点近似重合，极坐标系的原始数据满足

$$fp_2(i,j) \approx fp_1(i-i_0, j-j_0) \tag{4-16}$$

于是可以直接重新利用式（4-14）计算原始数据角度轴上的平移量 j_0，同时结合单个声呐波束角度宽度 θ_{width}，估计旋转角度 $\Delta\theta$ 如下：

$$\Delta\theta = j_0 \times \theta_{\text{width}} \tag{4-17}$$

随后，在 Cartesian 坐标系中补偿图像旋转角度 $\Delta\theta$，并再次计算图像在 Cartesian 坐标系中的平移量，便可完成配准。图 4-8 给出了直接利用原始数据的配准结果，其中，分图（a）为第 270 和 271 帧原始数据，分图（b）为相位相关矩阵，分图（c）和（d）分别为配准后的重叠图像和差值图像的矩形和扇形显示。配准后的重叠图像内容上对齐，差值图像几乎不剩余残留像素，说明使用原始数据计算旋转参数有效。

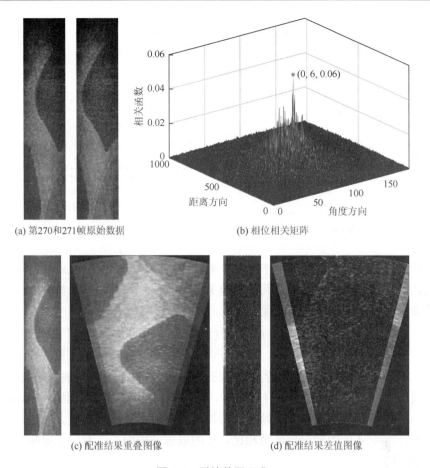

(a) 第270和271帧原始数据　　　　　　　　(b) 相位相关矩阵

(c) 配准结果重叠图像　　　　　　　　　　(d) 配准结果差值图像

图 4-8　原始数据配准

4.3.3　由映射函数选择配准区域

基于灰度的图像配准算法利用了图像全部像素信息，且受到图像灰度分布的影响。前视声呐图像中灰度值较小且变化不明显的那部分区域，对正确配准所起到的作用很小甚至可能是负面的，并不希望这部分区域参与配准计算。因此，我们提出利用图像映射函数来选择配准区域。

对于尺寸为 $M \times N$ 的两帧图像 f_1 和 f_2，它们之间满足 $f_2(x, y) = f_1(x - x_0, y - y_0)$。此时图像的水平和垂直方向映射函数 F^H 和 F^V 分别满足

$$F^H(x) = \sum_{y=1}^{N} f(x, y), \quad F^V(y) = \sum_{x=1}^{M} f(x, y) \tag{4-18}$$

不失一般性地，以垂直方向为例，图 4-9 分别给出了图 4-5 和图 4-6 所示的两组相邻帧图像的垂直映射函数。

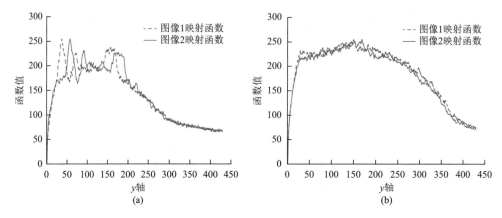

图 4-9　第 250 和 251 帧、第 211 和 212 帧的垂直映射函数

对比原图像可以看到，由于图像左侧和右侧区域整体灰度值较低，这部分函数值几乎完全不能反映图像之间的变换关系。为此，根据映射函数分布将这些区域排除，利用剩余区域配准图像。定义：

$$F_1^V(y) = \begin{cases} F^V(y) - A \cdot \max\{F^V(y)\}, & F^V(y) \geqslant A \cdot \max\{F^V(y)\} \\ 0, & F^V(y) < A \cdot \max\{F^V(y)\} \end{cases} \quad (4\text{-}19)$$

式中，A 为小于 1 大于 0 的剔除系数，表示将映射函数小于（$A \cdot$ 映射函数最大值）的区域剔除；y 满足 $Y = \{y \mid F_1^V(y) > 0\}$，是筛选出的垂直区域范围。图 4-10 给出了 $A = 0.5$ 时，对第 250 和 251 帧计算新的垂直映射函数并按照极大值进行归一化的结果。与图 4-9 中的对应函数相比，y 的取值范围缩小，对应了原映射函数值较大的区间。

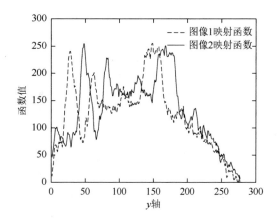

图 4-10　新的垂直映射函数

同理可得，水平方向的新的映射函数以及筛选出的水平区域范围。

图 4-11 给出了对于图 4-5 和图 4-6 所示的两组相邻帧图像，应用映射函数选择出的配准区域进行相关函数法配准的结果，其中分图（c）的配准结果分别为重叠图像和差值图像。可见分图（a）中选择出的配准区域灰度分布近似均匀，分图（b）相关矩阵峰值明显且峰值位置与图 4-5 和图 4-6（c）基本一致，分图（c）重叠图像和差值图像显示配准结果准确，可见此时配准是正确的，说明选择的这部分区域已经足够用于图像配准。

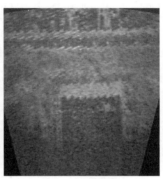

(a) 选择出的配准区域

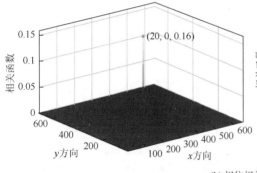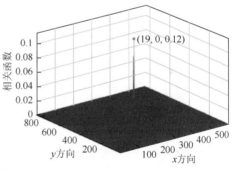

(b) 相位相关矩阵

(c) 图像配准结果

图 4-11　选择区域的配准结果

4.3.4 前视声呐配准算法

综上，设计前视声呐配准算法流程如图 4-12 所示。

（1）通过原始数据上的角度和径向映射函数确定原始数据上的配准区域，利用掩模平缓区域的边界。

（2）使用相位相关法计算原始数据间的平移参数，根据角度轴上的平移量估计帧图像之间的旋转量。

（3）对声呐图像角度补偿，计算水平和垂直映射函数确定图像数据的配准区域，利用掩模平缓区域的边界。

（4）使用相位相关法计算选择区域的平移向量，即为图像之间的平移向量。

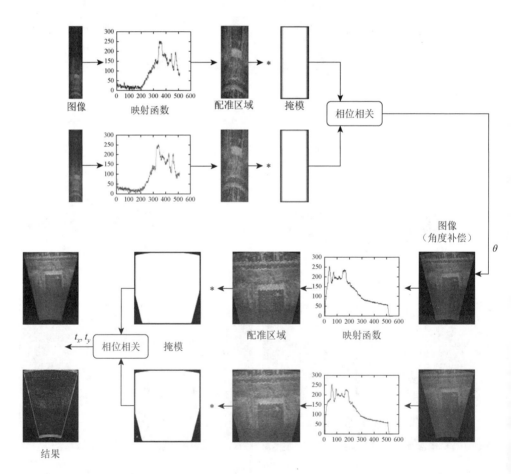

图 4-12 一种前视声呐配准算法流程图

4.4 实验结果与分析

本节通过两组实验验证上述方法的有效性。

4.4.1 仅有旋转关系的前视声呐图像配准

本节的实验数据由前视声呐桥梁检测图像序列组成，共记录 1087 帧图像。图像序列由 Sound Metrics 公司提供的 ARIS1800 型前视声呐图像数据组成。ARIS1800 声呐共有 96 个波束，波束角宽度为 0.22°～0.42°（平均 0.29°），每个波束上拥有 1500 个采样点。该声呐固定在 ARIS Rotator 平台上以 0.12°～0.14°/帧的角速度近似匀速旋转，同时记录了每帧图像的方位角信息。任意两帧图像方位角差值 $\Delta\theta$ 可作为帧图像间旋转角度参考值，于是将 $(0,0,\Delta\theta)$ 作为图像配准的参考值。

实验中分别使用 FM（Fourier-Mellin）配准算法；选择配准区域，使用映射函数方法计算配准参数记为 MF（map function）方法；不特别选择配准区域，使用相位相关法计算配准参数记为 PC（phase correlation）方法；我们设计的利用局部区域的相位相关法记为 Proposed 方法。其中，Fourier-Mellin 算法利用图像数据（Cartesian 坐标系）计算旋转角度，其他方法利用原始数据（极坐标系）计算旋转角度。表 4-1 给出了不同方法对于相邻和邻近帧（相邻帧为间隔 0 帧，邻近帧间隔 1～10 帧）前视声呐图像配准的角度配准误差。

表 4-1 角度配准误差

帧间隔	FM	MF	PC	Proposed
0	0.136	**0.082**	0.129	0.129
1	0.272	0.177	**0.026**	**0.026**
2	0.407	0.315	**0.118**	**0.118**
3	0.501	0.45	**0.211**	0.212
4	0.415	0.579	**0.107**	**0.107**
5	0.589	0.74	0.228	**0.222**
6	0.984	0.87	**0.204**	0.209
7	1.135	1.002	**0.227**	**0.227**
8	1.238	1.13	**0.321**	0.323
9	1.505	1.261	**0.272**	0.277
10	1.529	1.411	**0.343**	0.344

注：加粗数据表示最优处理效果。

从表 4-1 可以看出，配准误差整体上随着帧间隔的增加而增大，这是因为随着帧间隔的增加，前视声呐图像灰度不均匀、帧图像之间降低的重叠率等不利因素对配准方法的影响逐渐增大。

对比 Proposed 和 FM 配准方法，本章设计的方法配准误差明显小于 FM 配准方法，这是因为 Fourier-Meillin 算法需要引入极坐标变换计算旋转角度，涉及插值以计算变换后的非整数坐标上的像素值，插值操作极大地损失了原图像的像素信息。这对于图像信息原本就不显著的声呐图像影响更严重，图 4-13 给出了 FM配准方法与本章设计方法的对比。分图（a）的 FM 配准方法导致后续的角度计算错误，而分图（b）中 Proposed 方法直接在极坐标上的原始数据计算角度，避免了插值损失信息，能够准确地计算出旋转角度。这说明前视声呐图像帧间旋转角度更适合利用极坐标下的原始数据计算。

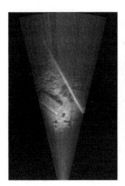  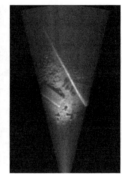 

　　　　　(a) FM配准方法配准结果　　　　　　　　　　　　　　(b) 本章设计方法配准结果

图 4-13　FM 配准方法和本章设计方法配准结果对比

对比 Proposed 和 MF 方法，前者的配准误差明显小于后者。这是因为 Proposed 方法采用相位相关法计算图像之间的配准参数，区域内每一个像素对于配准均有贡献，而映射函数方法只利用图像一维信息，即坐标轴上的映射函数计算配准参数，如果帧图像成像效果较好或者帧图像内容较丰富，那么映射函数能够表现出移位关系，利用移位性质能够有效地估计图像间变换。反之，图像内容不丰富则会导致映射函数出现大范围的平坦区域，映射函数体现不出明显差别（图 4-14），映射函数之间的移位关系不能充分体现，此时会导致配准计算错误。这说明在配准参数的计算方法方面，相位相关方法优于映射函数方法。

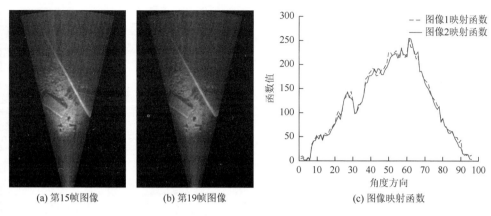

(a) 第15帧图像   (b) 第19帧图像   (c) 图像映射函数

图 4-14 图像信息不丰富导致映射函数移位不明显

表 4-1 中 Proposed 和 PC 两种配准方法配准效果基本相当。表 4-2 和表 4-3 分别给出两种方法在水平和垂直平移上的配准误差，二者相差最大不超过 1 像素，可以认为算法在配准精度上相当。在运算时间上，对于 1087 帧图像配准，PC 和 Proposed 在同等配置下用时比为 1.8：1，本章设计的方法运算速度提高近一倍，说明合理选择配准区域可以在不影响配准精度的情况下缩短配准时间。

表 4-2 水平位移配准误差

帧间隔	PC	Proposed
0	**0.001**	0.023
1	**0.058**	0.789
2	**0.825**	0.955
3	**0.948**	1.033
4	**0.981**	1.116
5	**1.059**	1.646
6	**1.343**	1.788
7	**1.646**	2.028
8	**1.935**	2.425
9	**1.734**	2.482
10	**2.363**	3.088

注：加粗数据表示最优处理效果。

表 4-3 垂直位移配准误差

帧间隔	PC	Proposed
0	**0**	**0**
1	**0**	**0**

续表

帧间隔	PC	Proposed
2	**0**	**0**
3	**0**	**0**
4	**0**	0.002
5	**0.004**	0.006
6	**0.014**	0.016
7	**0.024**	0.025
8	**0.031**	0.033
9	**0.041**	0.044
10	**0.046**	0.048

注：加粗数据表示最优处理效果。

4.4.2　带有旋转和平移运动的声呐图像配准

本部分的实验数据由船壳检测图像序列组成，共包含 1810 帧图像，除去仅有海水无特定内容的图像帧，还剩 1347 帧可用于图像配准实验。图像序列由 Sound Metrics 公司的 DIDSON 系列前视声呐图像数据组成。DIDSON 系列声呐共有 96 个波束，波束角度宽度为 0.3°，每帧图像方位角宽度为 28.8°，每个波束上拥有 512 个采样点。该声呐安装在水下潜器上，扫描水中船壳表面，声呐随潜器的移动过程既包括方位变化又包括平移运动。潜器在同一高度平面运动，近似认为船壳检验帧图像之间满足刚性变换，配准参数包括旋转角度和平移向量。

为了衡量配准精度，需要将计算得到的配准结果和实际的变换参数进行比较。但是水下条件限制了 GPS 等设备的使用，而定位传感器的定位精度是米量级，不足以衡量像素级精度的配准性能，所以不能利用以上信息获得图像间变换参数的参考值。除了定位设备，声呐还携带了旋转器以记录声呐随时更改的方位角 θ_t，记录的角度信息几乎不受水下探测环境的影响，帧图像之间变化的方位角可作为旋转的参考值。除此之外，速度传感器记录了声呐的运动速度 v_t(m/s)，对于视频帧速率为 N_f / s 的图像序列，相邻帧时间间隔 $\Delta t = 1 / (N_f - 1)$ 较小，可认为每帧时间间隔 Δt 内声呐近似做直线运动。于是对于像素分辨率为 R(mm/像素)，相邻帧图像之间声呐运动位移 d_t 可估计为

$$d_t = 1000 \times \frac{v_t}{(N_f - 1) \times R} \text{（像素）} \qquad （4\text{-}20）$$

由 4.3 节可知图像和声呐的旋转角度一致，可由下一时刻和该时刻方位角估计 $\Delta\theta_t = \theta_{t+1} - \theta_t$，于是帧之间的平移向量 $(\Delta x_t, \Delta y_t)$ 估计为

$$\Delta x_t = d_t \times \cos \Delta \theta, \quad \Delta y_t = d_t \times \sin \Delta \theta \qquad (4\text{-}21)$$

将 $(\Delta x_t, \Delta y_t, \Delta \theta_t)$ 作为 t 时刻记录的帧图像与 $t+1$ 时刻记录的帧图像之间的配准参考值。

实验中分别使用基于特征的配准算法和基于灰度的配准算法，基于特征的配准算法包括 Harris 角点法和 SIFT 方法；基于灰度的配准算法包括 PC、MF 和 Proposed 方法。由于该图像序列运动形式较第一个图像序列较为复杂，估计的参考值也与实际值存在一定偏差，所以统计每种方法误差范围在±3°和(±5,±5)与(±10,±10)像素位移内的配准结果分别作为优秀率和准确率。船壳检验过程中，声呐主要以垂直方向运动为主，本书涉及的基于灰度的配准方法不宜计算帧间位移较大的图像配准，所以实验只提供了相邻帧和间隔一帧的配准结果统计。

图 4-15 给出了船壳检测图像序列配准的统计结果。分图（a）和分图（b）分别是相邻帧和间隔一帧的配准统计柱状图，点填充和网格填充柱图分别代表配准准确率和优秀率。从统计结果中可以看出，基于特征配准方法的配准准确率和优秀率远小于基于灰度配准方法的配准结果。这是因为该序列图像的大多数场景为船壳平面，图像视野内包含显著的特征较少，加之声呐图像信噪比较低并且图像视野范围内灰度变化等影响，使得提取出的特征点误匹配现象严重。图 4-16 给出了 SIFT 特征点误匹配的例子，这说明基于特征的图像配准算法不能满足该场景下的声呐图像配准。

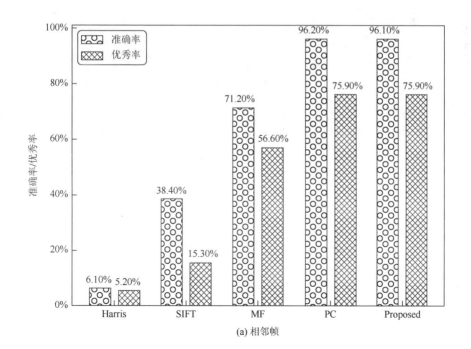

(a) 相邻帧

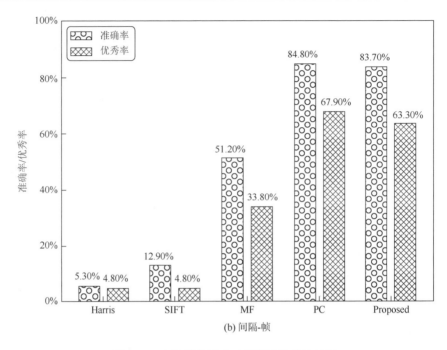

(b) 间隔-帧

图 4-15　邻近帧前视声呐图像配准统计结果

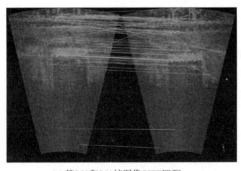 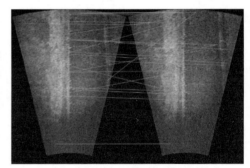

(a) 第250和251帧图像SIFT匹配　　　　　　(b) 第211和212帧图像SIFT匹配

图 4-16　前视声呐图像 SIFT 特征点误匹配

　　与上一个实验结果类似，通过比较不同的基于灰度的配准算法可以看出，使用相位相关法计算配准参数的准确率和优秀率优于映射函数的计算结果；两种相位相关法中，本章设计的方法与 PC 方法配准准确率和优秀率相当，但是本章设计的算法在运算时间上明显优于 PC 方法（分别为 822s 和 1145s），所以本章设计的配准算法更加适用于前视声呐图像序列配准。

　　综上，本章论述的前视声呐图像配准算法在仅有旋转以及兼有旋转和位移的情况下均能得到较好的配准效果，且计算量适中。

参 考 文 献

[1]　Zitova B，Flusser J. Image registration methods：A survey[J]. Image and Vision Computing，2003，21（11）：977-1000.

[2]　Jain S，Kanwal N. Overview on image registration[C]. International Conference on Medical Imaging，m-Health and Emerging Communication Systems，Greater Noida，2014：376-381.

[3]　Guan S Y，Wang T M，Meng C，et al. A review of point feature based medical image registration[J]. Chinese Journal of Mechanical Engineering，2018，31：1.

[4]　Paul S，Pati U C. A block-based multifeature extraction scheme for SAR image registration[J]. IEEE Geoscience and Remote Sensing Letters，2018，15：1387-1391.

[5]　Guo Q，He M M，Li A. High-resolution remote-sensing image registration based on angle matching of edge point features[J]. IEEE Journal of Selected Topics in Applied Earth Observation and Remote Sensing，2018，11（8）：2881-2895.

[6]　Lü G H. A novel correspondence selection technique for affine rigid image registration[J]. IEEE Access，2018，6：32023-32034.

[7]　Ma J Y，Jiang J J，Zhou H B，et al. Guided locality preserving feature matching for remote sensing image registration[J]. IEEE Transaction on Geoscience and Remote Sensing，2018，56：4435-4447.

[8]　Shen L，Huang X，Fan C，et al. Enhanced mutual information-based medical image registration using a hybrid optimization technique[J]. Electronics Letters，2018，54（15）：926-928.

[9]　Li F R，Zhang W L，Yin X M，et al. Non-rigid registration of multi-modality medical image using combined gradient information and mutual information[J]. Journal of Medical Imaging and Health Informatics，2018，8：1374-1383.

[10]　Zhao S G，Yu G R，Cai Y F. New UAV image registration method based on geometric constrained belief propagation[J]. Multimedia Tools and Applications，2018，77：24143-24163.

[11]　Ji H Z，Li Y S，Dong E Q，et al. A non-rigid image registration method based on multi-level B-spline and L2-regularization[J]. Signal Image and Video Processing，2018，12：1217-1225.

[12]　Edgar R A，Daniel U C，Isnardo R，et al. Multimodal image registration based on the expectation-maximization methodology[J]. IET Image Processing，2017，11（12）：1246-1253.

[13]　Kim K，Neretti N，Intrator N. Mosaic of acoustic camera images[J]. IEE Proceedings-Radars，Sonar and Navigation，2005，152（4）：263-270.

[14]　Negahdaripour S，Aykin M D，Sinnarajah S. Dynamic scene analysis and mosaicing of benthic habitats by FS sonar imaging-Issues and complexities[C]. Oceans 2011，MTS/IEEE KONA，Yeosu，2011：1-7.

[15]　Li H，Dong Y，He X，et al. A sonar image mosaicing algorithm based on improved SIFT for USV[C]. IEEE International Conference on Mechatronics and Automation，Tianjin，2014：1839-1843.

[16]　Johannsson H，Kaess M，Englot B，et al. Imaging sonar-aided navigation for autonomous underwater harbor surveillance[C]. IEEE/RSJ International Conference on Intelligent Robots and Systems，Taibei，2010：4396-4403.

[17]　Biber P，Strasser W. The normal distributions transform：A new approach to laser scan matching[C]. IEEE/RSJ International Conference on Intelligent Robots and Systems，Las Vegas，2003：2743-2748.

[18]　Aykin M D，Negahdaripour S. On feature extraction and region matching for forward scan sonar imaging[C]. IEEE Oceans Conference，Yeosu，2012：1-9.

[19] Aykin M D, Negahdaripour S. On feature matching and image registration for two-dimensional forward-scan sonar imaging[J]. Journal of Field Robotics, 2013, 30 (4): 602-623.

[20] Hurtos N, Nagappa S, Cufi X, et al. Evaluation of registration methods on two-dimensional forward-looking sonar imagery[C]. IEEE Oceans Conference, Bergen, 2013: 1-8.

[21] Berthilsson R. Affine correlation[C]. Proceedings of the International Conference on Pattern Recognition ICPR, Brisbane, 1998: 1458-1461.

[22] Simper A. Correction general band-to-band misregistrations[C]. Proceedings of the IEEE International Conference on Image Processing, Lausanne, 1996: 597-600.

[23] Hurtos N, Ribas D, Cufi X, et al. Fourier-based registration for robust forward-looking sonar mosaicing in low-visibility underwater environments[J]. Journal of Field Robotics, 2015, 32 (1): 123-151.

[24] Castro E D, MorandiC. Registration of translated and rotated images using finite Fourier transform[J]. IEEE Transactions on Pattern Analysis and Machine Intelligence, 1987, 9: 700-703.

[25] Chen Q S, Defrise M, Deconinck F. Symmetric phase-only matched filtering of Fourier-Mellin transform for image registration and recognition[J]. IEEE Transactions on Pattern Analysis and Machine Intelligence, 1994, 16: 1156-1168.

[26] Zokai S, Wolberg G. Image registration using log-polar mappings for recovery of large-scale similarity and projective transformations[J]. IEEE Transactions on Image Processing, 2005, 14 (10): 1422-1434.

[27] Foroosh H, Zerubia J B, Berthod M. Extension of phase correlation to subpixel registration[J]. IEEE Transactions on Image Processing, 2002, 11 (3): 188-200.

[28] Ren J C, Jiang J M, Vlachos T. High-accuracy sub-pixel motion estimation from noisy image in fourier domain[J]. IEEE Transactions on Image Processing, 2010, 19 (5): 1379-1384.

[29] Rominger C, Martin A, Khenchaf A, et al. Sonar image registration based on conflict from the theory of belief functions[C]. International Conference on Information Fusion, Seattle, 2009: 1317-1324.

[30] Tagare H D, Rao M. Why does mutual-information work for image registration? A deterministic explanation[J]. IEEE Transactions on Pattern Analysis and Machine Intelligence, 2015, 37 (6): 1286-1296.

[31] Viola P, Wells W M. Alignment by maximization of mutual information[J]. International Journal of Computer Vision, 1997, 24: 137-154.

[32] Thevenaz P, Blu T, Unser M. Image Interpolation and Resampling[M]. Orlando: Handbook of Medical Image Processing, Academic Press, 2003.

[33] Rueckert D, Hayes C, Studholme C, et al. Non-rigid registration of breast MR images using mutual information[C]. Proceedings of the Medical Image Computing and Computer-Assisted Intervention, Cambridge, 1998: 1144-1152.

第5章 前视声呐图像序列全局比对

为了生成最终的拼接图像，需要串联相邻帧图像配准结果，确定每帧图像在拼接平面上的位置和方向，称为图像位姿。然而简化的前视声呐运动模型、近似的声呐图像成像模型和前视声呐图像自身的缺陷等因素都影响配准精度，不可避免地产生配准误差，配准误差随着串联相邻帧配准结果而逐渐累积，形成累积误差。当图像帧间距较小时，累积误差没有对相邻和邻近帧图像拼接在空间上造成明显的内容不一致。但是当图像帧间距很大时，如成百上千帧图像拼接，这样通过串联相邻帧配准结果产生的累积误差已经不能忽略不计，此时得到帧间距较大的图像位姿与实际位姿存在较大差距。尤其当声呐先后运动到同一位置（即闭合回路），记录相同视野的图像内容上不能对齐，导致图像拼接结果全局不一致。为修正或减小上述误差，需要引入全局比对进行图像序列的位姿优化。

第4章设计的配准算法是在假设图像之间没有平移量、声学原点固定的前提下估计帧间旋转角度，这样估计出的角度必然与真实的旋转角度存在偏差，随后图像经过角度补偿再计算出的平移量也必然会产生误差。例如，选取船壳检查图像序列邻近帧配准正确的201帧图像（从第141到341帧），以141→341→141的配准顺序配准形成闭环，累加配准结果发现闭环后的第141帧图像位姿方位角较初始角度偏差了1.7°，闭环位置较初始位置分别在水平和垂直方向偏移了36像素和21像素。为了更加直观地观察累积误差的影响，累加第141帧至第500帧图像配准结果以得到这些图像位姿，并将每帧图像按照累加的位姿放入拼接平面中，得到拼接结果如图5-1所示。

如图5-1（b）局部放大图所示，闭环环首和环尾帧图像部分重复的视觉内容，如方形凹槽和凹槽上方的横槽，由于累积误差的影响显然没有对准，于是导致了拼接图像内容上不一致。针对该问题，本节介绍使用位姿图优化算法进行图像序列全局比对的方法。将图像位姿作为位姿图顶点，配准结果定义为位姿图的边，利用相关矩阵计算每条边的信息矩阵。为了保证拼接图像全局一致性，提取图像中的特定特征用以配准图像序列环首和环尾的帧图像，建立闭环限制。这一过程即为图像序列的全局比对。

(a) 拼接图像　　　　　　　　(b) 拼接图像局部区域

图 5-1　累积误差影响拼接图像全局对齐

位姿图优化算法中，首先将优化问题模拟为极大似然估计，利用获得的图像估计最可能的位姿；随后计算模型整体意义下的损失函数，对位姿的极大似然估计就是求该损失函数的极小值，将优化问题转化为最小二乘问题，最后使用非线性优化算法求解这个最小二乘问题。

5.1　位姿的非线性优化

5.1.1　极大似然过程

位姿优化的主要手段是利用视觉信息，估计出最可能产生这些信息的位姿，将位姿作为待估计量：

$$x = \{x_1, \cdots, x_N\} \tag{5-1}$$

视觉传感器运动过程中，利用观测信息 z 和其他设备（如定位传感器）获得的输入信息 u，估计状态变量 x 的条件概率密度函数，记为

$$P(x \mid z, u) \tag{5-2}$$

对于一些应用（如前视声呐水下探测），输入信息 u 不精确或不可用，此时只利用观测信息 z 估计状态变量，结合贝叶斯公式得到

$$P(x \mid z) = \frac{P(z \mid x)P(x)}{P(z)} \propto P(z \mid x)P(x) \tag{5-3}$$

式中，$P(x \mid z)$、$P(z \mid x)$、$P(x)$ 分别为后验概率、似然概率、先验概率；$P(z)$ 为观测信息概率。由于贝叶斯法则中分母 $P(z)$ 与待估计量 x 无关，可以将其省略得到最大后验概率：

$$x_{\text{MAP}}^* = \arg\max P(x \mid z) = \arg\max P(z \mid x)P(x) \tag{5-4}$$

对于先验概率 $P(x)$ ，视觉传感器可能以什么样的规律运动，在相当多的应用中往往是未知的，或者无法利用统计量描述这种规律，因此可以认为其是随机的，即各种运动状态都是有可能的，于是将先验概率省略得到对 x 的最大似然估计：

$$x_{ML}^* = \arg\max P(z \mid x) \tag{5-5}$$

直观地理解为估计视觉传感器产生的状态变量等价于"估计视觉传感器在什么样的状态下（即符合什么样的位姿）最可能产生当前的观测数据"。

5.1.2　最小二乘问题

极大似然过程可以转化为最小二乘问题。视觉传感器的运动模型由一个状态方程和运动方程构成：

$$\begin{cases} x_k = f(x_{k-1}, u_k) + w_k \\ z_{k,j} = h(x_k, y_j) + v_{k,j} \end{cases} \tag{5-6}$$

式中， x_k 是每次记录的视觉传感器的位姿； y_j 代表路标信息； w_k 和 $v_{k,j}$ 是误差项并分别服从零均值高斯分布，即

$$w_k \sim N(0, R_k), \quad v_{k,j} \sim N(0, Q_{k,j}) \tag{5-7}$$

其中， R_k 和 $Q_{k,j}$ 分别是高斯分布方差，对于某一次观测，有

$$z_{k,j} = h(x_k, y_j) + v_{k,j} \tag{5-8}$$

因为误差项 $v_{k,j}$ 服从均值为 0、方差为 $Q_{k,j}$ 的高斯分布 $N(0, Q_{k,j})$ ，所以观测模型的条件概率依然服从高斯分布，观测数据的条件概率表示为

$$P(z_{k,j} \mid x_k, y_j) = N(h(x_k, y_j), Q_{k,j}) \tag{5-9}$$

对于指数形式的 n 维高斯分布 $\varphi \sim N(\mu, \Sigma)$ ，它的概率密度函数展开形式为

$$P(\varphi) = \frac{1}{\sqrt{(2\pi)^n \det(\Sigma)}} \exp\left(-\frac{1}{2}(\varphi - \mu)^{\mathrm{T}} \Sigma^{-1}(\varphi - \mu)\right) \tag{5-10}$$

高斯分布在负对数下具有极好的数学形式，所以对式（5-10）取负对数求解其极大似然函数：

$$-\ln(P(\varphi)) = \frac{1}{2}\ln((2\pi)^n \det(\Sigma)) + \frac{1}{2}(\varphi - \mu)^{\mathrm{T}} \Sigma^{-1}(\varphi - \mu) \tag{5-11}$$

对原函数求极大值等价于对负对数求极小值。式（5-11）等号右边第一项与自变量 φ 无关，求解最大似然估计只需要对后面的二次型项最小化。将观测模型重新代入公式，得到对位姿变量 x 的极大似然估计如下：

$$x^* = \arg\min((z_{k,j} - h(x_k, y_j))^{\mathrm{T}} Q_{k,j}^{-1}(z_{k,j} - h(x_k, y_j))) \tag{5-12}$$

该式等价于最小化误差在 Σ 范数意义下的平方，根据状态方程和运动方程，

定义数据与估计值之间的误差分别为

$$\begin{cases} e_{v,k} = x_k - f(x_{k-1}, u_k) \\ e_{y,j,k} = z_{k,j} - h(x_k, y_j) \end{cases} \tag{5-13}$$

求误差的平方和：

$$J(x) = \sum_k e_{v,k}^{\mathrm{T}} R_k^{-1} e_{v,k} + \sum_k \sum_j e_{y,k,j}^{\mathrm{T}} Q_k^{-1} e_{y,k,j} \tag{5-14}$$

于是得到了模型整体意义下的最小二乘问题，使用非线性优化方法求解这个最小二乘问题。

5.1.3　非线性优化方法

5.1.2 节将位姿优化问题转化为整体意义下的最小二乘问题，对于最小二乘问题需要使用非线性优化算法求解。对于一个简单的最小二乘问题：

$$x^* = \min_x \frac{1}{2} \| f(x) \|^2 \tag{5-15}$$

如果目标函数 $f(x)$ 的数学形式很简单，那么可以直接通过令损失函数（损失函数是目标函数某类范数的形式）导数等于 0 求解最优解 x^*。但实际上目标函数 $f(x)$ 形式往往较为复杂，很难直接通过导函数求极值。此时利用迭代的方法，对变量设置一个初始值并不断使之更新，使每次迭代后损失函数值较前一次逐渐减小，直到某次自变量更新 Δx 足够小，则认为此时自变量更新到最优解 x^*。主要步骤流程如图 5-2 所示。

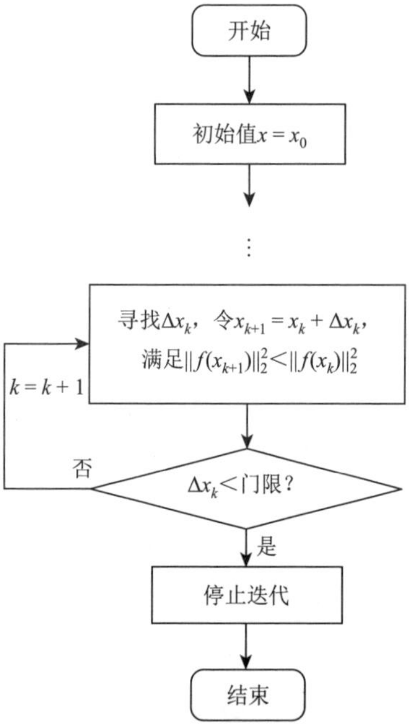

（1）对变量设定初始值 $x = x_0$。

（2）对于第 k 次迭代，寻找一个增量 Δx_k 使得

$$\| f(x_k + \Delta x_k) \|_2^2 < \| f(x_{k-1} + \Delta x_{k-1}) \|_2^2$$

（3）判断自变量增量 Δx_k 是否足够小，若是则停止迭代。

（4）否则，令 $x_{k+1} = x_k + \Delta x_k$，并返回步骤（2）重新迭代。

图 5-2　迭代法求最小二乘问题最优解流程图

于是将求导函数等于零转化为不断寻找使损失函数减小的自变量增量 Δx 的问题，直到某次增量 Δx_k 非常小，小于某一门限，

此时认为损失函数达到极小值，并且自变量更新到最优解。上述过程中，最重要的步骤是确定每一次迭代增量 Δx 取值，以保证损失函数逐渐减小。

这可以通过梯度法、高斯-牛顿法、列文伯格-马夸尔特（Levenberg-Marquardt，L-M）方法等实现。梯度法迭代步长选择不当会导致难以收敛；而高斯-牛顿法和 L-M 方法都需要提供自变量的初始值，损失函数的复杂性使得解空间极值不唯一，导致收敛可能陷入局部极小值，从而获得不正确的收敛结果。为避免这几种方法在实际应用中的困难，可以使用位姿图优化方法。

5.2　位姿图优化

为了从本质上体现优化问题，图优化通过图（graph，G）的方式表述优化问题。一个图由若干个顶点（vertex，V）和连接这些顶点的边（edge，E）组成，记为 $G = \{V, E\}$。对于非线性最小二乘问题，可以构建与之对应的图，并分别使用顶点和边表示优化问题中的优化变量和限制条件。图 5-3 是图优化示例，其中顶点包括图中的三角形和圆形，它们分别表示传感器位姿节点和路标点，边包括三角形之间以及三角形和圆之间的实线，它们分别表示传感器的运动模型和观测模型。这样做的好处是，可以利用最基本的图优化模型表达一个非线性最小二乘问题，同时利用图模型的性能改进该优化问题，例如，可以去掉图中孤立的点，即无用的优化变量，或者边数较多的顶点以增强优化性能。

一般将同时带有位姿和路标的图优化称为捆绑调整（bundle adjustment，BA），如图 5-3（a）所示，但是随着运动轨迹逐渐增加，图优化变量不断增加，BA 的计算效率不断下降。实际上经过若干次观测之后，对于一些已经收敛的变量更倾向于在优化若干次之后就把它们固定住，只将其看作对位姿估计的约束，而不再对其位置继续优化。于是可以构建一个只涉及轨迹信息的图优化，连接位姿节点的边可以由相邻和邻近帧图像通过配准参数获得，即只关心视觉传感器位

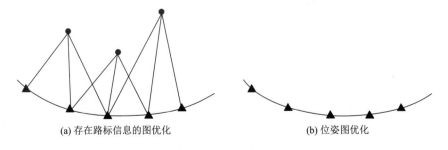

　　　(a) 存在路标信息的图优化　　　　　　　　　　　(b) 位姿图优化

图 5-3　图优化示例

姿之间的联系而不必涉及路标点的位置［图5-3（b）］。这种方法称为位姿图（pose graph）优化，它只保留关键帧之间的边，而省略了位姿和路标之间的边，减少了大量的优化计算。

图优化本质上仍然是最小二乘优化问题，其过程是寻找最优变量x^*使其损失函数达到极小值，图优化的损失函数定义如下：

$$F(x) = \sum e(x_i, x_j, z_{i,j})^{\mathrm{T}} \Omega_{ij} e(x_i, x_j, z_{i,j})$$
$$e(x_i, x_j, z_{i,j}) = z_{i,j} \ominus \widehat{z_{i,j}}(x_i, x_j) \tag{5-16}$$
$$x^* = \arg\min_x F(x)$$

式中，x_i和x_j是优化变量x中的元素，$x_i, x_j \in x$；误差项e表示优化变量x_i和x_j之间的联系与实际联系$\widehat{z_{i,j}}(x_i, x_j)$符合程度，误差越大说明越不符合；$\Omega_{ij}$是协方差矩阵的逆矩阵，称为信息矩阵，表示对优化变量每个分量的重视程度不同。一般将信息矩阵设成对角阵，对角阵元素大小表明我们对此项误差的重视程度，元素值越小，说明该测量越值得相信，其信息权值越大。将误差项简记为

$$e(x_i, x_j, z_{i,j}) = e_{ij}(x_i, x_j) = e_{ij}(x) \tag{5-17}$$

假设变量初始值为$\tilde{x}$，产生增量Δx，通过一级泰勒级数展开估计误差项：

$$e_{ij}(\tilde{x} + \Delta x) \approx e_{ij}(\tilde{x}) + J_{ij}\Delta x \tag{5-18}$$

式中，J_{ij}是误差项e_{ij}的一阶导函数，即雅可比矩阵。进一步将误差函数展开：

$$\begin{aligned} F_{ij}(\tilde{x} + \Delta x) &= e_{ij}(\tilde{x} + \Delta x)^{\mathrm{T}} \Omega_{ij} e_{ij}(\tilde{x} + \Delta x) \\ &\approx (e_{ij} + J_{ij}\Delta x)^{\mathrm{T}} \Omega_{ij}(e_{ij} + J_{ij}\Delta x) \\ &= e_{ij}^{\mathrm{T}} \Omega_{ij} e_{ij} + 2e_{ij}^{\mathrm{T}} \Omega_{ij} J_{ij}\Delta x + \Delta x^{\mathrm{T}} J_{ij}^{\mathrm{T}} \Omega_{ij} J_{ij}\Delta x \\ &= c_{ij} + 2b_{ij}\Delta x + \Delta x^{\mathrm{T}} H_{ij}\Delta x \end{aligned} \tag{5-19}$$

根据式（5-18），需要寻找合适的Δx使目标函数达到极小值，那么令目标函数对Δx的导函数为零，得到

$$\frac{\mathrm{d}F_k}{\mathrm{d}\Delta x} = 2b_{ij} + 2H_{ij}\Delta x = 0 \Rightarrow H_{ij}\Delta x = -b_{ij} \tag{5-20}$$

将所有优化变量一起考虑，那么得到线性方程组：

$$H\Delta x = -b \tag{5-21}$$

研究发现，需要优化的图并非全连接图，它往往具有稀疏性。在数学公式上表现为总体目标函数$F(x)$由很多项组成，但是某个变量x_i只出现在和它有关的误差函数里面，导致许多和x_i无关的误差函数对应的雅可比矩阵直接为零矩阵，而其他的雅可比矩阵中，只有少数和x_i顶点相连的边出现了非零值，这种稀疏性能够快速求解线性方程（5-21）。综上，图优化的主要步骤概括为如下几点。

（1）确定优化变量和变量之间的限制条件，分别作为图优化问题的顶点和边。

（2）向图中添加每一个顶点和连接顶点的边。

（3）为优化变量选择合适的初始值，开始迭代。

（4）对于每一次迭代，计算对应于当前估计值的雅可比矩阵和 Hessian 矩阵。

（5）求解稀疏线性方程（5-21），得到梯度方向。

（6）继续使用高斯-牛顿法或者 L-M 方法迭代。判断此时是否满足结束条件，如果满足返回优化值，否则返回步骤（4）。

对于位姿图优化，可以直接调用 g2o 函数库[1]实现步骤（4）～（6），使用时一般只需明确定义与优化相关的变量即可。

5.3　前视声呐图像序列位姿图构建

为了使用图优化理论优化图像位姿，需要首先明确图优化中各变量的意义和作用，结合图优化定义的数据类型，明确位姿图中的相关变量。同时为了避免优化过程陷入局部极小值，还要正确初始化优化变量。

5.3.1　顶点和边的确定

对于位姿图优化，g2o 函数库定义了 SE(2)空间描述二维平面位姿的运算，需要将其定义的数据与优化问题中的变量一一对应。

首先明确顶点，令优化变量为 v：

$$v = (v_1, \cdots, v_n)^{\mathrm{T}}, \quad v_i = (x_i, y_i, \text{orientation}) \tag{5-22}$$

式中，(x_i, y_i) 和 orientation 代表第 i 帧图像在拼接平面上的位置和朝向，简称为图像位姿。

边的作用是连接和限制顶点，最直观的连接和限制关系来自于图像配准。对于满足刚性条件的图像配准来说，若图像位姿分别为 $v_1 = (x_1, y_1, \text{orientation}_1)$ 和 $v_2 = (x_2, y_2, \text{orientation}_2)$，则重写式（4-2）如下：

$$\begin{bmatrix} x_2 \\ y_2 \end{bmatrix} = \begin{bmatrix} \cos\theta & -\sin\theta \\ \sin\theta & \cos\theta \end{bmatrix} \begin{bmatrix} x_1 \\ y_1 \end{bmatrix} + \begin{bmatrix} t_x \\ t_y \end{bmatrix}$$

$$\text{orientation}_2 = \text{orientation}_1 + \theta \tag{5-23}$$

式（5-23）表明位姿的更新按照先旋转再平移的顺序，旋转量和平移向量分别是 θ 和 (t_x, t_y)。

g2o 函数库中，空间增量为 $\Delta v = (\Delta x, \Delta y, \Delta \theta)$ 的两个位姿 v_1 和 v_2 满足

$$v_2 = v_1 \oplus \Delta v = \begin{bmatrix} x_1 + \Delta x \cos(\text{orientation}_1) - \Delta y \sin(\text{orientation}_1) \\ y_1 + \Delta x \sin(\text{orientation}_1) + \Delta y \cos(\text{orientation}_1) \\ \text{normAngle}(\text{orientation}_1 + \Delta \theta) \end{bmatrix} \tag{5-24}$$

式中，$(\Delta x, \Delta y)$ 为沿着 orientation$_1$ 方向的右手系坐标的平移量。该定义对应于首先对位姿执行平移操作 $(\Delta x, \Delta y)$，然后旋转 $\Delta\theta$。与之相应的图像刚性变换的数学表达式为

$$\begin{bmatrix} x_2 \\ y_2 \end{bmatrix} = \begin{bmatrix} \cos\Delta\theta & -\sin\Delta\theta \\ \sin\Delta\theta & \cos\Delta\theta \end{bmatrix} \begin{bmatrix} x_1 + \Delta x \\ y_1 + \Delta y \end{bmatrix}$$

$$\text{orientation}_2 = \text{orientation}_1 + \Delta\theta \tag{5-25}$$

为了应用第 4 章中确定的前视声呐图像配准算法，图像间的变换需满足先旋转后平移的顺序，因此将式（5-25）转换为以下配准形式：

$$\begin{bmatrix} x_1 \\ y_1 \end{bmatrix} = \begin{bmatrix} \cos(-\Delta\theta) & -\sin(-\Delta\theta) \\ \sin(-\Delta\theta) & \cos(-\Delta\theta) \end{bmatrix} \begin{bmatrix} x_2 \\ y_2 \end{bmatrix} + \begin{bmatrix} -\Delta x \\ -\Delta y \end{bmatrix} \tag{5-26}$$

由此可由图像 2 变换到图像 1 的配准参数确定位姿 v_1 到 v_2 之间的边。

5.3.2　信息矩阵的确定

信息矩阵反映了边的不确定性，也就是图像配准的不确定性。由于图像噪声、不同帧图像重叠率、灰度分布变化对配准算法的影响，其相关空间并不是仅有一个完美的相关峰，而是相关峰周围还存在旁瓣和伪峰，可以利用这些伪峰确定信息矩阵[2]。令 K 是相关峰邻域窗口尺寸，(x^*, y^*) 是相关峰图像空间的坐标，diracnorm(x, y) 是图像空间坐标 (x, y) 归一化强度，表示配准结果等于 (x, y) 的归一化概率。假设 x 和 y 是相互独立的，可以分别求得其在窗口中的均值：

$$\begin{cases} \bar{x} = \sum\limits_{x=x^*-K/2}^{x^*+K/2} x \times \text{diracnorm}(x), \text{diracnorm}(x) = \sum\limits_{y=y^*-K/2}^{y^*+K/2} \text{diracnorm}(x, y) \\ \bar{y} = \sum\limits_{y=y^*-K/2}^{y^*+K/2} y \times \text{diracnorm}(y), \text{diracnorm}(y) = \sum\limits_{x=x^*-K/2}^{x^*+K/2} \text{diracnorm}(x, y) \end{cases} \tag{5-27}$$

并通过均值求出方差，分别为

$$\begin{cases} \Omega_x = \sum\limits_{x=x^*-K/2}^{x^*+K/2} (x - \bar{x})^2 \times \text{diracnorm}(x) \\ \Omega_y = \sum\limits_{y=y^*-K/2}^{y^*+K/2} (y - \bar{y})^2 \times \text{diracnorm}(y) \end{cases} \tag{5-28}$$

于是构建每条边对应的信息矩阵 Ω 如下：

$$\Omega = \begin{bmatrix} \Omega_x^{-1} & 0 & 0 \\ 0 & \Omega_y^{-1} & 0 \\ 0 & 0 & \Omega_\theta^{-1} \end{bmatrix} \tag{5-29}$$

5.3.3　图像序列位姿初始化

优化过程中，解的收敛往往容易陷入解空间中的局部极小值而非全局最优解。解决办法是合理地定义优化变量的初始值，使初始值接近最优解，这样可以在一定程度上避免收敛至局部最优解。

一个解决方法是通过串联累加配准结果得到的位姿作为初始化位姿。将优化的第一帧图像位姿作为参考帧：

$$v_{\mathrm{ref}} = v_1 = (x_1, y_1, \mathrm{orientation}_1) \tag{5-30}$$

通过累加每帧位姿增量得到第 i 帧图像初始化位姿：

$$v_i = v_{\mathrm{ref}} \oplus \Delta v_1 \oplus \cdots \oplus \Delta v_{i-1} \tag{5-31}$$

优化的目的是抑制配准累积误差，而累积误差的产生是由累加单帧配准结果引起的，可以理解为，通过累加配准结果得到的每帧图像位姿，都距离真实位姿偏差一些，偏差随着帧间距的增加而增加，同时说明，通过累加配准结果得到每帧图像的位姿，在解空间上距离真实位姿是很接近的，于是可以将其作为位姿优化的初始值，避免优化结果陷入局部极小值。

5.4　基于线状结构的闭环限制

由于前视声呐图像灰度不均匀，特别对于闭环路径上的帧图像，如在船壳扫描数据集中，声呐调头运动使图像产生了180°左右的旋转，使得这些声呐图像的灰度分布严重不一致，导致前面提出的邻近帧声呐图像配准算法产生误差。针对该问题，本节通过合理选择并提取闭环图像上的线状结构，利用线状结构的斜率和交点分别计算图像之间的旋转角度和平移向量，将配准结果作为闭环限制，对声呐图像序列位姿进行优化。

5.4.1　闭环误配问题

累积误差影响拼接图像全局一致性，如当视觉传感器先后路过同一位置，累积误差会导致前后帧图像空间上不能对齐，无法构建全局一致的拼接图像。而位姿图的优势在于它可以看作一个弹性系统，为了消除累积误差，可以在间隔较远的闭环帧图像之间建立限制关系，这样可以将所有偏移的顶点拉回到正确位置，使拼接图像全局对齐。

建立闭环约束最直接的办法是利用图像配准，计算环首和环尾帧图像之间的变换关系。利用声呐记录的航迹信息选择可能产生闭合回路的图像帧，以避免逐帧配准产生不必要的计算量。由于算法受图像重叠率的影响，理论上帧间旋转角度局限于[–Fov/2, Fov/2]［水平开角（field of view，Fov）］。但是声呐探测过程需要调头改变方向才能形成闭环，于是首先对待配准图像进行180°的角度补偿，然后使用第4章提出的配准算法进行配准。

图5-4是船壳检验图像序列第476帧和第244帧的配准结果，重叠图像明显不能对齐，差值图像也存在像素残留。可以看出，第4章提出的配准算法不能准确配准闭环条件下的前视声呐图像。一方面，闭环首尾帧图像的重叠率远小于邻近帧图像之间的重叠率，这严重影响基于灰度配准方法的性能；另一方面，基于灰度的图像配准算法要求图像在空间平面内灰度分布相似，这一条件在相邻和邻近帧情况下近似满足，然而对于闭环上的前视声呐帧图像，其方位发生了明显的改变，引起图像间灰度分布差异巨大，不能再近似认为待配准的两帧图像在空间上灰度分布相同，于是这种灰度变化导致配准相关峰发生较大偏移，进而影响配准结果[3]。所以基于灰度的图像配准算法虽然适用于邻近帧的配准，但并不适用于闭环路径上的前视声呐图像配准。

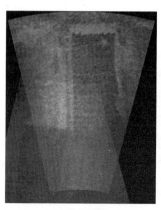 

(a) 重叠图像　　　　　　　　　　　　(b) 差值图像

图5-4　基于相位相关矩阵的闭环图像配准

5.4.2　基于线状结构的闭环图像配准

在这种特殊的条件下，需要利用图像中的特定特征配准图像[4-8]。本章使用的拼接数据中，船壳图像序列航迹上存在闭合路径。在闭合路径上，船壳表面的凹槽能够提供较明显的直线特征，利用直线特征斜率可以计算图像之间的旋转角度，而凹槽的顶点可作为直线交点，其坐标可用于计算图像之间的平移向量。

1. 预处理

前视声呐图像成像信噪比和分辨率较低，虽然部分帧图像特征较明显，但是仍然不能保证传统方法直接提取满足配准的图像特征，所以一般使用一些预处理手段增强声呐图像中的特征。

在船壳检测序列声呐图像中，需要突出的是原图像的直线特征，由于直线特征具有方向性，可以通过增强图像像素的方向信息突出直线特征。Gabor 变换可以表达图像像素的多尺度和多方向信息（详见 6.2.2 节），对原图像 $I(x,y)$ 进行 Gabor 变换的数学形式如下：

$$C_g(x,y,m,n) = \iint I(x',y')g_{mn}(x-x',y-y')\mathrm{d}x'\mathrm{d}y' \tag{5-32}$$

式中，g_{mn} 代表尺度；$C_g(x,y,m,n)$ 代表图像像素 (x,y) 在 m 尺度和 n 方向上的 Gabor 分解系数。为了突出原图像方向信息，利用每个像素在每个尺度上方向系数最大值 $n_{\max}$ 构建图像的 Gabor 方向能量图 $C(x,y)$：

$$C(x,y) = \left(\prod_{m=1}^{M} C_g(x,y,m,n_{\max}) \right)^{1/M} \tag{5-33}$$

式中，M 是 Gabor 分解尺度数量。图 5-5（a）所示为图像序列第 476 和 244 帧原图像，图 5-5（b）所示为预处理后相应的 Gabor 方向能量图像，能量图像中的凹槽边缘较原图像中的更加显著，方便后续的特征提取操作。

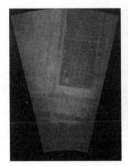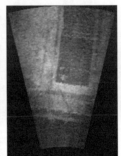

(a) 第476和244帧原图像　　　　　　　　　(b) 相应的Gabor方向能量图像

图 5-5　原图像预处理

水下声波散射的影响使得前视声呐图像中随机出现一些伪像（主要包括凹槽边缘的某些区域），将影响直线特征提取。图 5-6 给出采用 Otsu 方法对 Gabor 方向能量图像预分割的结果，可见受伪像的影响，分割后区域边缘不光滑，不利于提取直线特征。针对此问题对预分割结果进行形态学后处理，重复使用形态学开运算与闭运算消除目标和背景区域边缘上的裂缝和窄带，使其产生平滑的直线边缘，处理结果如图 5-7 所示。

(a) 第476帧图像分割结果　　　　　　　(b) 第244帧图像分割结果

图 5-6　　Otsu 方法预分割结果

(a) 第476帧图像修正结果　　　　　　　(b) 第244帧图像修正结果

图 5-7　　形态学修正后分割结果

2. 前视声呐图像特征提取

进一步利用 Hough 变换提取形态学处理后分割结果的直线特征。Hough 变换利用对偶关系将图像空间转换到参数空间中，通过参数空间进行简单的累积，统计完成对图像空间直线的检测任务。图 5-8 是对应的直线特征提取结果。

(a) 第476帧图像直线特征提取结果　　　(b) 第244帧图像直线特征提取结果

图 5-8　直线特征提取结果

从图 5-8 中可以看到除了图像中真正的直线特征，一些由预分割和形态学后处理产生的伪特征也被误提取。而我们希望提取图像中两条垂直相交的直线，以构成闭环环首帧凹槽中的"L"结构，以及闭环环尾帧凹槽中的"7"结构。于是采取如下限制对特征进行筛选：

（1）寻找近似互相垂直（直线夹角 80°～100°）的线段对，将不能匹配上的线段排除；

（2）将在 Gabor 能量图像中具有较大梯度的提取的线段保留，去除误提取的直线特征，如图 5-9 所示；

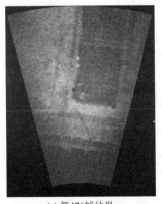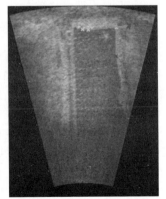

(a) 第476帧结果　　　　　　　　　(b) 第244帧结果

图 5-9　去除误提取直线特征

（3）由于凹槽在垂直方向特征较明显，容易提取多余的直线特征，于是计算垂直方向直线到水平方向直线的距离，将大于门限（本章设 30 像素）的直线排除；

（4）在剩下的线段对中，保留夹角最接近 90° 的一组线段，并将其延长使其相交，对应于船壳上的"L"和"7"结构，对应于凹槽顶点和棱，如图 5-10 所示。

(a) 第476帧特征提取结果　　　　　　　　(b) 第244帧特征提取结果

图 5-10　Gabor 能量图像和原图像特征提取结果

3. 图像配准

分别使用符号 L_{AH}、L_{AV} 表示图像 A 中提取的水平、垂直方向直线，$P_A = (x_A, y_A)$ 表示直线 L_{AH} 和 L_{AV} 交点；分别使用符号 L_{BH}、L_{BV} 表示图像 B 中提取的水平、垂直方向直线，$P_B = (x_B, y_B)$ 表示直线 L_{BH} 和 L_{BV} 交点。从图 5-10 中可以看出，图像 A 和 B 中的水平直线对应凹槽水平短棱，说明图像中直线 L_{AH} 和 L_{BH} 相匹配，同理垂直直线对应凹槽的垂直长棱，图像中直线 L_{AV} 和 L_{BV} 相匹配。每条直线的斜率 k 对应该直线的倾斜角 α，用于估计图像之间的旋转角度 θ：

$$\theta = (\theta_H + \theta_V) / 2$$

$$\theta_H = 180 + (\alpha_{AH} - \alpha_{BH}), \quad \theta_V = 180 + (\alpha_{AV} - \alpha_{BV}) \tag{5-34}$$

式中，θ_H 和 θ_V 分别表示水平和垂直直线之间的角度差，它们分别由对应的直线之间倾斜角作差，并补偿由声呐调头运动产生的 180° 获得两个角度取均值作为旋转角度。随后由式（4-11），利用直线交点的坐标计算水平和垂直方向位移 (t_x, t_y)：

$$t_x = x_A - (x_B \cos\theta - y_B \sin\theta), \quad t_y = y_A - (x_B \sin\theta + y_B \cos\theta) \tag{5-35}$$

图 5-11 是利用上述算法配准船壳扫描序列第 476 和 244 帧图像结果。虽然差值图像［分图（a）］中残留了较多的剩余信息，但这是由前视声呐图像平面灰度分布不均匀导致的，并非图像内容没有对齐。从重叠图像［分图（b）］来看，配准的两帧图像内容上基本对齐，可以认为配准正确。

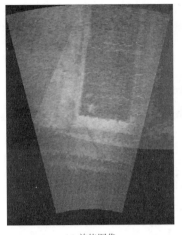

(a) 差值图像　　　　　　　　　　　　　(b) 重叠图像

图 5-11　基于特殊结构的闭环图像配准结果

5.5　位姿的非线性优化

位姿图优化的重要意义在于利用闭环限制抑制累积误差，闭环帧配准的性能决定优化后位姿的准确性。本节分两部分进行了实验分析，第一部分验证闭环配准的准确性，第二部分提供优化结果。

5.5.1　闭环配准结果

实验中，首先根据声呐记录的路径信息，寻找闭环上可能存在重叠区域的帧图像，并利用上小节的特征提取算法提取特征。在环首第 244、246、247、248 和 249 帧提取出"7"结构特征，在环尾第 469、472、474、475 和 476 帧提取出"L"结构特征，如图 5-12 和图 5-13 所示。

图 5-12　环首帧图像特征提取结果（第 244、246、247、248 和 249 帧）

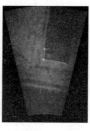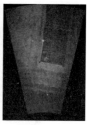

图 5-13　环尾帧图像特征提取结果（第 469、472、474、475 和 476 帧）

　　为了对比该配准算法与第 4 章中的配准算法，这里同时采用两种算法配准这些帧图像。

　　将第 244 与 476 帧、第 246 与 475 帧、第 247 与 474 帧、第 248 与 472 帧和第 249 与 469 帧图像配准，结果如图 5-14 和图 5-15 所示。从图 5-14 可以明显看出，重叠图像上内容没有对齐，说明图像配准错误，邻近帧图像配准算法已经不再适用于闭环上的图像配准，这样得到的配准结果不能准确地用于闭环位姿限制。而使用基于特殊结构的算法计算的配准结果（图 5-15）能够令重叠图像准确对齐，说明该算法可以用于闭环帧上图像的配准，为位姿图提供闭环限制。

(a) 第244与476帧　(b) 第246与475帧　(c) 第247与474帧　(d) 第248与472帧　(e) 第249与469帧

图 5-14　采用第 4 章配准算法结果

(a) 第244与476帧　(b) 第246与475帧　(c) 第247与474帧　(d) 第248与472帧　(e) 第249与469帧

图 5-15　基于特殊结构的配准算法结果

5.5.2　位姿图优化的结果

前述数据集中的船壳检测图像序列第 244 帧到第 476 帧图像涉及全局闭合回路，取该部分数据用于位姿图优化实验。使用前视声呐图像声学原点代表该帧图像的位姿，即声学原点位置及朝向作为图像位姿，图像配准结果都是以声学原点为基准计算的。

将第 244 帧到第 476 帧图像位姿作为优化变量，即位姿图的顶点。利用图像配准结果作为边：使用相邻帧图像配准结果作为相邻顶点之间的边；使用间隔一帧图像配准结果作为间隔一个顶点之间的边，用于保证位姿图的局部一致性。信息矩阵中窗口分别选择为 10 和 20。将第 244 帧图像作为参考帧，通过累加相邻帧图像配准结果计算每帧图像位姿，如果某两帧配准错误，使用邻近帧配准结果均值作为修正的配准结果。将如此得到的位姿作为优化的初始化位姿。将 5.5.1 节闭环上的 5 组配准结果作为闭环限制，添加到位姿图中，分别对第 244 与 476 帧、第 246 与 475 帧、第 247 与 474 帧、第 248 与 472 帧、第 249 与 469 帧共五对顶点建立闭环边，保证拼接图像全局一致性。定义各变量之后，选择优化方法为 L-M 方法，迭代次数为 500 次。优化结果如图 5-16 所示。

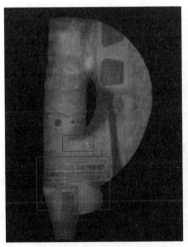 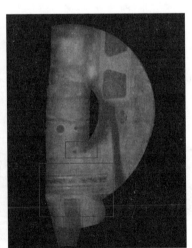

(a) 位姿图优化前的拼接结果　　　　　　(b) 位姿图优化后的拼接结果

图 5-16　帧图像拼接结果

从图 5-16（a）可以看出，由于配准累积误差的影响，闭环环首和环尾帧图像中的视觉内容不能准确对准，如较小方框内，小圆孔没有准确对齐，导致圆孔被其他船壳信息混叠遮盖，在较大的方框内，横槽没有对准，造成混叠。而

图 5-16（b）中由于采用闭环限制进行位姿优化，圆孔和横槽等细节均实现了更精确的对准。所以，经过位姿优化的拼接图像能够消除累积误差，保证拼接图像全局一致。

　　由于缺少绝对精确的真实值，进行 20 人次相互独立手动配准试验作为评估误差的真实值。手动配准第 244 与 476 帧、第 246 与 475 帧、第 247 与 474 帧、第 248 与 472 帧以及第 249 与 469 帧图像，将结果的均值作为配准真实值，据此估计第 469、472、474、475 和 476 帧的位姿作为真实位姿。定量分析优化前后位姿上的误差，结果如表 5-1 所示。优化将 y 轴方向近 40 像素的累积误差减小为最大不到 3 像素，使得横槽上的直线特征能够在水平方向准确对齐。

表 5-1　位姿优化前后累积误差

帧号	优化前		优化后	
	水平	垂直	水平	垂直
469 帧	**3.9**	37.0	6.3	**0.4**
472 帧	2.8	38.2	**0.5**	**2.6**
474 帧	2.4	38.3	**1.0**	1.7
475 帧	3.3	38.0	1.6	1.5
476 帧	3.0	38.0	**0**	1.4

注：数值加粗表示最优。

　　将优化后的图像序列位姿与其他船壳检测图像序列串联，得到船壳检测的拼接图像（第 141 至 717 帧，共 577 帧图像），如图 5-17 所示。拼接图像中，由配准累积误差引起的闭环前后帧图像不一致现象基本被消除。

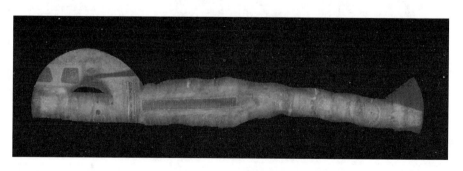

图 5-17　船壳拼接图像

　　可见，利用图像序列中特殊结构进行精确配准获得配准参数，并通过位姿图优化方法消除累积误差，可以实现连续多帧图像的准确拼接。

参 考 文 献

[1] Kummerle R，Grisetti G，Strasdat H，et al. G2o：A general framework for graph optimization[C]. IEEE International Conference on Robotics & Automation，Shanghai，2011：3607-3613.

[2] Pfingsthorn M，Brik A，Schwertfeger S，et al. Maximum likelihood mapping with spectral image registration[C]. IEEE International Conference on Robotics and Automation，Anchorage，2010：4282-4287.

[3] El-Baz A，Farag A，Gimelfarb G. Experiments on robust image registration using a markov-gibbs appearance model[C]. Structural，Syntactic，and Statistical Pattern Recognition，Hong Kong，2006：65-73.

[4] Pep L N，Francisco B F，Gabriel O. Cluster-based loop closing detection for underwater SLAM in feature-poor regions[C]. IEEE International Conference on Robotics and Automation（ICRA），Stockholm，2016：2589-2595.

[5] Xiang T Z，Xia G S，Bai X，et al. Image stitching by line-guided local warping with global similarity constraint[J]. Pattern Recognition，2018，83：481-497.

[6] Lei H，Jiang G，Quan L. Fast descriptors and correspondence propagation for robust global point cloud registration[J]. IEEE Transactions on Image Processing，2017，26（8）：3614-3623.

[7] Xu J N，He H Y，Qin F J，et al. A novel autonomous initial alignment method for strapdown inertial navigation system[J]. IEEE Transactions in Instruction and Measurement，2017，66（9）：2274-2282.

[8] Qiu K J，Liu T B，Shen S J. Model-based global localization for aerial robots using edge alignment[J]. IEEE Robotics and Automation Letters，2017，2（3）：1256-1263.

第 6 章　前视声呐图像融合技术

图像融合算法主要分为空间域融合算法和变换域融合算法。空间域图像融合算法主要思路是首先将待融合的原始图像在空间上分割为若干子区域，然后利用某种清晰度规则逐一从某一原始图像中选择相应区域直接作为融合图像在该区域的像素值，直到完成所有子区域的选择以得到融合结果。但是原始图像区域划分规则不易确定，易导致融合图像子区域边缘处产生灰度不连续和"块效应"。基于变换域的图像融合算法首先使用多尺度变换工具，将原始图像分解为不同尺度和方向上的多尺度子带成分，然后利用某种规则融合多尺度子带成分，得到相应的融合子带成分，最后利用多尺度变换工具对融合子带成分进行逆变换得到融合图像。和空间域图像融合算法相比，基于变换域图像融合算法对多尺度系数进行处理，而不是在空间上分割图像，从根本上避免了"块效应"的产生。但是图像融合应该尽量保留图像原有的优势信息，而图像在多尺度分解和重建过程中，不可避免地损失原始像素信息，这一点变换域融合算法不如空间域融合算法。

我们结合空间域和变换域融合算法优点，提出一种分步式声呐图像融合算法。该算法分为初融合和再融合两个步骤。初融合中，以变换域融合算法作为框架，提出适用于前视声呐图像的融合规则，得到初融合图像；为了尽量多地保留图像的优势信息，以初融合图像指导融合空间划分，将原始图像按照划分的区域分别传递优势信息到融合图像中，完成最终的前视声呐图像融合。

6.1　非下采样轮廓波变换

文献[1]介绍了图像多尺度变换融合算法。原始图像首先被分解为拉普拉斯金字塔（Laplacian pyramid，LP）结构；然后每层金字塔结构以指定的融合规则融合，得到融合图像拉普拉斯金字塔；最后，将融合金字塔通过金字塔逆变换重建获得融合图像。与此类似，文献[2]使用梯度金字塔实现图像融合。各种二维离散小波变换[3, 4]作为图像分解工具，可应用于变换域图像融合算法。因为原始图像信息通过多尺度分解系数体现，避免空间上分割图像，所以基于多尺度变换的融合方法能够有效地避免"块效应"[5]。但是，上述介绍的塔式结构和二维离散小波变换不能有效地表达图像多方向信息，如塔式结构不能反映图像的方向信息，二维离散小波只能将图像分解为三个方向高频子带，所以它们不能充分表达图像细节信息。此外，这些多尺度变换涉及下采样操作，导致图像在分解和重建过程中产生"伪吉布斯"现象，表现为图像强边缘处出现伪像，从而影响融合质量。文献[6]提出轮廓波变换（contourlet transform，CT）。CT 利用 LP 将图像分解为不同尺度的子带，从而捕捉图像中的奇异点信息，随后将不同尺度子带通过方向滤波器组（directional filter bank，DFB）处理，将每一尺度下的子带再次分解为不同的方向子带，从而反映原始图像的各向异性信息。所以 CT 既能描述图像多分辨率特点又能体现图像多方向信息。然而和传统的多尺度变换工具一样，由于图像分解过程的下采样操作，重建后的图像在强边缘处产生伪像，影响重建图像质量。

　　为了克服下采样产生的影响，文献[7]提出非下采样轮廓波变换（non-subsampled contourlet transform，NSCT）。NSCT 由非下采样金字塔滤波器组（non-subsampled pyramid filter bank，NSPFB）和非下采样方向滤波器组（non-subsampled directional filter bank，NSDFB）组成，如图 6-1 所示。通过 NSPFB 保证其多尺度分析的特性，利用 NSDFB 充分地表达图像各向异性信息。并且，由于 NSCT 在分解过程中避免对图像进行采样操作，能够有效地抑制"伪吉布斯"现象产生。此外，非下采样分解产生的子带图像大小与原始图像相同，保证子带图像信息与原始图像信息空间位置一致[8]，方便制定图像融合规则。

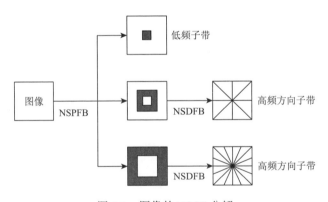

图 6-1　图像的 NSCT 分解

6.1.1　NSPFB 和 NSDFB

　　NSCT 利用类似于 LP 变换的 2 通道非下采样二维滤波器结构对图像进行多尺度分解，其中的非下采样结构可以保证该滤波器具有良好的"移不变性"。图 6-2 是 3 阶 NSPFB 分解的结构图，与某些冗余分解过程中的一维非下采样小波变换（non-subsampled wavelet transform，NSWT）类似。NSPFB 也是一种冗余分解，对于 J 级分解会产生 $J+1$ 个冗余子带。NSPFB 在第一级分解中把图像分解为一个低频和高频子带，然后重复对上一级分解得到的低频子带再次进行分解，得到新的低频子带和对应该级的高频子带。对于第 j 级分解，生成低频频带范围为 $[(-\pi/2^j),(\pi/2^j)]^2$，对应的高频频带范围为 $[(-\pi/2^{j-1}),\ (\pi/2^{j-1})]^2 \setminus [(-\pi/2^j),(\pi/2^j)]^2$，与该级 NSP 分解等效的滤波器响应如下：

$$H_n^{eq}(z) = \begin{cases} H_1\left(z^{2^{n-1}}\prod_{j=0}^{n=2}H_0(z^{2^j})\right), & 1\leqslant n < 2^J \\ \prod_{j=0}^{n-1}H_0(z^{2^j}), & n = 2^J \end{cases} \qquad (6\text{-}1)$$

式中，z^j 表示 $[z_1^j, z_2^j]$；$H_0(z)$ 和 $H_1(z)$ 分别表示第一级分解中的低通滤波器和对应的高通滤波器。下一级的滤波器响应可以应用采样矩阵 D 对上一级滤波器进行上采样获得，采样矩阵 D 定义为

$$D = 2I = \begin{bmatrix} 2 & 0 \\ 0 & 2 \end{bmatrix} \qquad (6\text{-}2)$$

这样构造滤波的方法可以避免设计额外的滤波器结构，优于各级滤波响应独立的 NSWT 结构。此外，图像的 J 级 NSP 分解只产生 $J+1$ 个冗余子带，少于 NSWT 产生的 $3J+1$ 个冗余子带。

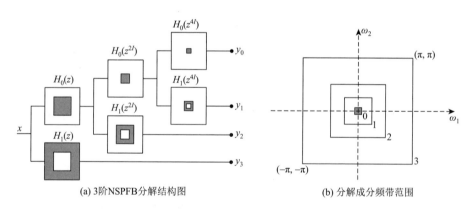

(a) 3阶NSPFB分解结构图　　　　　　　　　(b) 分解成分频带范围

图 6-2　图像的 NSPFB 分解

NSCT 采用 NSDFB 将每一级高频子带分解为多方向子带，表达图像的各向异性信息。NSDFB 由 CT 中的 DFB 发展而来。DFB 是一个二通道扇形滤波器组，其树形结构将二维频域平面分割为多方向楔形区域，对应于不同方向信息。但是在分解图像过程中涉及采样和重采样操作，使得 DFB 不具有"移不变性"，对重建图像造成局部混叠。为了解决该问题，NSDFB 消除了 DFB 分解过程中对图像的下采样和上采样操作，同时对该级分解滤波器进行上采样处理，得到的结果作为下一级分解滤波器的输入。图 6-3 所示为一个四通道分解示意图，信号 x 首先被

滤波器 $U_0(z)$ 和 $U_1(z)$ 分解为两个相反方向的子带信号，随后，使用采样矩阵 Q 分别对滤波器 $U_0(z)$ 和 $U_1(z)$ 进行上采样处理，得到具有棋盘式频率支撑的滤波器组 $U_0(z^Q)$ 和 $U_1(z^Q)$。其中采样矩阵 Q 定义如下：

$$Q = \begin{bmatrix} 1 & -1 \\ 1 & 1 \end{bmatrix} \tag{6-3}$$

分别使用滤波器组 $U_0(z^Q)$ 和 $U_1(z^Q)$ 对每个前一级分解的结果再次分解，得到二级分解的四方向子带结果。NSDFB 二级分解滤波器 $U_k(z)$ 等效于将每一级滤波分解 $U_i(z)$ 和 $U_j(z^Q)(i, j = 0,1)$ 分别串联，即

$$U_k(z) = U_i(z)U_j(z^Q) \tag{6-4}$$

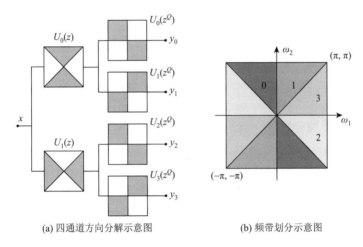

(a) 四通道方向分解示意图　　　　(b) 频带划分示意图

图 6-3　图像的 NSDFB 分解

需要注意的是，由于 NSDFB 具有树状结构，较粗尺度下的方向子带会在较低和较高的频率上产生混叠，如图 6-4（a）所示。因此，对于较粗尺度的子带在较高频率附近会收到 NSDFB 其他非正常响应的影响，导致子带间严重的频域混叠，同时降低了方向分辨率。将 NSDFB 上采样可以有效地解决该问题，对第 k 个方向滤波器 $U_k(z)$ 上采样之后得到 $U_k(z^{2^{m-1}I})$。如图 6-4（b）所示，使用矩阵 $2I$ 对 NSDFB 上采样之后可以保证其未受影响的频域范围与 NSPFB 通带范围重叠，同时不影响信号的重建条件。此外，滤波器组上采样操作不影响分解信号的计算复杂度。例如，对于采样矩阵 S 和二维滤波器 $H(z)$，信号 $x[n]$ 通过采样后的滤波器 $H(z^S)$ 得到的输出信号 $y[n]$ 可以利用卷积公式计算：

$$y[n] = \sum_{k \in \text{supp}(h)} h[k]x[n - Sk] \tag{6-5}$$

可以看出，采样前后的滤波器组产生输出信号的计算复杂度是相同的。

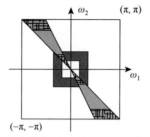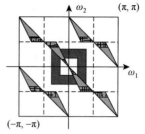

(a) 方向滤波器无上采样导致频域混叠　　　(b) 方向滤波器上采样消除频域混叠

图 6-4　频域混叠与消除

6.1.2　滤波器设计和实现

文献[9]提出使用绘图法设计二维滤波器组。该方法中，二维滤波器通过演变和扩展一维滤波器产生，NSFB 的生成方法主要步骤如下所述。

步骤 1：构造一组一维多项式 $\{H_i^{(1D)}(x), G_i^{(1D)}(x)\}_{i=0,1}$，使其满足 Bezout 条件。

步骤 2：设计二维滤波器 $f(z)$ 替代自变量 x，保证二维滤波器组 $\{H_i^{(1D)}(f(z)),$ $G_i^{(1D)}(f(z))\}_{i=0,1}$ 满足 Bezout 条件。

所以，设计滤波器组关键是构造一组一维滤波器和一个二维滤波器响应函数 $f(z)$。绘图法能够有效控制滤波器的频率响应和相位响应。对于零相位，响应函数 $f(z) = f(z^{-1})$，同时构造的滤波器也是零相位的。在这种情况下，$f(z)$ 在单位圆范围内是 $(\cos w_1, \cos w_2)$ 的二维多项式，令 $F(x_1, x_2)$ 表示滤波器的响应函数。

1. 滤波器阶梯算法

为了简化计算，使用阶梯法实现基于绘图法的滤波器设计。根据欧几里得算法，滤波器可以分解为如下形式：

$$\begin{bmatrix} H_0^{(1D)}(x) \\ H_1^{(1D)}(x) \end{bmatrix} = \prod_{i=0}^{N} \begin{bmatrix} 1 & 0 \\ Q_i^{(1D)}(x) & 1 \end{bmatrix} \begin{bmatrix} 1 & Q_i^{(1D)}(x) \\ 0 & 1 \end{bmatrix} \begin{bmatrix} 1 \\ 0 \end{bmatrix} \tag{6-6}$$

式中，$H_0^{(1D)}(x)$ 和 $H_1^{(1D)}(x)$ 是互质的一维标准低通和高通滤波器组。相应的综合滤波器 $G_0^{(1D)}(x)$ 和 $G_1^{(1D)}(x)$ 满足 Bezout 条件，即

$$H_0^{(1D)}(x)G_0^{(1D)}(x) + H_1^{(1D)}(x)G_1^{(1D)}(x) = 1 \tag{6-7}$$

结合完全重建条件和去混叠设计，分析滤波器和综合滤波器需要满足如下条件：

$$H_1^{(1D)}(x) = G_0^{(1D)}(-x), \quad G_1^{(1D)}(x) = H_0^{(1D)}(-x) \tag{6-8}$$

实际上，NSCT 采用的滤波器如下：

$$H_1^{(1D)}(x) = \frac{1}{2}(x+1)(\sqrt{2} + (1-\sqrt{2})x)$$

$$G_1^{(1D)}(x) = \frac{1}{2}(x+1)(\sqrt{2} + (4-3\sqrt{2})x + (2\sqrt{2}-3)x^2) \qquad (6\text{-}9)$$

2. 金字塔滤波器

为了保证金字塔滤波器具有足够平坦的频率响应，要求响应函数 $F(x_1, x_2)$ 在 $x = \pm 1$，即 $\omega = (\pm\pi, \pm\pi)$ 处具有多阶零点。

命题：对于多项式 $G^{(1D)}(z)$ 具有根 $\{z_i\}_{i=1}^n$，其中 z_i 是 n_i 的重根。当且仅当响应函数 $F(x_1, x_2)$ 满足

$$F(x_1, x_2) = z_j + (x_1 - c)^{N_1'}(x_2 - d)^{N_2'}L_F(x_1, x_2) \qquad （6\text{-}10）$$

时，多项式 $G^{(1D)}(F(x_1, x_2))$ 具有如下形式：

$$G^{(1D)}(F(x_1, x_2)) = (x_1 - c)^{N_1}(x_2 - d)^{N_2}L(x_1, x_2) \qquad （6\text{-}11）$$

式中，$z_j \in \{Z_i\}_{i=1}^n$ 是多项式的根；N_1' 和 N_2' 分别满足 $N_1'n_i \geqslant N_1$ 和 $N_2'n_j \geqslant N_2$，$L_F(x_1, x_2)$ 为两变量多项式。采用如下具有最大平坦频率响应的响应函数，以保证 NSPFB 的响应函数具有零相位：

$$P_{N,L}(x) = \left(\frac{1+x}{2}\right)^N \sum_{l=0}^{L-1-N}\binom{N+l-1}{l}\left(\frac{1-x}{2}\right)^l \qquad （6\text{-}12）$$

式中，N 和 L 分别决定了响应函数在 $x = -1$ 和 1 处的平坦程度。由命题利用一维标准滤波器构造一类响应函数如下：

$$F^{(\text{pyr})}(x_1, x_2) = -1 + 2P_{N_1, L_1}(x_1)P_{N_2, L_2}(x_2) \qquad （6\text{-}13）$$

$F^{(\text{pyr})}(x_1, x_2)$ 在 $x = \pm 1$ 处具有多阶零点。

3. 扇形滤波器

扇形滤波器设计方法与金字塔滤波器设计方法类似，区别在于响应函数的产生方式。扇形滤波器的频率响应可以通过调整菱形响应中的频率变量生成。这种频率变量的调整不影响信号完全重建特性。令 $\omega = (\pm\pi, \pm\pi)$ 处菱形响应为零，保证 $\omega = (\pm\pi, \pm\pi)$ 和 $\omega = (0, 0)$ 频率响应平坦，得到的函数作为扇形滤波器的频率响应函数。如果该响应函数是零相位的，令 $(x_1, x_2) = (-1, -1)$ 处菱形响应为零，使响应函数在 $(-1, -1)$ 和 $(1, 1)$ 处频率响应趋于平坦。利用一维标准滤波器的特性，构造扇形滤波器响应函数如下：

$$F_N^{(\text{fan})}(x_1, x_2) = -1 + Q_N(x_1, -x_2) \qquad （6\text{-}14）$$

式中，多项式 $Q_N(x_1, x_2)$ 保证频率响应具有最大平坦带宽。

6.2   结合变换域与空间域的分步式声呐图像融合算法

本节结合变换域和空间域图像融合算法，提出一种分步式的声呐图像融合算法。在初融合步骤中，以 NSCT 作为图像分解工具，分别提出高频和低频成分的融合规则，生成初融合图像。随后使用初融合图像指导原始图像区域划分，将每个区域对应的原始图像像素传递到融合图像中，生成最终的融合图像。在图像融合之前，首先预处理增强声呐图像对比度。

6.2.1   前视声呐图像对比度增强

前视声呐图像不仅全局灰度不均匀，而且图像对比度较低，导致目标和背景灰度差异不明显，这是因为前视声呐图像灰度值局限于较小的范围。为了增强对比度，需要扩展声呐图像灰度分布范围。使用一种加权门限直方图均衡化[10]增强图像对比度。对于输入图像，其灰度概率密度分布函数为

$$P(k) = \frac{n_k}{N} \qquad (6\text{-}15)$$

式中，$k \in [0, 255]$ 是某像素的灰度级；n_k 是具有灰度级 k 的像素个数；N 是图像总像素数。图像灰度均衡化采用如下规则：

$$P_e(k) = \begin{cases} P_u, & P(k) > P_u \\ \left(\dfrac{P(k) - P_l}{P_u - P_l} \right)^r, & P_l \leqslant P(k) \leqslant P_u \\ 0, & P(k) < P_l \end{cases} \qquad (6\text{-}16)$$

式中，$P_u = v \times P_{\max}$，$v \in [0,1]$，$P_{\max}$ 是输入图像灰度概率分布最大值，表示图像在该灰度值上具有最多的像素个数，参数 v 用来限制概率分布最大值不超过门限 P_u；P_l 的作用是将任意小于该门限的概率值设置为 0；参数 $r \in [0,1]$ 用于将概率在 $[P_l,$ $P_u]$ 范围内的像素重新分配，扩展到新的范围。计算像素分布扩展之后的累积分布函数：

$$C_e(k) = \sum_{m=0}^{k} P_e(m), \quad k \in [0, 255] \qquad (6\text{-}17)$$

利用累积分布函数计算输入图像均衡化之后的灰度值如下：

$$I_{\text{out}}(i,j) = W_{\text{out}} \times C_e(I_{\text{in}}(i,j)) + M_{\text{adj}}$$

$$W_{\text{out}} = \min(255, G_{\max} \times W_{\text{in}}) \qquad (6\text{-}18)$$

式中，$I_{\text{in}}(i,j)$ 和 $I_{\text{out}}(i,j)$ 分别是 (i,j) 像素输入和均衡化之后图像的灰度值；W_{in} 和

W_{out} 分别是输入和均衡化之后图像灰度的动态范围；G_{max} 用来扩展输入图像的动态范围，根据图像一般取值 2.5～3.5；M_{adj} 用于补偿图像均衡化前后整幅图像的均值。图 6-5 所示为前视声呐图像对比度增强的结果，从图中可以看出，均衡化后图像中的目标、阴影和背景像素灰度间差异较输入图像更为明显。

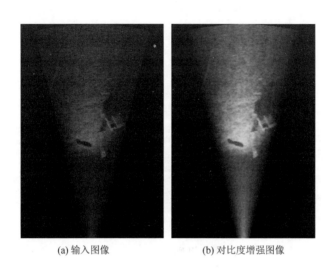

(a) 输入图像　　　　　　　　　(b) 对比度增强图像

图 6-5　前视声呐图像对比度增强

6.2.2　前视声呐图像的变换域初融合

本节使用 NSCT 作为图像多尺度分解和重建工具。图 6-6 是基于 NSCT 的前视声呐图像融合框架：首先利用 NSCT 将原始图像 A 和 B 分别分解为低频子带和高频子带；然后分别对低频子带和高频子带制定融合规则，融合相同尺度和方向上的子带，得到相应的低频和高频融合子带；最后应用 NSCT 逆变换作用于融合子带，生成融合图像。

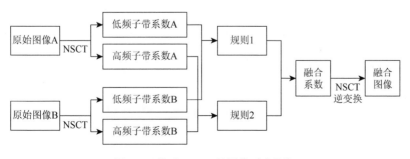

图 6-6　基于 NSCT 的图像融合框架

　　融合规则是图像多尺度融合算法的核心步骤，合理地制定融合规则可以提高融合质量，改善视觉感受。一般地，融合子带的系数通过选择或者平均原始图像子带的系数获得。当原始图像在同一像素位置存在显著差异时，融合过程直接选择原始图像分解系数中的突出信息，作为融合图像在该像素上的分解系数，并放弃非突出信息。当同一像素位置信息相似时，融合过程通过平均或加权平均确定该位置的融合系数。这样，"选择"有效地保留图像间的互补信息，"平均"保证图像内容均匀稳定。综上，多尺度分解图像融合算法根据原始图像差异性信息，选择或平均原始图像分解系数确定融合规则，获得融合子带系数。

　　对于光学图像，其图像空间范围灰度均匀、细节特征丰富、噪声干扰较小，往往衡量图像局部区域活跃程度，如梯度、空间频率和局部方差等参量作为差异信息，指导融合规则，尽量保证融合图像细节丰富。然而，声呐图像亮度非均匀，细节特征不突出且噪声污染严重，导致局部空间活跃信息受这些因素影响较大，不能准确地体现声呐图像间的差异。因此，应该根据声呐图像的特殊性，合理确定图像间的差异信息，建立适用于声呐图像的融合规则。以下详述我们提出的前视声呐图像融合规则。

1. 前视声呐图像低频子带融合规则

　　前视声呐图像反映了声回波的空间分布。声透镜对回波的作用和水体介质的扰动等环境因素影响导致回波强度在空间上分布不均匀。通常我们认为能量较强的回波更有利于反映水中目标以及背景环境的情况，而图像能量主要保留在图像的低频子带上[11]，所以采用能量来衡量原始图像低频子带间的差异性，指导低频子带融合规则。Gabor 能量能够有效地反映前视声呐图像中的能量分布，而且对噪声和形变具有较强的鲁棒性[12, 13]。因此，使用 Gabor 能量指导前视声呐图像低频子带融合规则。

　　将信号与 Gabor 滤波器组卷积产生不同方向和尺度上的 Gabor 系数。对于 m 阶尺度和 n 方向上的 Gabor 滤波器组定义如下：

$$g_{mn}(x,y) = a^{-m}g(x',y'), \quad a > 1; m = 1,2,\cdots,m_0; n = 1,2,\cdots,n_0$$

$$\begin{bmatrix} x' \\ y' \end{bmatrix} = a^{-m} \begin{bmatrix} \cos\theta_n & \sin\theta_n \\ -\sin\theta_n & \cos\theta_n \end{bmatrix} \begin{bmatrix} x \\ y \end{bmatrix}, \quad \theta_n = \frac{n\pi}{n_0} \tag{6-19}$$

式中，a 是尺度参数；m_0 和 n_0 分别是分解尺度和方向的数量；$g(x,y)$ 是二维高斯核函数。在 m 尺度和 n 方向上的 Gabor 系数 $C_g(x,y,m,n)$ 计算公式如下：

$$C_g(x,y,m,n) = \iint L(x',y')g_{mn}(x-x',y-y')\mathrm{d}x'\mathrm{d}y' \tag{6-20}$$

式中，$L(x,y)$ 是输入矩阵，本章中即为前视声呐图像的低频成分。将 (x,y) 像素各方向和尺度上的 Gabor 系数平方和相加得到该像素的 Gabor 能量：

$$E_g(x,y) = \sum_{m=1}^{m_0} \sum_{n=1}^{n_0} |C(x,y,m,n)|^2 \qquad (6\text{-}21)$$

于是利用 Gabor 能量制定低频子带融合规则[14]如下：

$$L^F(x,y) = \begin{cases} L^A(x,y), & E_g^A(x,y) - E_g^B(x,y) > T \\ L^A(x,y) \times w^A + L^B(x,y) \times w^B, & |E_g^A(x,y) - E_g^B(x,y)| \leqslant T \\ L^B(x,y), & E_g^A(x,y) - E_g^B(x,y) < -T \end{cases} \qquad (6\text{-}22)$$

式中，权值 $w^A = E_g^A/(E_g^A + E_g^B)$；$w^B = E_g^B/(E_g^A + E_g^B)$；$E_g^A$ 和 E_g^B 分别是原始图像 A 和 B 低频子带的 Gabor 能量；L^A、L^B 和 L^F 分别是原始图像 A 和 B 以及融合图像 F 的低频子带；T 是门限，用来衡量原始图像差异信息程度。当原始图像差异信息较大，即 Gabor 能量差值大于门限时，低频子带融合系数直接从具有较大能量的原始图像子带系数中选择；当差异信息较小时，融合系数通过根据能量加权平均原始图像子带系数获得，以保证融合图像稳定。

2. 前视声呐图像高频子带融合规则

图像多尺度分解后的高频子带信息代表原始图像的细节信息，如角点、边缘、轮廓和纹理等。通常使用绝对值最大准则融合高频子带，以保留这些细节信息，使融合图像更加清晰。然而，图像的高频成分还包括图像噪声，尤其对于噪声污染严重的前视声呐图像，其噪声成分往往在图像高频子带表现为绝对值较大的系数，所以使用绝对值最大准则融合高频子带容易将图像噪声引入融合图像中。此外，绝对值最大准则没有考虑到图像低频和高频子带之间的关系。根据人类视觉系统，人眼对目标的对比度比目标的亮度信息更为敏感。所以，为了能够更好地区分图像中的目标信息，使用图像的对比度指导高频子带融合规则。

文献[15]定义图像对比度如下：

$$R = \frac{L - L_B}{L_B} = \frac{\Delta L}{L_B} \qquad (6\text{-}23)$$

式中，L 是图像局部区域灰度值；L_B 是图像背景亮度，即图像的低频成分，所以 ΔL 近似为图像的高频信息。结合高频子带的尺度和方向信息，定义在像素 (x,y) 上的图像局部方向对比度 $R_{kl}(x,y)$ 如下：

$$R_{kl}(x,y) = \begin{cases} \dfrac{|H_{kl}(x,y)|}{\overline{L}(x,y)}, & \overline{L}(x,y) \neq 0 \\ |H_{kl}(x,y)|, & \overline{L}(x,y) = 0 \end{cases} \qquad (6\text{-}24)$$

式中，$H_{kl}(x,y)$ 是像素 (x,y) 在 k 尺度和 l 方向上的高频子带系数；$\overline{L}(x,y)$ 是图像局部区域低频子带系数均值：

$$\overline{L}(x,y) = \frac{1}{M \times N} \sum_{p=-(M-1)/2}^{(M-1)/2} \sum_{q=-(N-1)/2}^{(N-1)/2} L(x+p,y+q) \qquad (6\text{-}25)$$

其中，窗口大小 $M \times N$ 一般设置为 5×5 或 7×7。可以直接利用图像局部方向对比度 $R_{kl}(x,y)$ 制定高频子带融合规则如下：

$$H_{kl}^{\mathrm{F}}(x,y) = \begin{cases} H_{kl}^{\mathrm{A}}(x,y), & R_{kl}^{\mathrm{A}}(x,y) \geqslant R_{kl}^{\mathrm{B}}(x,y) \\ H_{kl}^{\mathrm{B}}(x,y), & R_{kl}^{\mathrm{A}}(x,y) < R_{kl}^{\mathrm{B}}(x,y) \end{cases} \qquad (6\text{-}26)$$

即选择具有更大方向对比度的像素点作为有利信息，传递到融合图像的高频子带中。

为了更好地抑制图像中孤立的、不规则分布的噪声点，采用区域一致性准则抑制高频子带中的噪声成分。首先根据高频子带融合过程定义二值矩阵 M 如下：

$$M(x,y) = \begin{cases} 1, & R_{kl}^{\mathrm{A}}(x,y) \geqslant R_{kl}^{\mathrm{B}}(x,y) \\ 0, & R_{kl}^{\mathrm{A}}(x,y) < R_{kl}^{\mathrm{B}}(x,y) \end{cases} \qquad (6\text{-}27)$$

统计像素 (x,y) 及其 8 邻域像素在矩阵 M 上对应位置值为 1 的个数，记为矩阵 $N(x,y)$，制定高频子带融合规则为

$$H_{kl}^{\mathrm{F}}(x,y) = \begin{cases} H_{kl}^{\mathrm{A}}(x,y), & N(x,y) \geqslant 5 \\ H_{kl}^{\mathrm{B}}(x,y), & N(x,y) < 5 \end{cases} \qquad (6\text{-}28)$$

即像素 (x,y) 的高频子带系数取决于以其为中心的 3×3 区域内图像 A 和图像 B 的局部方向对比度的统计情况。这种处理更有利于抑制随机噪声。

一旦确定了低频和高频子带融合系数，使用 NSCT 逆变换作用于融合系数，生成融合图像。

6.2.3　前视声呐图像的空间域再融合

由于多尺度变换会损失图像原始灰度信息，为了尽量减小信息损失，我们设计了融合算法的第二步——空间域再融合。主要思想是希望两幅原始图像中的优势信息直接传递到融合图像中，而优势信息的选择通过变换域初融合结果与原始图像比较得到，具体过程如下。

1. 前视声呐图像区域划分

首先利用基于 NSCT 融合方法得到的初融合图像确定原始图像的有利区域。在初融合过程中，图像融合规则最大限度地描述了图像清晰区域的特征，所以定义原始图像与初融合图像相似的区域为原始图像的有利区域。采用均方根误差（root-mean-square error，RMSE）衡量原始图像和初融合图像的相似程度。对于原始图像 A 和 B，与初融合图像 F 每个像素之间的 RMSE 定义如下：

$$\mathrm{RMSE}_{\mathrm{A}}(x,y) = \left(\frac{1}{M \times N} \sum_{m=-(M-1)/2}^{(M-1)/2} \sum_{n=-(N-1)/2}^{(N-1)/2} (I_{\mathrm{F}}(x+m,y+n) - I_{\mathrm{A}}(x+m,y+n))^2 \right)^{1/2}$$

$$\mathrm{RMSE}_{\mathrm{B}}(x,y) = \left(\frac{1}{M \times N} \sum_{m=-(M-1)/2}^{(M-1)/2} \sum_{n=-(N-1)/2}^{(N-1)/2} (I_{\mathrm{F}}(x+m,y+n) - I_{\mathrm{B}}(x+m,y+n))^2 \right)^{1/2}$$

$$（6\text{-}29）$$

式中，$I_{\mathrm{A}}(x,y)$、$I_{\mathrm{B}}(x,y)$ 和 $I_{\mathrm{F}}(x,y)$ 分别代表原始图像 A、B 和初融合图像 F 在像素 (x,y) 处的灰度值。根据 RMSE，构造如下二值决策矩阵 FMAP 以描述区域分布：

$$\mathrm{FMAP}(x,y) = \begin{cases} 1, & \mathrm{RMSE}_{\mathrm{A}}(x,y) \leqslant \mathrm{RMSE}_{\mathrm{B}}(x,y) \\ 0, & \mathrm{RMSE}_{\mathrm{A}}(x,y) > \mathrm{RMSE}_{\mathrm{B}}(x,y) \end{cases} \qquad （6\text{-}30）$$

当 $\mathrm{RMSE}_{\mathrm{A}}(x,y) \leqslant \mathrm{RMSE}_{\mathrm{B}}(x,y)$ 时，令 $\mathrm{FMAP}(x,y)$ 等于 1，表示对于像素 (x,y)，原始图像 A 比 B 更接近于初融合图像，说明原始图像 A 比 B 包含更重要的信息，反之亦然。

该决策矩阵不能直接应用于图像区域融合，这是因为在决策矩阵区域边缘存在一些不规则的裂缝、窄条，同时在区域内部也存在一些孤立的斑点，这些都降低了融合图像的质量。为了克服这些不利因素，对二值决策矩阵进行形态学处理，包含如下步骤。

步骤 1：抑制与区域边界相连的值为 1 的像素，主要是移除区域边缘白色的窄条和附近的斑点，保证黑色区域的连续性。

步骤 2：填充白色区域内部的"孔洞"，改善白色区域的连续性。

步骤 3：循环地使用形态学开和闭运算消除黑白区域边缘上的裂缝和其他不规则带状，保证区域边缘尽量平滑。

将以上处理后产生的决策矩阵记为 UMAP，原始图像的有利区域可以通过决策矩阵 UMAP 确定。

2. 基于区域划分的前视声呐图像融合

根据决策矩阵 UMAP 判断最终融合图像 I_{FF} 像素灰度值来自于原始图像 I_{A}、I_{B} 或者初融合图像 I_{F}：

$$I_{\mathrm{FF}}(x,y) = \begin{cases} I_{\mathrm{A}}(x,y), & T(x,y) = (2M+1)(2N+1) \\ I_{\mathrm{B}}(x,y), & T(x,y) = 0 \\ I_{\mathrm{F}}(x,y), & \text{其他} \end{cases}$$

$$T(x,y) = \sum_{m=-M}^{M} \sum_{n=-N}^{N} \mathrm{UMAP}(x,y) \qquad （6\text{-}31）$$

式中，$T(x,y)$ 是决策矩阵像素 (x,y) 邻域（本章使用 3×3 窗口）中所有像素灰度值的和。$T(x,y)=(2M+1)(2N+1)$ 说明 (x,y) 邻域像素灰度值全部等于 1，此时 $I_A(x,y)$ 比 $I_B(x,y)$ 包含更重要的信息，并将 $I_A(x,y)$ 灰度值直接赋给 $I_{FF}(x,y)$；$T(x,y)=0$ 说明 (x,y) 邻域像素灰度值全部等于 0，此时 $I_B(x,y)$ 比 $I_A(x,y)$ 包含更重要的信息，将 $I_B(x,y)$ 灰度值直接赋给 $I_{FF}(x,y)$；$0<T(x,y)<(2M+1)(2N+1)$ 说明 (x,y) 邻域中的像素部分为 1、部分为 0，此时邻域窗口位于决策矩阵区域边缘，为了避免融合图像产生明显的过渡区，将初融合图像 $I_F(x,y)$ 灰度值赋值给 $I_{FF}(x,y)$。

综上，我们提出的分步式前视声呐图像融合算法结合了变换域和空间域融合算法的优点。首先利用变换域融合算法生成初融合图像，确定原始图像有利区域划分，再将原始图像有利区域内的像素值直接传递给最终融合图像，而在两幅原始图像都不具有绝对优势的区域，最终融合图像的像素值取初融合图像的值，以消除在区域衔接处的明显接缝，保证融合图像视觉稳定。

6.3　前视声呐图像融合实验结果与分析

6.3.1　图像融合的客观标准

图像融合效果可以用如下客观指标来衡量[16]。

（1）互信息（mutual information，MI）。MI 衡量融合图像和原始图像之间灰度级分布的相似性，反映了原始图像传递给融合的图像信息量，所以 MI 越大，融合效果越好。融合图像和原始图像之间的 MI 定义如下：

$$MI = MI^{AF} + MI^{BF}$$

$$MI^{AF} = \sum_{f=0}^{K}\sum_{a=0}^{K} P^{AF}(a,f)\log_2\left(\frac{P^{AF}(a,f)}{P^A(a)P^F(f)}\right)$$

$$MI^{BF} = \sum_{f=0}^{K}\sum_{b=0}^{K} P^{BF}(b,f)\log_2\left(\frac{P^{BF}(b,f)}{P^B(b)P^F(f)}\right) \tag{6-32}$$

式中，MI^{XF} 表示原始图像 I_X（$X=A$ 或 B）和融合图像 I_{FF} 之间的互信息；$P^X(x)$（$X=A$ 或 B）和 $P^F(f)$ 代表原始图像和融合图像的概率直方图；K 为图像灰度动态范围；$P^{XF}(x,f)$（$X=A$ 或 B）是原始图像和融合图像之间灰度联合直方图。

（2）梯度相似性度量（edge based similarity measure，$Q^{AB/F}$）[17]。$Q^{AB/F}$ 衡量原始图像和融合图像梯度的相似性评判融合效果，$Q^{AB/F}$ 的值越大，说明原始图像和融合图像梯度信息越相似，融合效果越好。$Q^{AB/F}$ 数学定义如下：

$$Q^{\text{AB/F}} = \frac{\sum_{x=1}^{M_0} \sum_{y=1}^{N_0} (Q^{\text{AF}}(x,y)w^{\text{A}}(x,y) + Q^{\text{BF}}(x,y)w^{\text{B}}(x,y))}{\sum_{x=1}^{M_0} \sum_{y=1}^{N_0} (w^{\text{A}}(x,y) + w^{\text{B}}(x,y))}$$

$$w^X(x,y) = |\sqrt{s_i^X(x,y) + s_j^X(x,y)}|^L, \quad Q^{XF}(x,y) = Q_x^{XF}(x,y) \times Q_g^{XF}(x,y) \quad (6\text{-}33)$$

式中，M_0 和 N_0 表示图像尺寸；$w^X(x,y)$ 是原始图像梯度强度；$s_i^X(x,y)$ 和 $s_j^X(x,y)$ 分别是水平和垂直方向上的 Sobel 边缘检测器；$Q^{XF}(x,y)$ 代表边缘保存，包括强度保存 $Q_g^{XF}(x,y)$ 和方向保存 $Q_a^{XF}(x,y)$，具体定义参考文献[18]、[19]。

（3）峰值信噪比（peak signal to noise ratio，PSNR）。PSNR 表示信号最大可能功率与噪声功率的比值。PSNR 越大，图像容忍噪声能力越强，融合效果越好。PSNR 的数学表达式如下：

$$\text{PSNR} = 10\lg\left|\frac{255^2}{\text{RMSE}^2}\right|$$

$$\text{RMSE} = \sqrt{\sum_{x=1}^{M_0} \sum_{y=1}^{N_0} (I_{\text{FF}}(x,y) - I_X(x,y))^2 / (M_0 N_0)} \quad （6\text{-}34）$$

尽管以上评价指标可以用来衡量图像间的相似程度，但是并不能完全衡量图像融合的效果。这是因为，图像融合希望尽量保留原始图像中互补的优势信息，同时去除原始图像中质量较差的区域。这就会导致一个良好的融合结果与原始图像中质量较差的区域本身存在较大差异，从而使融合图像 F 与原始图像 A 和 B 之间的上述评价指标降低。更合理的办法是衡量融合图像 F 特定区域与原始图像 A 和 B 中对应区域的相似性来衡量融合效果，此时评价指标越大说明融合图像 F 在此区域与原始图像 A 或 B 的对应区域越相似，说明融合效果越好。

6.3.2　前视声呐图像融合实验结果

根据配准结果优劣将实验分为完全配准和非完全配准情况的图像融合。采用五种对比方法，其中四种基于变换域的融合方法（分解方法 + 融合规则）包括：拉普拉斯金字塔变换（Laplacian pyramid transform，LPT）+ 绝对值最大准则、离散小波变换（discrete wavelet transform，DWT）+ 平均准则、NSCT + 加和修正拉普拉斯（sum- modified Laplacian，SML）准则（NSCT_1）和 NSCT + 提出的融合规则（NSCT_2）。其中 SML 准则通过计算图像局部区域的二阶差分衡量图像细节信息丰富程度，在光学图像中表现出优异的性能。一种空间域的对比方法采用基于双边梯度清晰度准则（bilateral gradient-based sharpness criterion，SCBG）[20]

1. 实验一：完全配准前视声呐图像融合

实验一共有两组实验数据，包括仅有旋转和既有旋转同时存在平移变换关系的图像序列。

第一组实验数据由 ARIS-1800 前视声呐记录。声呐设备被安放在三脚架上旋转，转盘记录每帧的旋转角度作为真实值。选择声呐图像序列中具有明显目标的帧，如图 6-7（a）和（b）所示，第 338 帧和第 368 帧作为融合实验原始图像 A 和 B。原始图像 A 中左边目标清晰，右边目标模糊，目标阴影和背景不分明；原始图像 B 左侧目标模糊，右侧目标清晰，目标阴影和背景分明。对原始图像 A 和 B 进行图像融合，希望获得左右目标均清晰的融合图像。

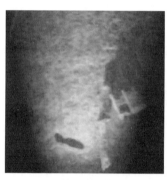 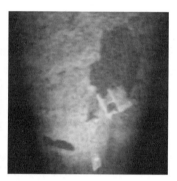

(a) 第338帧图像　　　　　　　　　　(b) 第368帧图像

图 6-7　图像融合原始图像

图 6-8（a）～（f）分别是 LPT、DWT、SCBG、NSCT_1、NSCT_2 和上述分步式方法的融合结果。为了主观上更加直观地对比融合方法的性能，将融合结果减去原始图像 A 和 B，得到差值图像，即剩余信息，如图 6-9 所示。图 6-10（a）和（b）分别是原始决策矩阵 FMAP 和经过形态学处理后的最终决策矩阵 UMAP。

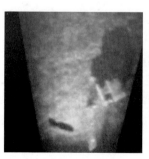 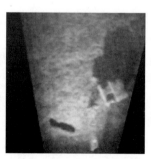 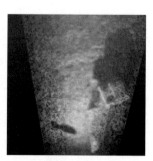

(a) LPT方法　　　　　　　　(b) DWT方法　　　　　　　　(c) SCBG方法

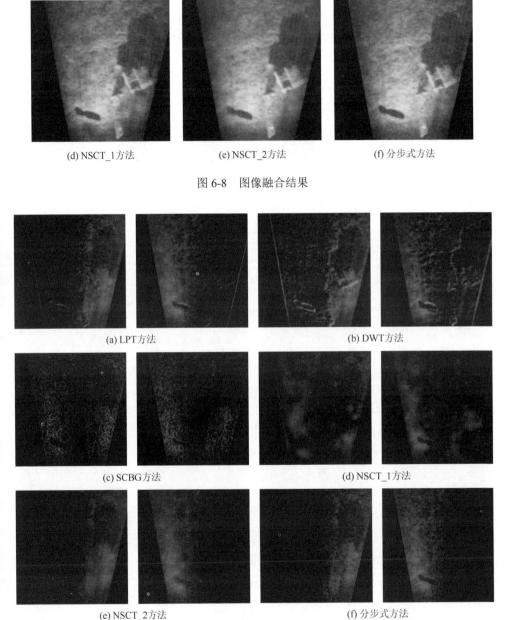

(d) NSCT_1方法　　　　　　　(e) NSCT_2方法　　　　　　　(f) 分步式方法

图 6-8　图像融合结果

(a) LPT方法　　　　　　　　　　　　　　　(b) DWT方法

(c) SCBG方法　　　　　　　　　　　　　　(d) NSCT_1方法

(e) NSCT_2方法　　　　　　　　　　　　　(f) 分步式方法

图 6-9　差值图像

从实验结果可以看出，LPT 和 DWT 方法在融合图像的部分边缘和图像扇形边界处产生伪影，即"伪吉布斯"现象，在图 6-9（a）和（b）的差值图像中更为明显。SCBG 方法同样没有产生较好的融合结果，由于图像区域划分不易确定，

(a) 原始决策矩阵   (b) 最终决策矩阵

图 6-10 融合决策矩阵

融合图像中存在明显的"块效应",影响融合图像质量。与前面的方法相比,两种基于 NSCT 的方法能有效地抑制"伪吉布斯"现象产生,同时又能避免空间域方法"块效应"的影响,所以 NSCT 是较 LPT 和 DWT 更合适的图像分解工具。对于 NSCT_1 融合结果 [图 6-8(d)],基于 SML 规则的融合图像亮度明显不均匀,图 6-9(d) 差值图像中目标区域保留了相当数量的剩余信息,没有充分地将原始图像的有利信息传递到融合结果中。这说明 SML 规则不适用于前视声呐图像融合,局部活跃信息不能正确反映前视声呐图像间的差异性。对于 NSCT_2 融合结果 [图 6-8(e)],融合图像中左右目标均比原始图像更为清晰,目标阴影与背景分明,图像亮度均匀。在对应的差值图像图 6-9(e)中,原始图像 A 右侧剩余信息较多,左侧几乎没有剩余信息,原始图像 B 左侧剩余信息较多,右侧几乎没有剩余信息。这刚好与原始图像 A 左侧区域清晰、右侧区域模糊,原始图像 B 左侧区域模糊、右侧区域清晰相对应,说明提出的融合规则能够有效地将原始图像的有利信息传递到融合图像中。对于分步式方法,图 6-9(f)中清晰区域不残留剩余信息,说明该方法将全部有利信息传递到了融合图像。

表 6-1 列出了 6 种方法的客观评价指标。分步式方法的 MI、$Q^{AB/F}$ 和 PSNR 均具有最大指标值,说明提出的方法能够将原始图像更多的信息传递给融合图像,产生更好的融合结果。值得一提的是,SCBG 方法产生了除分步式方法外的最大 MI 指标。这是因为相比于经过多尺度分解和重建的像素灰度,空间域融合方法将原始图像像素灰度直接复制到融合图像中,使融合图像与原始图像像素灰度分布更加相似,而 MI 是衡量图像灰度分布相似性的指标,所以空间域的融合方法往往能产生较大的 MI 指标。实验共测试了 1020 对图像融合,表 6-2 列出了融合结果的平均客观评价指标,与表 6-1 相似,分步式方法均产生了最大评价指标,说明对于前视声呐图像的融合该方法效果更好。

表 6-1　不同方法融合第 338 和 368 帧产生的客观评价指标

客观评价指标	LPT	DWT	SCBG	NSCT_1	NSCT_2	分步式
MI	2.2530	2.3965	3.7680	3.5978	3.6834	**4.2034**
$Q^{AB/F}$	0.3411	0.3169	0.3560	0.5578	0.5790	**0.6048**
PSNR	14.5150	11.3069	10.8685	13.0392	16.9002	**19.1666**

注：加粗数值表示最大指标值。

表 6-2　不同方法融合 1020 对帧图像产生的平均客观评价指标

客观评价指标	LPT	DWT	SCBG	NSCT_1	NSCT_2	分步式
MI	2.2925	2.4732	3.8276	3.3027	3.6964	**4.2897**
$Q^{AB/F}$	0.3439	0.2673	0.3553	0.5249	0.5366	**0.6079**
PSNR	14.5146	10.1805	10.8411	12.8314	16.6764	**18.0912**

　　第二组实验数据使用船壳检查图像序列，该序列图像之间同时包含旋转和平移运动形式，可用来证明融合方法适用于更多的运动形式。实验中每间隔两帧（共计 272 对）进行图像融合，表 6-3 列出了融合结果的平均客观评价指标（由于 SCBG方法不能产生良好的视觉效果，故也不再进行客观评价比较），与表 6-1 和表 6-2相似，分布式方法均产生了最大评价指标，说明分布式方法适用于同时具有旋转和平移的运动模型，能够产生更好的融合效果。

表 6-3　不同方法融合 272 对帧图像产生的平均客观评价指标

客观评价指标	LPT	DWT	NSCT_1	NSCT_2	分步式
MI	1.9750	2.0107	2.6427	3.0867	**4.4526**
$Q^{AB/F}$	0.0927	0.1108	0.2862	0.3287	**0.4486**
PSNR	11.8635	11.2865	14.2003	15.0579	**17.0950**

2. 实验二：不完全配准声呐图像融合

　　为验证融合算法的泛化能力，对未能完全配准的声呐图像进行了配准实验。考虑到配准误差的存在，此时的融合能力效果对于实际应用更有意义。

　　图 6-11（a）和（b）是一对不完全配准声呐图像，它们之间仍然存在微小的旋转关系。图 6-12 和图 6-13 分别是融合图像和差值图像，图 6-14 是决策矩阵。可以看出 LPT、DWT、SCBG、NSCT_1 和 NSCT_2 的融合结果在图像目标处产生了伪像，这是因为原始图像内容在空间上不完全对齐，两幅原始图像中的目标在融合过程中均被当作有利信息传递到了融合图像，所以产生了伪像。与之对比，分步式方法能够有效地避免伪像。在图 6-14（a）的原始决策矩阵中，初融合图像中的伪

(a) 原图像A　　　　　　　(b) 原图像B

图 6-11　不完全配准声呐图像

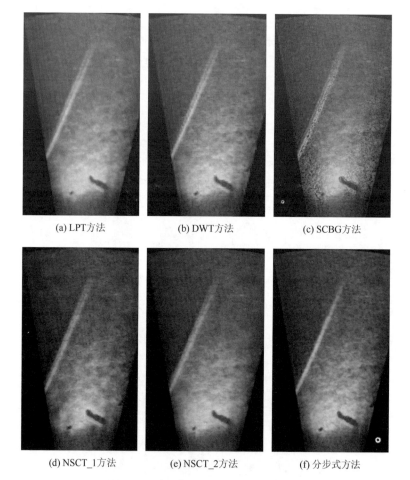

(a) LPT方法　　　　　(b) DWT方法　　　　　(c) SCBG方法

(d) NSCT_1方法　　　　(e) NSCT_2方法　　　　(f) 分步式方法

图 6-12　不完全配准声呐图像融合结果

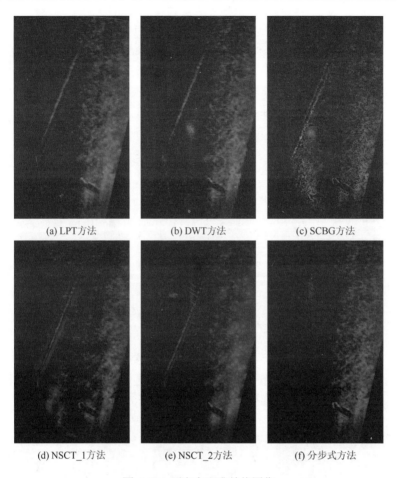

(a) LPT方法　　　　　　(b) DWT方法　　　　　　(c) SCBG方法

(d) NSCT_1方法　　　　　(e) NSCT_2方法　　　　　(f) 分步式方法

图 6-13　不完全配准差值图像

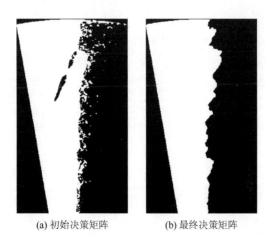

(a) 初始决策矩阵　　　　　　　(b) 最终决策矩阵

图 6-14　不完全配准融合决策矩阵

像导致了白色区域不连续，经过形态学后处理，生成最终的决策矩阵，即图 6-14（b），区域连续，保证每个区域的内容来自于同一原始图像，避免了伪像的产生。

以上实验证明，无论对于仅存在旋转或者旋转与平移同时存在的情况，以及图像实现了完全配准或不能完全配准时，这种变换域与空域结合的分步式声呐图像融合算法均能取得较好的融合效果。

6.4　序列图像拼接实验

利用第 4 章到 6.3 节所论述的前视声呐图像配准、全局比对以及融合方法，可以实现多种工况下的序列声呐图像的拼接，从而实现利用高分辨率前视声呐实现大范围复杂场景的探测。

6.4.1　没有位移的前视声呐图像序列拼接

该组图像序列由 Sound Metrics 公司提供的 DIDSON 前视声呐图像数据组成，前视声呐固定在三脚架上原地旋转，旋转器的角速度约为 0.1°/s，记录了某公园池塘池底环境，共计 272 帧，图 6-15 是序列中包含主要目标的部分帧图像单帧样本，帧间隔为 19，每帧图像只能反映部分信息，并且视野内的清晰度不同。图像拼接的目的是将包含这些样本的图像序列拼接成一幅清晰的全景图像。

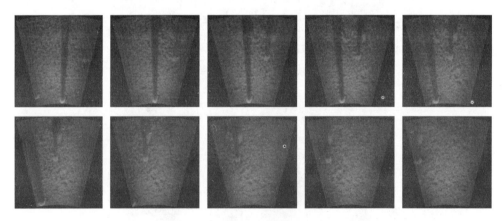

图 6-15　池塘池底图像序列样本

对于只存在旋转不存在位移的图像变换，其角度误差相对较小，如果声呐没有往返旋转，即没有产生闭合回路，那么对于该类图像序列不进行位姿优化处理。

图 6-16 是该序列拼接结果，为了体现图像融合的重要性，图 6-16（a）、（b）和（c）分别是不使用融合算法（新帧直接覆盖前一帧）、使用 SML 融合规则（见

6.3.2 节）和使用 6.3 节中的融合算法得到的拼接结果。由图 6-17 区域放大图可以看出，图 6-17（a）帧间的衔接部分出现明显的接缝，影响拼接图像信息。图 6-17（b）目标的部分阴影信息损失了，而且池塘底部的洼地表面也出现了混叠现象，这主要是因为前视声呐图像像素不均匀造成部分像素不能准确配准，帧图像之间的内容不能准确对齐，在池底洼地区域尤其明显。与之相比，如图 6-17（c）所示，6.2 节中的融合算法通过初融合图像确定帧图像之间的拼接线，保证在拼接线范围内有且只有一帧图像内容传递到了拼接平面中，而且传递的内容对应的是原图像中最清晰的区域，所以拼接图像不会产生多帧图像混叠的现象，从而生成一幅全景清晰的拼接图像。

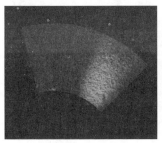 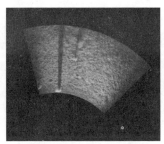 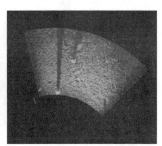

(a) 无融合拼接结果　　　　　　(b) SML融合规则拼接结果　　　　　(c) 分步式融合方法拼接结果

图 6-16　池塘池底拼接结果

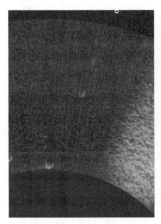 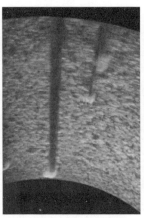 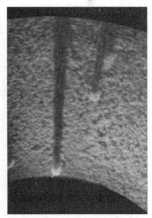

(a) 图6-16(a)区域放大图　　　　(b) 图6-16(b)区域放大图　　　　(c) 图6-16(c)区域放大图

图 6-17　拼接结果部分区域放大图

该实验表明，当声呐序列图像间只存在旋转时，无须位姿优化就能获得比较好的配准结果，且融合算法影响着最终拼接结果。

6.4.2　结合航迹信息的前视声呐图像序列拼接

　　本节的前视声呐图像序列同样来自于 Sound Metrics 公司提供的 DIDSON 系列声呐图像数据，前视声呐水平移动记录海底信息，整个图像序列共计 200 帧。图 6-18 是序列中包含明显目标的部分帧图像单帧样本，帧间隔为 9。

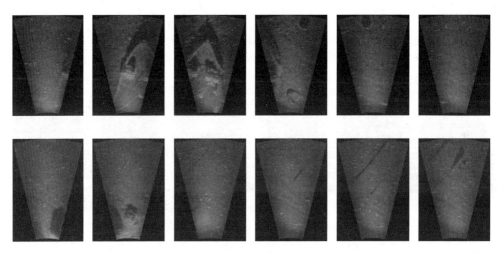

图 6-18　海底扫描图像序列样本

　　由于同时存在平移和旋转运动，有必要进行第 5 章所述的位姿优化。该思路也是文献[21]中的思路。按照该思路得到的拼接结果如图 6-19 所示。从图中可以看出声呐图像中目标并没有准确对齐，这说明前视声呐图像配准出现问题。分别利用了声呐记录的运动信息和串联配准结果估计的声学原点运动轨迹如图 6-20 所示。从图 6-20（a）和（b）可以看出，记录的和配准估计的声学原点运动轨迹存在较大差别：在记录的航迹信息中，声呐没有明显的变向运动，主要沿着水平方向运动，同时在垂直方向存在微小的波动；而对于配准估计的运动轨迹，声呐主要是以旋转运动为主。这说明第 4 章的邻近帧图像配准算法混淆了图像的水平位移和旋转信息，此时按照上述拼接流程不能准确获得全景图像。

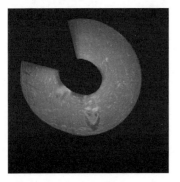

图 6-19　只利用图像配准计算
位姿的拼接结果

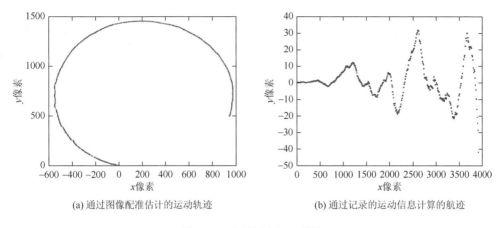

(a) 通过图像配准估计的运动轨迹　　　　(b) 通过记录的运动信息计算的航迹

图 6-20　声学原点运动轨迹

　　分析我们提出的配准方法可知，该方法要首先计算配准角度，角度补偿之后再计算平移向量。在计算旋转角度的时候，充分利用了前视声呐原始数据的特点，计算角度轴上的平移来估计旋转角度。然而，如果帧图像间存在明显的水平位移关系，这种关系也会使极坐标图像在角度轴上产生平移，此时使用提出的配准方法估计图像间旋转角度会受到水平位移的影响，导致估计的旋转角度不正确。其根本原因是水平位移和旋转角度存在信息冗余，Cartesian 坐标系中的水平位移可以看成半径极大的极坐标系中的微小旋转运动。于是，利用图像配准虽然能令邻近帧图像空间上对齐，但是不能正确地明确声呐真正的运动形式，此时累加配准结果会导致错误的图像位姿和运动路径。这就说明，单纯依靠图像配准是不能够准确地估计图像之间变换参数的，需要事先了解极坐标系角度轴上的平移是由何种运动引起的。可以利用声呐记录的角度信息计算出帧图像之间的旋转角度，确定旋转角度之后再计算图像之间的平移向量。

　　综上，图像配准时应该结合记录的运动信息确定帧图像之间是否同时存在旋转和水平位移。在此序列图像的处理中，我们依据了以下原则：如果配准算法计算的水平位移与记录的水平运动误差超过 5 像素，则使用记录的角度信息作为旋转量，否则以配准结果作为旋转量。

　　图 6-21 是该序列图像拼接结果。图 6-21（a）是只利用记录的运动信息估计图像位姿而得到的拼接图像。在该拼接图像中出现了由于图像内容没有准确对齐而出现的混叠现象，说明只利用记录的运动信息不足以保证图像位姿达到像素级精度，因而不能保证拼接图像内容对齐。这说明了图像配准在拼接过程中的不可替代性。图 6-21（b）是根据改进的步骤得到的拼接图像结果，融合方法使用本章的分步式算法。由图可见实现了准确配准，且融合图像的目标、背景和阴影三类区域分明，方便后续处理。

(a) 只利用记录信息的拼接结果

(b) 结合记录和图像配准的拼接结果

图 6-21　图像序列不同的拼接结果

该实验表明，当序列图像间同时存在旋转和位移时，单独依靠运动传感器记录的信息和图像配准都不能获得足够准确的配准结果。以传感器记录的信息作为先验信息，并综合图像配准的结果，才能获得更准确的配准参数，实现正确拼接。

6.4.3　带有闭合路径的前视声呐图像序列拼接

这一组拼接数据是由 DIDSON 声呐记录的船壳扫描数据集，该序列图像运动形式以垂直方向位移为主，同时带有微小的旋转和水平方向的位移，运动一段距离之后调头继续垂直运动，整个运动路径近似为"n"形。选取有明显目标信息的 577 帧图像进行图像拼接，图 6-22 是序列中包含主要信息的部分帧图像单帧样本，帧间隔为 24。

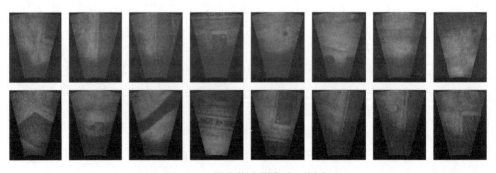

图 6-22　船壳检查图像序列样本

由前面内容可知，前视声呐记录的运动信息精度不足以精确提供图像之间的变换关系，所以首先仍然结合声呐记录的运动信息和视觉信息进行图像配准，使前视声呐图像内容空间对齐。由于此组图像序列的声学原点运动轨迹存在闭合回路，因此提取图像中的直线特征进行闭环帧配准，建立位姿优化的闭环约束并进行优化。最后使用分步式融合方法融合新来的帧图像。

图 6-23 给出了配准结果，分图（a）～（d）分别是仅利用记录的运动信息配准 + 使用最大值融合方法、利用结合运动信息的配准方法 + 不使用位姿优化 + 最大值融合方法、利用结合运动信息的配准方法 + 位姿优化 + 最大值融合方法、利用结合运动信息的配准方法 + 位姿优化 +分步式融合方法的拼接结果，图 6-24 则是区域放大图。

由图 6-23（a）可以看出，记录的运动信息误差较大，拼接结果全局内容不一致现象十分明显。这再次说明单纯依靠运动信息并不足以为前视声呐图像拼接提供准确的配准参数。

由于配准产生了累积误差（在以向前平移为主要运动形式的情况下，垂直方向的累积误差尤其明显），不使用位姿优化的拼接图像［图 6-23（b）和图 6-24（a）］在闭合回路图像内容上不能正确对准。在图 6-24（a）中，由于局部区域没有完全配准，凹槽顶端和凹槽上面的横槽部分区域内容混叠，影响了拼接图像的清晰度。

经过位姿优化步骤之后，拼接图像 ［图 6-23（c）、（d）和图 6-24（b）、（c）］可以全局对齐。由于图 6-23（c）的融合算法得到的融合图像灰度差异较大，从放大图 ［图 6-24（b）］中可以看到细节部分存在混叠。图 6-23（d）是使用本章融合方法的拼接结果，该方法可以确定帧图像之间的拼接线，保证拼接线确定的区

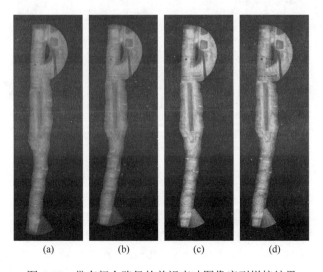

(a)　　　　　(b)　　　　　(c)　　　　　(d)

图 6-23　带有闭合路径的前视声呐图像序列拼接结果

(a) 图6-23(b)区域放大图

(b) 图6-23(c)区域放大图

(c) 图6-23(d)区域放大图

图 6-24 拼接结果区域放大图

域图像内容只来自于同一帧图像,从图 6-23 (d) 和图 6-24 (c) 可以看出这种方式消除了混叠现象。

综上,通过本章所论述的结合变换域和空间域的分步式声呐图像融合算法,并结合第 4 章和第 5 章讨论的邻近帧声呐图像配准和全局比对技术,利用多种工况下的前视声呐序列图像进行拼接实验,展示了高分辨率前视声呐在复杂目标大范围探测时的工程应用。

参 考 文 献

[1] Burt P J，Adelson E H. The Laplacian pyramid as a compact image code[J]. IEEE Transactions on Communications，1983，31（4）：532-540.

[2] Petrovic V S，Xydeas C S. Gradient-based multiresolution image fusion[J]. IEEE Transactions on Image Processing，2004，13（2）：228-237.

[3] Yang Y，Huang S Y，Gao J F. Multi-focus image fusion using an effective discrete wavelet transform based algorithm[J]. Measurement Science Review，2014，14（2）：102-108.

[4] Kannan K，Perumal S A，Arulmozhi K. Area level fusion of multi-focused images using multi-stationary wavelet packet transform[J]. International Journal of Computer Applications，2010，2（1）：88-95.

[5] Ishita D，Bhabatosh C. Multi-focus image fusion using a morphology-based focus measure in a quad-tree structure[J]. Information Fusion，2013，14（2）：136-146.

[6] Do M N，Vetterli M. The contourlet transform：An efficient directional multiresolution image representation[J]. IEEE Transactions on Image Processing，2005，14（12）：2091-2106.

[7] da Cunha A L，Zhou J P，Do M N. The nonsubsampled contourlet transform：Theory，design，and applications[J]. IEEE Transactions on Image Processing，2006，15（10）：3089-3101.

[8] Yang Y，Tong S，Huang S Y. Multifocus image fusion based on NSCT and focused area detection[J]. IEEE Sensors Journal，2015，15（5）：2824-2838.

[9] Mitra S，Sherwood R. Digital ladder networks[J]. IEEE Transactions on Audio Electroacoust，1973，21（1）：30-36.

[10] Wang Q，Ward R K. Fast image/video contrast enhancement based on weighted threshold histogram equalization[J]. IEEE Transactions on Consumer Electronics，2007，53（2）：757-764.

[11] 张健，卞红雨. 非下采样轮廓波变换的前视声呐图像融合算法[J]. 哈尔滨工程大学学报，2017，38（9）：1415-1421.

[12] He C，Zheng Y F，Ahalt S C. Object tracking using the gabor wavelet transform and the golden section algorithm[J]. IEEE Transactions on Multimedia，2002，4（4）：528-538.

[13] Chen J B，Gong Z B，Li H Y. A detection method based on sonar image for underwater pipeline tracker[C]. IEEE Second International Conference on Mechanic Automation and Control Engineering（MACE），Nei Mongol，2011：3766-3769.

[14] Zhang J，Sohel F，Bennamoun M，et al. NSCT-based fusion method for forward-looking sonar image mosaic[J]. IET Radar Sonar and Navigation，2017，11（10）：1512-1522.

[15] Zhang Q，Guo B L. Multifocus image fusion using the nonsubsampled contourlet transform[J]. Signal Processing，2009，89（7）：1334-1346.

[16] Petrovic V. Subjective tests for image fusion evaluation and objective metric validation[J]. Information Fusion，2007，8（2）：208-216.

[17] Xydeas C S，Petrovic V. Objective image fusion performance measure[J]. Electron Letters，2000，36（4）：308-309.

[18] Piella G，Heijmans H. A new quality metric for image fusion[C]. International Conference on Image Processing，Barcelona，2003：173-176.

[19] Wang Z，Bovik A C. A universal image quality index[J]. IEEE Signal Processing Letters，2002，9（3）：81-84.

[20] Tian J，Chen L，Ma L H. Multi-focus image fusion using a bilateral gradient-based sharpness criterion[J]. Optical Communication，2011，284（1）：80-87.

[21] Hurtos N，Ribas D，Cufi X，et al. Fourier-based registration for robust forward-looking sonar mosaicing in low-visibility underwater environments[J]. Journal of Field Robotics，2015，32（1）：123-151.

第7章　基于声呐图像的小起伏水下地形匹配方法

正地形地貌匹配定位是一种通过地形高程匹配或地貌景象匹配来获取运动平台位置信息的定位手段，对于航行器的导航任务具有重要意义。本章到第 9 章以自主水下机器人长航时导航系统累积误差的修正对水下无源定位技术的需求为背景，采用多波束测深声呐和侧扫声呐作为水下地形和地貌数据测量手段，研究利用声呐图像处理技术提取水下地形和地貌特征的方法，从而实现在小起伏水下地形区域内的匹配定位、水下地形适配区的选择以及局部区域内的水下地貌匹配定位与旋转角估计。

7.1　自主水下机器人导航技术

自主水下机器人（AUV）作为新一代的无人水下潜器（unmanned underwater vehicle，UUV），具有活动范围大、机动性好、安全性高、智能化等优点，现已成为执行各种水下任务的一种重要手段[1-3]。AUV 的精确定位与导航能力是保证其能够顺利执行任务的基础，特别是在连续长时间的水下航行中，导航定位精度将直接决定其能否完成预定任务。

根据采用传感器技术的不同，AUV 的导航与定位技术可以分为三个主要类型。

（1）惯性/船位推算：惯性导航系统主要包括罗经、多普勒速度计、惯性测量单元和压力传感器等设备。该类方法的共同缺点是误差随运行时间累积增长。

（2）声学定位：该技术主要基于声学发射机与调制解调器。其原理是测量声信号从信标发出后的传播时间来实现水下定位导航。

（3）地球物理：该技术利用外部环境信息作为参考来实现导航。其依赖于必要的传感器和能够对环境特征进行探测、识别及分类的处理方法。目前主要包括光学导航（单目/立体摄像机）、声学导航（图像声呐/测距声呐）和地磁导航（磁力计）三类。

船位推算（dead reckoning，DR）法通过实时测量载体的运动参数来解算位置坐标，是 AUV 水下导航的主要方法。AUV 通常装备有惯性导航系统，其通过执行船位推算法得到 AUV 的位置、速度和加速度等信息。若配合使用多普勒速度计（Doppler velocity log，DVL）对载体与海底的相对速度进行实时测量则可获得更好的导航定位效果。AUV 也可以上浮至水面以接收 GPS 信号，从而提高定位精度并借此修正船位推算法的累积误差。

　　惯导系统还可与水声定位系统进行联合定位，提高导航性能。长基线（long baseline，LBL）通过在海底布放基线发射机网络实现定位。当存在水面参考（如母船）时，可以采用超短基线（ultra-short baseline，USBL）和短基线（short baseline，SBL）来计算水下潜器与水面 GPS 坐标的相对位置。另外，在地面机器人应用中发展出的同步定位与地图构建（simultaneous localization and mapping，SLAM）技术也越来越多地应用在水下系统中[4-9]。这些技术进步使得 AUV 具备了在保证有限误差和低成本的同时实现精确导航的潜力。

　　AUV 的导航定位技术在近十年取得了显著进展，正处于从需要预先布放和定位相关设施的旧导航技术到面向动态多用户系统的新导航技术（可实现最少量设施的快速、灵活布放）的转变中[10-18]。而随着海洋资源开发和利用的不断深入，对水下潜器特别是 AUV 在连续长航时任务中的定位导航技术需求越发强烈。上述既有的定位技术已难以满足 AUV 连续长时间导航的定位需求。

　　惯导系统作为主要的定位设备，其累积误差必须定期修正才能保证长时间导航的精度。在水面或浅水航行中，自动平台的累积误差修正主要依赖于全球导航卫星系统（global navigation satellite system，GNSS）。但由于海洋介质对电磁波信号的强烈吸收，GNSS 无法实现对水下载体的大深度定位导航，且载体搭载的有限动力能源也难以支持频繁上浮进行 GNSS 信号接收。而声波是水下信息远距离传播的唯一载体，因此，基于声信号的匹配定位技术是水下定位误差修正的首选方案。另外，在长航时的任务中采用有源水声定位技术，其参考设施将面临数量多、布设难、维护不易、成本过高的困难，而基于声呐的地形地貌匹配定位则能有效避免上述问题。因此，水下地形和地貌匹配定位技术已逐步发展成为 AUV 导航系统的一种重要辅助修正手段。

　　声呐传感器是基于声信号的设备，同时，基于海底地形地貌信息的匹配定位技术的基础又是环境特征的探测、识别和分类，因此，结合了声学地形地貌匹配的水下导航方式既属于声学类别，又属于地球物理类别。多波束测深声呐能够快速获取大范围的海底地形深度数据，侧扫声呐则可以对特定范围内的海底地貌进行高分辨率成像。通过在地形地貌数据库中搜索上述两种实时数据的最优匹配从而获得载体位置坐标的方法即为水下地形地貌匹配定位（underwater terrain and topograph matching，UTTM）。

　　AUV 的水下任务常需同时满足隐蔽性和安全性的要求。水下地形地貌匹配定位能够有效解决以上问题。该定位技术具有无累积误差的特点，同时由于采用无源定位，其能够摆脱对海底基阵、水面母船的依赖，且无须布放、维护外部传感器。因此，采用 UTTM 的 AUV 可避免通过上浮进行累积误差修正，真正满足了 AUV 导航任务中对长期性、隐蔽性及高精度的要求。

　　在应用需求的不断推动下，UTTM 在近 20 年内取得了显著进步，目前初步具备了与飞行器地形匹配类似的定位能力：通过搭载声学测深仪对载体下方的地形轮廓数据进行实时测量，并融合其他导航设备提供的航向、航速等信息，可以在大范围/局部区域内、载体运动/静止条件下实现水下潜器的相对/绝对位置定位，并在海洋调查、科学研究、资源开发等军用和民用领域得到应用。高频成像声呐的发展也为地貌景象匹配的实施提供了可能[19]。随着水下地形和地貌匹配定位技术研究的不断深入，有望构建一个类似飞行器"惯性导航系统（inertial navigation system，INS）+ 地形匹配 + 景象匹配"的自主式、高精度的定位导航系统。

虽然地形和地貌匹配定位技术的水下应用范围越来越广，但高效的水下地形地貌测量手段和针对水下环境的地形地貌匹配算法仍是该领域的主要技术瓶颈[20]。最初的水下导航系统仅通过地形匹配来实现累积误差修正，并没有地貌景象匹配的功能，并且主要采用一维形式的水深数据，匹配算法的原理大多借鉴飞行器所使用的定位方法，其点-线状的数据采集方式和较低的数据密度仅能满足百米量级的潜器定位需求，且实时性不高。随着多波束测深技术的引入，线-面状的测深模式和高密度的地形数据将水下地形匹配的精度提升至十米级，同时侧扫声呐技术的发展也使景象匹配在水下的应用成为可能。

7.2　水下地形地貌匹配定位技术

7.2.1　水下地形匹配技术研究现状

水下地形匹配的基本原理是地形高度匹配（terrain elevation matching，TEM）。地形高度匹配技术通过测量载体运动路径下方的实时地形高程数据，将其与已知的数字地形参考进行比较进而得到载体的位置信息。在水下实施中，高程信息由载体所处位置的水深信息来表示。水下地形匹配结果可作为一种独立的位置信息来源，并可进一步用来对 INS 指示的位置坐标进行修正。

地形相关匹配、扩展卡尔曼滤波和直接概率准则是目前研究和应用较广泛的几种水下地形匹配基本原理。

潜器采用的地形相关匹配方法来源于航空领域，其中最有代表性的是地形剖面匹配（terrain contour matching，TERCOM）方法。该方法执行时需要沿航迹测量一定长度的地形高程数据，并计算其与参考数据的相关度来获得载体的位置估计（图 7-1）。TERCOM 方法要求载体在测量实时高程数据的过程中保持水平面内的匀速直线运动，并且单次匹配所需采集的数据量较大，从而实时性较低。TERCOM 方法的这些特点导致其在水下应用中难以获得与飞行器应用类似的定位精度。针对该问题，近年来研究者提出了其他可用于水下的地形相关匹配算法。刘承香将 Paul 等提出的用于 3D 形状配准的迭代最近点（iterative closest point，ICP）算法进行了鲁棒性改进并引入到水下地形匹配中[21, 22]；文献[23]～[26]在 ICP 算法的基础上，提出了迭代最近等高点（iterative closest contour point，ICCP）算法并应用于水下环境（图 7-2）；徐晓苏等利用 ICCP 算法对惯性导航系统指示航迹进行刚性变换，再利用最小二乘法求解仿射参数，进而对 ICCP 匹配航迹进行仿射修正，克服了传统 ICCP 算法只能处理刚性变换的局限性，提高了定位精度[27]。还有学者将多种方法组合运用来实现匹配，例如：张凯等在等值线匹配方法的基础上，借助假设检验和 Unscented 变换进行误匹配诊断，提高了匹配的精度和可靠性[28]；Yuan 等将 TERCOM/ICCP 算法与卡尔曼滤波相结合用于地形匹配[29]等。然而，基于地形相关匹配原理的上述方法均采用一维地形高程序列作为匹配模板，因此对输入数据的长度有一定要求，这使其普遍具有实时性较差的缺点，并且该方法对航迹规划有较高的要求，当载体航向信息与真实情况存在较大偏差时定位结果将迅速恶化。

图 7-1　TERCOM 方法示意图

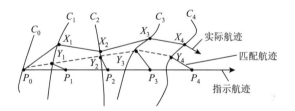

图 7-2　ICCP 算法示意图

基于扩展卡尔曼滤波的方法中，桑迪亚地形辅助导航（Sandia inertial terrain aided navigation，SITAN）方法（图 7-3）被较早地应用于水下地形匹配定位。SITAN 方法距今已有 40 余年的历史，其首先引入了递推的方法，通过连续的多次匹配实现了地形定位[30]。SITAN 与地形相关匹配方法不同，其不通过全局搜索进行定位，着重于降低中等而非较大的定位误差。因此，搭载 SITAN 的潜器可以在数据采集过程中做机动航行，并且对于速度与航向信息的准确度要求不高。SITAN 的缺点是地形的局部线性化处理易导致多值，并可能引起滤波发散。考虑到局部地形线性化的需要，惯性导航系统的定位误差在其初始工作时一般不大于 200m。为了解决该问题，相关学者利用改进的卡尔曼滤波对 SITAN 进行了优化，例如：Li 等以提高导航算法的地形适应性为初衷，通过引入人工神经网络，提出了精度更高的智能卡尔曼滤波算法[31]；Li 等在建立系统非线性误差模型的基础上，通过无迹卡尔曼滤波（unscented Kalman filter，UKF）实现了地形匹配的状态误差估计[32]；

Xie 等则将前述的相关性方法也纳入进来，结合并行卡尔曼滤波，提出了一种联合地形辅助导航方法，得到了相比单一方法更好的定位效果[33]。以上改进方法的实质仍然是卡尔曼滤波，其有效性的基础是精确的观测模型和能够获得随机干扰的统计特性。但地形匹配是一种非线性问题，且随机干扰的统计参数难以准确估计，这导致该类匹配方法的定位精度不够稳定，在地形起伏剧烈的区域中甚至可能产生发散。因此，在水下应用条件下，该类方法的适用范围受到了很大限制。

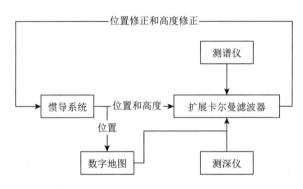

图 7-3　SITAN 导航系统原理图

　　基于直接概率准则的地形匹配方法本质是一种最优估计。此类方法的优势在于其能够对非线性模型进行处理，输出与系统误差分布无关，通过对系统先验知识的利用，避免了 SITAN 中的地形线性化。该类方法的典型方法包括 Ånonsen 基于贝叶斯估计提出的一种改进状态空间模型的水下地形导航方法[34]，Nygren 等提出的基于贝叶斯估计和相关比较的 AUV 水下地形匹配方法[35, 36]，刘洪等提出的一种基于质点滤波（point-mass filter，PMF）的水下地形匹配算法[37]，以及陈小龙等提出的基于极大似然估计的 AUV 水下地形匹配定位方法[38]等。该类方法在地形平坦区域内实施时，似然函数的伪波峰将会降低定位结果的稳定性，而目前尚未形成通用、可靠的伪点去除手段，这限制了该类匹配方法在水下的适用范围。

　　目前，国内外已有多个研究机构从事水下地形匹配定位技术的相关研究。瑞典学者 Carlström 等在其建造的两艘 AUV（AUV62F 和 AUV62 Sapphire）上搭载了相同的基于水下地形相关匹配方法的地形辅助导航软件，在 2002 年的 65km 海试中，获得了 10m 以内的定位精度；在另一套基于线性卡尔曼滤波的定位测试中，采用 PC/104 进行相关方程的解算，在 100×100 格网的搜索区域中，计算时间可低至 0.16s，若采用 FPGA 进行运算，可进一步降低至毫秒量级[39, 40]。美国斯坦福大学与蒙特利湾水下研究所在 Benthic Imaging AUV 上采用低精度的惯性导航系统进行船位推算，并配合基于多波束测深声呐的水下地形匹配系统，在 2008 年 4 月的海试中获得了 4～10m 的定位精度，在返回固定出发点的导航实验中，结合地形匹配的导航最终引导误差为 35m，远高于仅依靠基础导航系统引导的 140m[41,42]。挪威防务研究中心（Norwegian Defence Research Establishment）开发的 HUGIN 系列 AUV 装备了其自行研制的水下地形匹配定位系统，在 2009 年的 50km 海试中，水声定位与地形定位间的差别约为 4m，2010 年进行的 5h 连续航行海试中，地形定位结果与上浮后的 GPS 定位结果相比差别约为 5m[43-48]。英国南安普敦大学开发的地形匹配定位系统利用条状水下地形图作为参考，令 AUV 的航迹与参考图垂直交叉，将定位结果用于船位推算的修正，并在 Autosub 6000 AUV 上进行了验证[49,50]。

近年来，水下地形匹配技术在国内也吸引了众多高校与研究院所的关注，如北京大学、武汉大学、东南大学、国防科技大学、哈尔滨工程大学、海军工程大学等单位都开展了水下地形匹配方面的研究工作[51-56]，目前其研究思路主要集中在对航空地形匹配算法的水下应用研究上，研究内容大多为基于一维测深数据的地形匹配方法，而对于多波束测深下的二维地形匹配方法则较少涉及，因此发展基于声呐图像处理技术的水下地形匹配方法对于扩展地形匹配的水下应用范围、提高水下导航系统的误差修正能力具有重要意义。

7.2.2　水下地貌匹配技术研究现状

与水下地形匹配定位不同，水下地貌匹配是一种景象匹配方法，其输入信息是水底地貌图像，其中不包含深度信息。目前，获取水下地貌图像的主要设备是侧扫声呐。利用借鉴自计算机视觉领域的技术，侧扫声呐系统能够为水下地貌景象匹配技术的开发提供一个框架。搭载了侧扫声呐的 AUV 能够以高分辨率声呐图像的形式获取其周围环境的大量信息。

AUV 在航行过程中，通过侧扫声呐一次可以获取一个条带的海底地貌图像，条带与条带进行拼接，进而形成局部区域的海底地貌图。与水下地形匹配技术相比，水下地貌匹配的基本原理是图像匹配技术，以预先存储的水下地貌参考地图作为匹配背景，将实时图对准到参考图中的最佳匹配位置，从而获得 AUV 的实时位置和航向信息。

将图像处理和计算机视觉技术应用于侧扫声呐图像已有一定的研究成果问世。文献[57]研究了侧扫声呐图像中海底纹理的分割方法，文献[58]、[59]研究了侧扫声呐图像的特征提取方法，文献[60]给出了通过相位相关、互信息和相关比得到的成功配准结果，文献[61]中给出了通过基于统计技术的方法来修正侧扫声呐图像几何失真的一些工作。上述文献内容代表了大多数成熟的侧扫声呐图像处理技术，但专门适用于水下地貌图像的匹配算法目前正处于研究阶段。

参考数据与实时数据测量时的航线存在偏差，导致侧扫声呐图像中海底地貌的纹理、突出目标以及阴影产生变化，因此采用侧扫声呐独立完成大范围的定位任务具有很高的难度。然而，其对水下地貌信息的表达适合作为水下地形匹配技术的一种补充，在小范围区域，特别是不具备地形适配性的局部区域内，利用地貌信息实现匹配定位是一种可行手段。根据所用图像匹配方法的不同，水下地貌图像匹配可分为海底标志物匹配法和海底区域匹配法两类。

　　海底标志物匹配法假设标志物在图像中均匀分布。此外，标志物体积都很小，且它们的相对位置在不同图像中保持不变。Daniel 等通过收集先验信息和增加预处理来降低匹配算法的复杂度[62]；Stalder 等提出了一种基于侧扫声呐图像中纹理的断点检测和配准的匹配定位方法，该方法适用于处理来自相对平坦区域的侧扫声呐纹理图像（图 7-4）[63]；Tao 等提出了一种基于加速稳健特征（speeded up robust feature，SURF）特征的侧扫声呐图像匹配定位方法，在实时图与参考图均具有较高成像质量且相互间旋转、尺度等差别很小的情况下，该方法能够获得很高的定位精度（图 7-5）[64]。然而，尽管上述方法匹配精度较高，但大多数基于标志物特征的算法都难以抵抗视角变化和随机旋转、尺度缩放带来的影响，从而显著缩小了其适用范围。

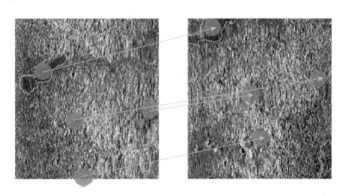

图 7-4　基于侧扫声呐图像中纹理断点检测的配准

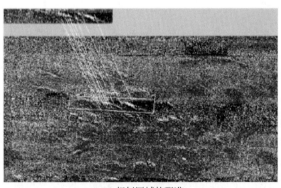

(a) 相似区域的配准

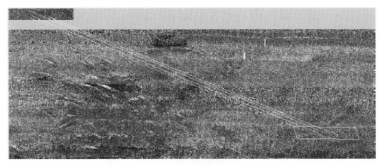

(b) 平坦区域的配准

图 7-5　基于 SURF 特征的侧扫声呐图像匹配定位方法

　　海底区域匹配法则侧重于提取海底地貌图像的区域统计特征来实现匹配。张红梅等提出了一种基于小波变换和序贯相似度检测的基于海床特征地貌的水下定位方法，并利用渤海湾某水域的侧扫声呐数据进行了验证[65]；Tena 等提出了一种基于侧扫声呐和海底标志物的实时地图构建与定位方法，仿真结果表明其定位误差是利用卡尔曼滤波方法误差的 63.5%[66]；Hagen 等提出在离底深度较小的情况下，使用侧扫声呐的匹配定位精度要优于使用多波束测深声呐的匹配定位精度，并利用 HUGIN 1000 AUV 进行了海试验证[67]。海底区域匹配法的适用范围相对较广，面临的主要困难是所用特征对于不同探测航迹的不变性不易保证。

　　相比于水下地形数据采集，水下地貌图像数据库的建立更为复杂，涉及低分辨率图像拼接、地理坐标对准等关键技术。这也是目前很少有 AUV 在大范围导航中采用基于侧扫声呐的地貌匹配技术的原因之一。相比之下，地貌景象匹配则更适用于局部区域的精确导航。Woock[68]在其承担的深海探测项目 TIETeK 使用的 AUV（图 7-6）中搭载了两部侧扫声呐用于水下地貌图像测量，并研究了利用侧扫声呐数据反演地形深度信息用于匹配定位的方法。

(a) 侧视图　　　　　　　　　　　(b) 俯视图

图 7-6　TIETeK 项目中使用的 AUV

　　在水下导航系统中同时包含多波束声呐和侧扫声呐并用于累积误差修正的

文献与系统并不多见。侧扫声呐图像的量化、侧扫声呐数据的精确地理定位以及两种设备的数据有效性是导致该现状的主要原因。以往的侧扫声呐仅通过打印的方式输出探测结果。受限于存储能力，过大的图像数据并不能得到充分保存，而现有的侧扫声呐已经有效解决了存储问题，图像的量化精度得到了明显提高。超短基线定位技术能够以米级的精度定位侧扫声呐换能器与拖船的相对位置，从而获得侧扫声呐数据的精确地理信息。两种设备可靠性的提升也为实时测量数据的连续性和有效性提供了保证。因此，两套数据联合实现水下导航误差修正的时机已经成熟。

除了可用于水下导航系统，侧扫声呐与多波束测深系统联合使用，可全覆盖式地对海底地形地貌实施测量。多波束系统的测点具有精度高、密度大的特点，可以定量地对海底目标的尺寸、方位进行测定，而高分辨率的海底成像效果则是侧扫声呐的优势所在，并由图像的对比度、纹理、阴影等特征可推断海底底质，从而实现定性的底质分类与分析。然而，多波束测深系统的不足在于海底底质的定性分析，而侧扫声呐则在海底目标物的定量分析方面存在短板。可见，两种设备在海底的定位和分析方面能够实现优势互补，二者的联合探测方法也是一个很有意义的研究方向。

7.2.3　水下地形适配性分析技术研究现状

与飞行器的景象匹配系统主要用于末段制导类似，水下地貌匹配定位的应用场景通常预先确定为目标地点附近的局部区域，而不涉及导航区域的选择问题，因此通常不需要预先对工作区域进行适配性分析。与之相比，地形匹配算法和执行地形匹配的区域则共同决定了水下地形匹配的定位精度。适合执行地形匹配的区域称为适配区，潜器搭载的地形数据库即由这些适配区构成。当 AUV 得知自身位置已进入适配区范围时，即可执行地形匹配。

海底适配区的选择需要满足诸多要求，如海底地形的稳定性、地形起伏的丰富性、地形数据的精度与分辨率、区域内准确的海水温盐度数据以及区域的隐蔽程度等。适配性在导航领域又称为可导航性，作为地形的一种固有属性，其反映了沿特定方向测量的地形数据提供平面位置信息的能力。通过一系列的分析、评估方法，判断、选择出适配区的地形数据处理手段就是地形适配性分析。

地形数据包含的信息是分析一个地形区域适配性的主要依据。若区域内的地形过于平坦（如沙漠），则地形匹配的精度将难以保证。因此，确定一个地形区域数据的信息是否丰富是地形适配性分析的首要任务。除此之外，由于匹配算法与适配区地形特点存在一定的联系，对于地形匹配算法在所选适配区上的定位性能，适配性分析也应给出一定预测。

　　水下潜器的规划路径需要穿越地形特征独特的区域，从而为地形匹配的定位性能提供保证。地形适配性分析的基础是地形特征参数，其来自于地形数据的统计特征，从多方面反映了地形的独特性，其中的典型参数包括地形标准差、相关系数、坡度、粗糙度以及地形熵等。地形的高程（深度）数据一旦测定，其地形特征参数即可通过计算获得。

　　依据单一参数或指标制定的适配区选择策略会导致片面的评价结果。为了提高适配区选择的准确性，更为可靠的方法应该综合不同角度提取的多个参数进行分析评判。目前，地形适配性分析的一种广泛做法较为直接，其将地形数据库细分成多个局部地形块，通过统计各地形块中的地形匹配误差与地形特征参数之间的对应关系，估计出各参数的合适阈值，进而通过阈值选择法筛选出该特定实验地域内的适配区。李德华等基于上述原理，通过对大量仿真实验结果的分析，提出了一组地形特征参数的阈值，并且基于地图垂直噪声标准差、高程标准差和粗糙度构建了匹配区选择准则函数[69]；郑彤等以地形相关匹配为匹配手段，研究了从南北、东西两个方向提取的同一海域多个地形特征参数与匹配结果的关系，从中选择了相关系数和高程标准差作为适配区选择的依据，并给出了基于二者的选择准则[70]。

　　上述多参数综合分析法的评价结果虽然比较全面，但计算量较大，在大面积水下地形的适配性分析方面存在困难。海底地形的复杂性还可能导致划分出的局部备选地形对选择准则的契合度不高，从而降低了选择结果的可靠性。除此之外，通过对多组数据的比较发现，该类方法对不同地形所选择的阈值通常并不一致，因此，此类基于刚性阈值的方法仅能满足特定区域环境的导航需求，不适合作为地形匹配区选择的通用手段。

　　地形具有足够的变化是一个模糊的概念，其性质不局限于上述典型地形特征参数。为此，有学者结合其他相关领域的研究成果，设计出了一系列全新的适配性评判方法。吴尔辉等提出了一种地形独特性的熵度量方法，该方法以地形匹配的物理模型为基础，通过构建一个地形独特性概率向量实现适配区选择[71]；Tang 等通过 Monte-Carlo 仿真实现了地形的适配性分析[72]；Bergman 等提出并分析了地形信息量与地形匹配误差的关系，并以此进行了适配区选择[73]；苏康等通过计算地形的坡度方差，研究了地形拟合面的斜率变化与定位精度之间的关系，并通过匹配实验给出了圆概率误差与该参数的关系曲线[74]；朱华勇等提出了一种基于地形差分二阶距的适配性分析方法[75]；李俊等提出了一种基于分形维数的适配区选择标准[76]；刘扬等通过搜索候选地形的特征参数-匹配成功率统计图获得所需地形的适配性[77]；冯庆堂以回归统计和 Monte-Carlo 仿真为研究手段，定量分析了地形特征与匹配算法性能之间的关系[78]；张凯等提出了一种基于支持向量机（support vector mechine，SVM）的地形背景场适配区自动识别方法，该方法通过分析地形背景场特征参量的主成分及显著性，借助 SVM 来构建输入地形特征参量与匹配性能的映射关系以实现适配/误配区的自动识别和划分[79]。

当前水下地形适配性分析方法的研究侧重于寻找新的角度来提取水下地形的独特性参数，局限性在于希望凭借某个单一方面的特征参数对适配区进行划分而忽略了其他方面的地形特征。目前，各类不同地形参数的综合分析尚缺少相关方法，已成为限制扩展水下地形匹配技术应用范围的重要因素，这个问题亟待解决。

本章到第 9 章将以声呐图像处理技术为基本技术手段，研究小起伏水下地形区域内的匹配定位、水下地形适配区的选择以及局部区域内的水下地貌匹配定位与旋转角估计方法，并设计一种地形和地貌匹配在水下导航中的应用策略及综合导航实施方案。本章首先讨论小起伏水下地形匹配技术。

7.3　水下地形图像的加权组合特征

7.3.1　水下地形数据的图像表示及其特征分析

传统地形匹配方法对深度（或高程）数据矩阵采用网格化处理，在网格化过程中，局部区域内的测深点被融合为统一的深度值，代表该局部区域的整体深度，从而形成规则格网。网格化处理的基本原理是用少量数据点来代表整个数据集合，分辨率由格网间距表示。实际应用时，可根据分辨率需要，提取相应区域内的网格深度数据并通过插值改变格网间距。

基于图像匹配的水下地形匹配定位将测深数据矩阵视为一幅图像，本章称为水下地形图像。图像中像素的灰度级对应测点的深度值。对水深数据进行网格化处理的效果等同于对图像进行空域滤波。该处理将抑制水下地形图像中的高频信息（如纹理特征），产生低分辨率的图像。尽管实际应用中可通过插值提高数据密度，但丢失的高频信息无法通过插值恢复。为尽可能多地保留水下地形的原始信息，本章对测深数据不进行网格化，而采用插值的方法将其排列为规则矩阵，实际测点间的深度值通过插值获得。这样能够在水下地形图像中呈现更多的地形特征，且获得的图像分辨率较高。

AUV 实时位置下方的水深数据由多波束测深声呐获得。该数据将被制作为水下实时地形图，与事先获得的水下参考地形图或地形数据库进行匹配。

相比于陆地地形，水下地形具有更强的渐变性。除去极少数包含明显深度跃变的特殊区域，如火山、海沟等，绝大多数水下地形在大尺度观测下呈现出平缓变化的趋势，而在小尺度测量中则表现出小幅起伏。如何提取小起伏水底地形的特征是扩展地形匹配定位在水下适用范围中亟待解决的一类问题，也是本章内容的重点。在利用水深数据构建的水下地形图像中，深度对应于像素的灰度强度。深度跃变越明显，对应位置的灰度梯度则越大。水下地形的渐变性特点导致在水下地形图像中缺少显著的点特征，而体现更多的则是地形的区域特征。

针对水下地形的图像特点，可以将图像区域特征与地形深度统计特征相结合，通过提取图像的纹理和边缘信息，实现小起伏水下地形的成功匹配。

在实际工作场景中，有多种因素会造成水下实时地形图与同一位置的参考地形图之间的差异。这些因素包括但不限于：

（1）获取参考地形数据的测深设备与获取实时地形数据的测深设备之间的测深精度与分辨率的不同；

（2）由测量起始位置随机导致的参考地形网格与实时地形网格的"不对准"；

（3）由实时匹配中未根据运动参数做修正导致的实时地形图"非刚性形变"；

（4）由航向角偏离预定方向导致的实时地形图与参考地形图之间的旋转。

我们将前三项造成的差异统一看作图像噪声，将第四项差异看作图像旋转，在 7.4 节和 7.6 节地形匹配方法的湖试数据处理中详细讨论。

本节总的思想是将多 ping 测深数据组成地形图像进行匹配定位，与利用单 ping 数据定位相比，获取定位结果必然滞后于潜器的实际位置，优势则是可以利用图像纹理特征实现小起伏水下地形的成功匹配。为了尽量减小定位延迟，实时地形图尺寸越小越好，结合目前主流多波束测深声呐的技术参数，我们希望用于匹配的原始实时地形图为长方形，沿着航行方向的尺寸应小于横向尺寸。考虑到难以保证一个长方形地形整体具有良好的"适配性"（详见第 8 章），从长方形地形中截取出具有良好"适配性"的正方形实时地形图可能是更切合实际的选择。基于此，我们在 7.4 节和 7.6 节中讨论的实时图尺寸均为正方形。

7.3.2　水下地形图像的纹理特征

如前所述，由于海水的作用，海底地形的起伏变化相对缓慢，实时采集的水下地形图像所覆盖的海底区域面积一般有限，并且其中可能缺少适合作为匹配依据的深度变化特征。然而，水下地形图像是深度信息在二维平面的投影，其相当于以俯视的视角观察海底的起伏变化。从这个角度来看，一些平均起伏不大的区域会体现出一定的纹理特征，该特征使其能够在水下地形数据库中被检测出来，从而使水下地形匹配在此类地形区域内得以实施。如图 7-7（a）所示为千岛湖局部水下地形的三维模型，图中对深度数据进行了伪彩色处理，色棒标注数值表示与颜色对应的深度数据 z 值，单位为 m（本书所有三维地形数字高程模型中色棒含义与此相同）；图 7-7（b）为该区域对应的水下地形图像，从图中可见，尽管地形的深度起伏较为平缓，但其对应的水下地形图像具有明显的纹理特征。

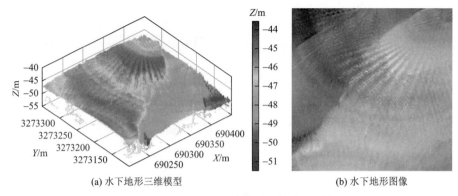

(a) 水下地形三维模型 (b) 水下地形图像

图 7-7 水下地形三维模型及其地形图像

这里我们将纹理特征用于地形图像特征的提取。所使用的特征为基于灰度共生矩阵（gray level co-occurrence matrix，GLCM）的对比度（I）、相关系数（C）、能量（E）和逆差矩（IDM）。

图 7-8（a）、（b）和（c）显示了三个利用真实水深数据构建的水下地形模型。三组数据采集自具有不同起伏类型的地理区域。利用双调和样条插值法将三组数据分别转化为水下地形图像，图像中的像素灰度强度正比于水深的绝对值。

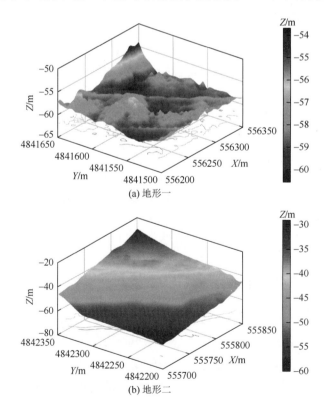

(a) 地形一

(b) 地形二

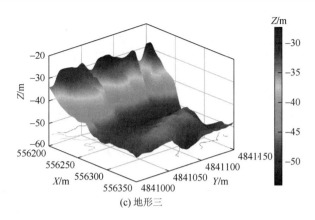

(c) 地形三

图 7-8　不同水下地形的三维模型

如表 7-1 所示为上述各水下地形模型对应图像的四个纹理特征值。GLCM 的步长为 1 像素，计算方向包括 0°、45°、90°和 135°。

表 7-1　图 7-8 中的 GLCM 统计参数

方向	图序号	对比度	相关系数/10^{-1}	能量/10^{-3}	逆差矩/10^{-1}
0°	图 7-8（a）	3.3239	9.9759	2.4814	5.7189
	图 7-8（b）	1.0728	9.9988	2.8712	7.4266
	图 7-8（c）	2.2751	9.9978	2.5847	6.0234
45°	图 7-8（a）	7.3179	9.9468	1.9583	5.0251
	图 7-8（b）	0.7354	9.9990	2.9343	7.871
	图 7-8（c）	3.3465	9.9966	2.6503	6.1333
90°	图 7-8（a）	4.3119	9.9692	2.4666	5.5739
	图 7-8（b）	0.8919	9.9990	3.0837	7.715
	图 7-8（c）	1.7071	9.9978	3.5397	7.1568
135°	图 7-8（a）	7.5319	9.9456	1.7228	4.7477
	图 7-8（b）	2.8707	9.9972	2.1770	6.3286
	图 7-8（c）	4.2873	9.9949	2.0190	5.5528

从表 7-1 中可以看出，所选四个参数在不同地形下具有显著差异。各参数最大值与最小值之比分别为 9.951（对比度）、1.566（逆差矩）、1.498（能量）和 1.005（相关系数）。由此可以推断，在处理上述水下地形对应的图像时，对比度具有最佳的区分度，其后依次为逆差矩与能量。这一区分度排名将用于随后的组合特征向量构建。

7.3.3　地形统计特征参数

　　水下地形匹配的结果优劣不仅依赖于匹配算法，还与所选取的匹配区域自身的独特性密切相关。对于不同的地形，相同的地形匹配算法会表现出不同的定位性能，匹配区域的特征越明显，定位结果的精度就越高。例如，地形匹配算法在平坦的区域执行定位常常误差较大，而应用于具有明显地形特征的地带，如山丘，则能获得很好的定位效果。因此，采用地形高程（深度）的统计特征，即地形统计特征参数，作为对应地形图像的特征之一是必要的。

　　地形独立因子和地形统计特征参数是地形信息分析的基础。地形模型中"不能从演绎推理或归纳综合得来的"因子称为地形独立因子。数字地形高程模型中的高程值就是地形匹配技术中的独立因子。地形统计特征参数又称为地形基本因子，其参数值可通过对高程值的归纳计算而得到[80]。

　　地形高程均值、地形高程标准差、地形粗糙度、地形信息熵、地形差异熵及地形相关系数是典型的地形统计特征参数，其从地形高程的离散程度、地形的光滑程度以及集中趋势等方面反映了地形的固有属性。设某地形区域的经纬跨度为$m \times n$（网格），坐标(i, j)处的网格点高程值为$z(i, j)$。以上地形统计特征参数的定义如下[81, 82]：

　　（1）地形高程均值（$\bar{z}$）。地形高程均值从宏观上体现了地形的平均海拔。其定义式如式（7-1）所示：

$$\bar{z} = \frac{1}{mn} \sum_{i=1}^{m} \sum_{j=1}^{n} z(i, j) \tag{7-1}$$

　　（2）地形高程标准差（σ）。地形高程标准差从宏观上体现了地形起伏的剧烈程度。其定义式如式（7-2）所示：

$$\sigma = \sqrt{D(z)} \tag{7-2}$$

式中，$D(z)$为地形高程方差，

$$D(z) \frac{1}{m(n-1)} \sum_{i=1}^{m} \sum_{j=1}^{n} (z(i, j) - \bar{z})^2 \tag{7-3}$$

　　（3）地形粗糙度（r）。地形粗糙度反映了一定范围内地表单元地势起伏的复杂程度，定义为区域地形表面积S_s与投影面积S_p之比，即

$$r = \frac{S_s}{S_p} \tag{7-4}$$

式中，S_p是地表单元的平面面积，计算容易，而S_s的计算相对复杂。在规则网格形式的地形数字高程模型上计算地形表面积，即求该地形在各网格内的曲面面积

之和，为此，需要将各网格内的地形表面进行曲面拟合，曲面记为 $f(x,y)$。若地形数字高程模型的网格单元为正方形，边长为 l，各网格以其左下角为坐标原点，则其上曲面 $f(x,y)$ 的表面积为

$$S_s = \int_0^l \int_0^l \sqrt{1 + f_x^{\,2} + f_y^{\,2}}\,\mathrm{d}x\mathrm{d}y \tag{7-5}$$

式中，f_x 与 f_y 是 $f(x,y)$ 的偏导数。

因为涉及积分运算，所以一般采用数值方法进行近似求解。根据文献[3]的方法，计算公式如下：

$$r = \frac{r_{\mathrm{E}} + r_{\mathrm{N}}}{2} \tag{7-6}$$

式中，r_{E} 与 r_{N} 分别是经度和纬度方向的粗糙度，

$$r_{\mathrm{E}} = \frac{1}{(m-1)n} \sum_{i=1}^{m-1} \sum_{j=1}^{n} |z(i,j) - z(i+1,j)| \tag{7-7}$$

$$r_{\mathrm{N}} = \frac{1}{(n-1)m} \sum_{i=1}^{m} \sum_{j=1}^{n-1} |z(i,j) - z(i,j+1)| \tag{7-8}$$

（4）地形信息熵 (H_f)。借用信息论中信息熵的概念，地形所含信息量由地形信息熵表示。地形高度变化越剧烈，地形信息熵反映的信息就越丰富。其定义式如式（7-9）所示：

$$H_f = -\sum_{i=1}^{m} \sum_{j=1}^{n} p_{ij} \lg p_{ij} \tag{7-9}$$

式中，p_{ij} 是地形点坐标处的归一化高程值，

$$p_{ij} = \frac{z(i,j)}{\sum_{i=1}^{m} \sum_{j=1}^{n} z(i,j)} \tag{7-10}$$

（5）地形差异熵（H_e）。在地形信息熵的计算中，高程的归一化处理同时对地形特征产生了均化，降低了分辨力。地形差异熵利用定义的地形差异值 $D_z(i,j)$ 代替原始高程值 $z(i,j)$ 获得地形差异概率 p_{ij}^e，再进行熵值的计算，从而获得更高的区分度。其计算公式如下：

$$D_z(i,j) = \frac{|z(i,j) - \bar{z}|}{\bar{z}} \tag{7-11}$$

$$p_{ij}^e = \frac{D_e(i,j)}{\sum_{i=1}^{m} \sum_{j=1}^{n} D_e(i,j)} \tag{7-12}$$

$$H_e = -\sum_{i=1}^{m} \sum_{j=1}^{n} p_{ij}^e \lg p_{ij}^e \tag{7-13}$$

（6）地形相关系数（R）。地形区域内的局部相关性由地形相关系数表示。其

定义如式（7-14）所示：

$$R = \frac{R_E + R_N}{2} \tag{7-14}$$

式中，R_E 和 R_N 分别是经度和纬度方向的相关系数，

$$R_E = \frac{1}{(m-1)n\sigma^2}\sum_{i=1}^{m-1}\sum_{j=1}^{n}(z(i,j)-\overline{z})(z(i+1,j)-\overline{z}) \tag{7-15}$$

$$R_N = \frac{1}{(n-1)m\sigma^2}\sum_{i=1}^{m-1}\sum_{j=1}^{n}(z(i,j)-\overline{z})(z(i,j+1)-\overline{z}) \tag{7-16}$$

计算如图 7-8 所示的三个不同水下地形区域的地形统计特征参数，结果见表 7-2。由表中数据可见，上述参数具有一定的地形区分能力，但图 7-8（b）与图 7-8（c）对应的参数相似度较高。

表 7-2　图 7-8 中的地形统计特征参数

地形特征参数	参数值		
	图 7-8（a）	图 7-8（b）	图 7-8（c）
地形高程均值（$\overline{z}$）	−58.3976	−46.4030	−45.6234
地形高程标准差（σ）	0.7053	7.2319	7.5353
地形粗糙度（r）	0.4609	3.4228	3.4668
地形信息熵（H_f）	16.4575	16.4402	16.4367
地形差异熵（H_e）	15.9522	16.1374	16.1251
地形相关系数（R）	0.9890	0.9975	0.9968

该现象说明不同的水下地形可能具有相似的地形统计特征参数，因此，上述参数不适合单独作为水下地形匹配的依据，而需要配合其他地形特征才能完整描述水下地形的独特性。

7.3.4　组合特征向量的构建

将上述 4 个纹理特征参数和 6 个地形统计特征参数表示成向量形式，如式（7-17）所示：

$$F = [E, I, C, \text{IDM}, \overline{z}, \sigma, r, R, H_f, H_e]^T \tag{7-17}$$

采用 F 作为特征来代表对应的水下地形区域进行匹配运算，能够极大地减小计算量。然而，F 中各参数的独特性并不一致，导致其代表所属水下地形的能力有所不同。为了合理分配不同区分度的参数在反映水下地形独特性方面的贡献，本书对 F 中各元素进行了加权处理，通过调整权值来获得区分度更佳的组合特征向量。

权值的大小依赖于其对应参数的区分度。为此，定义了相对变化率来衡量参数的区分度。设 p 为 F 中一个参数，在预定执行匹配的地形数字高程模型中随机选择 N 个大小相同、位置不同的子区域，在每一个子区域中计算参数 p，p_i 表示第 i 个子区域对应的参数值，$i \in [1, 2, \cdots, N]$，则 p 的相对变化率 K_p 定义为

$$K_p = \frac{1}{N} \frac{\sum_{i=1}^{N}(p_i - \min(p_i))}{\max(p_i) - \min(p_i)} \tag{7-18}$$

依照相对变化率的大小对所有参数进行分组，分组数可根据情况进行调整，一般不超过三组。设置权值将不同组的参数值调整到不同数量级，如将参数分为三组时，相对变化率最大的参数组调整到[100, 1000]区间，中间组和末尾组依次调整到[10, 100]和[1, 10]区间。不同区间在数值上应避免差别过大，否则会导致最大组的参数贡献度过大而掩盖了其他参数。

加权后的 F 表示为

$$F = [\alpha_1 E, \alpha_2 I, \alpha_3 C, \alpha_4 \mathrm{IDM}, \alpha_5 \bar{z}, \alpha_6 \sigma, \alpha_7 r, \alpha_8 R, \alpha_9 H_f, \alpha_{10} H_e]^{\mathrm{T}} \tag{7-19}$$

式中，α_1，α_2，$\cdots$，α_{10} 为各参数的权值。

需要注意的是，为了获得适用性广泛的权值组合，计算权值的地形数字高程模型应为潜器预定的全部工作区域，而不是每一次执行匹配时抽取的局部地形。

7.4　基于加权组合特征的水下地形匹配方法湖试数据处理

本节采用松花湖和千岛湖水库的多波束测深数据对上述方法进行匹配实验，测深设备分别为哈尔滨工程大学研制的 HT-200-SW 型多波束测深声呐和 RESON 7125 型多波束测深声呐。算法使用的数据已经过适当的预处理，剔除了野值点等干扰。

图 7-9 说明了匹配实验的基本策略。整幅图代表了用作参考图的数字地形图（digital terrain map，DTM）。该参考图是一幅由多波束测深数据生成的地形图像，大小为 500 像素×500 像素，对应于一个投影面积为 500m×500m 的水底区域。由此可得，该图像的地形分辨率为 $1\mathrm{m}^2/$像

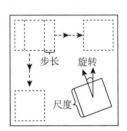

图 7-9　仿真策略示意图

素。参考图右下角实线围成的小区域代表实时图。实时图同样由多波束测深数据生成。为了模拟实际场景，构成实时图的数据中加入了噪声和航向偏移，并引入了尺寸变化。获得实时图后，将其作为模板对参考图进行扫描，寻找最优匹配。图中的虚线表示了实时图对参考图的扫描顺序，即由左至右、由上至下。在每一个扫描位置，计算实时图下方覆盖的局部参考图的特征向量，并求取其与实时图特征向量的

相似度作为该位置的匹配度量。完成扫描后，具有最大相似度的扫描位置即为 AUV
的估计位置。

平均平方差（mean square difference，MSD）算法由最小度量值给出最佳匹
配，是一种使用欧几里得距离的最小距离度量。MSD 同输入数据的平方成正比，
因此其能够有效抑制小于 1 的数值并对大于 1 的数值进行放大。实验中将采用该
方法计算各扫描位置的相似度。其计算方法如下。

设 A 与 B 分别代表两个数据集合，其中各有 N 个数据元素，a_i 与 b_i 分别为 A
与 B 中的一个数据元素，$i \in [1, 2, \cdots, N]$，则 A 与 B 的平均平方差为

$$MSD(A, B) = \frac{1}{N} \sum_{i=1}^{N} (a_i - b_i)^2 \tag{7-20}$$

本节实验中各参数的权值如表 7-3 所示。

表 7-3　实验中组合特征向量各参数对应权值

参数	权值
E	1
I	10
C	10000
IDM	10
$\bar{z}$	0.1
σ	1
r	1
H_f	1
H_e	0.1
R	0.1

7.4.1　匹配实验一：噪声影响

如 7.3.2 节所述，实时地形数据中一定存在多种因素引起的噪声。为了测试本
方法对于噪声的鲁棒性，实验一在用于生成实时图的水下地形数据中加入了不同
大小的高斯噪声。加入噪声后的数据信噪比（SNR）范围在 2～10dB。

图 7-10 展示了本实验所用的三维地形数字高程模型。AUV 的真实位置位于
图中四条红色实线的交点处（实线的红色不代表深度）。用于生成实时图的水下地
形数据来自于红色实线在下方地形表面所围成的局部区域。实时图的尺寸为 100
像素×100 像素，地形分辨率为 1m²/像素，与参考图的相对旋转为 0°。水平和垂
直方向的扫描步长均为 10 像素/步。

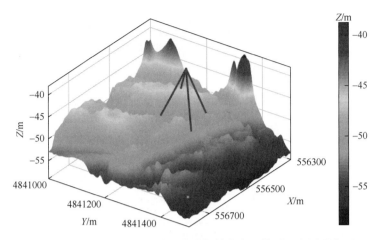

图 7-10　实验一所用参考图的三维地形数字高程模型（彩图附书后）

图 7-11 在等高线图中展示了匹配结果。实线框中的区域是匹配算法需要寻找的真实区域。AUV 位于该区域的中心处（星形）。图中五个虚线框表示扫描过程中相似度最大的五个位置。

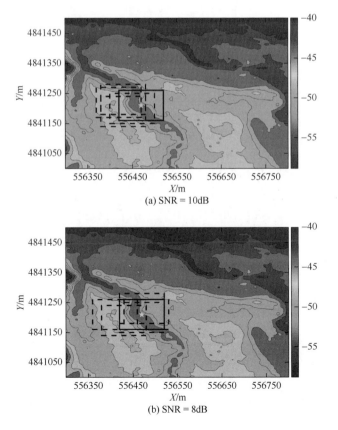

(a) SNR = 10dB

(b) SNR = 8dB

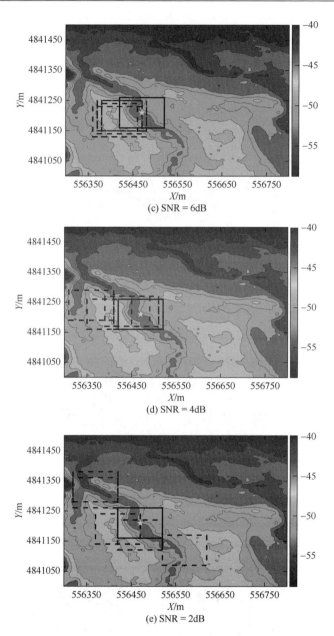

图 7-11　不同噪声下的地形匹配结果（彩图附书后）

　　虚线框围绕在真实区域附近的现象说明扫描位置越靠近真实区域，即实时图与真实区域的重叠部分越大，该位置的相似度就越高。五个虚线框中至少有一个能够覆盖 AUV 的真实位置，说明了利用构建的组合特征向量进行匹配定位的方法是有效的。

　　表 7-4 所示为各虚线框中心点与 AUV 真实位置在 X 和 Y 方向的偏差。从表

中可见，随着信噪比的降低，虚线框的位置呈现出了逐渐离散的趋势。然而，即使其他四个虚线框已经产生了较大的偏移，相似度最高的扫描位置始终能够覆盖 AUV 的真实位置。这一现象说明了本章方法构建的组合特征向量对于噪声具有一定的鲁棒性，但其能够承受的噪声强度存在一定限制，而该限制的大小与参与匹配的实时地形和参考地形的独特性有关。

表 7-4　图 7-11 中估计位置与真实位置的偏差

图序号	位置偏差(|X|, |Y|)/像素					真实位置坐标
图 7-11（a）	(50, 10)	(40, 20)	(40, 20)	(20, 10)	(0, 0)	
图 7-11（b）	(60, 0)	(40, 20)	(0, 20)	(0, 10)	(10, 0)	
图 7-11（c）	(60, 30)	(50, 10)	(50, 20)	(60, 30)	(60, 10)	(556470, 4841210)
图 7-11（d）	(110, 30)	(70, 0)	(30, 10)	(10, 0)	(10, 10)	
图 7-11（e）	(100, 120)	(100, 100)	(50, 20)	(0, 40)	(120, 90)	

综上所述，本章方法能够利用含噪的实时图实现准确的匹配定位。

7.4.2　匹配实验二：旋转影响

在图 7-9 中，AUV 的航向预先设定为正北向，而在一段时间后，航向会出现一定的偏离。在本实验中，实时图与参考图之间加入了不同大小的相对旋转，以研究航向偏离对本章方法的影响。

如图 7-12 所示为实验二所用的三维地形数字高程模型。实时图数据来自其中四条实线围成的区域。所有用来构建实时图的数据中均加入了高斯噪声使其信噪比

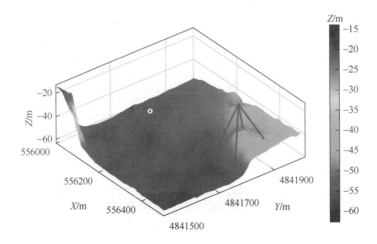

图 7-12　实验二所用参考图的三维地形数字高程模型（彩图附书后）

为 10dB，以使 AUV 处于相同的噪声背景下。实时图尺寸、地形分辨率和扫描步长与实验一相同。

匹配结果如图 7-13 所示。表 7-5 给出了各虚线框中心点与 AUV 真实位置在 X 和 Y 方向的偏差。可见，旋转角度增大使五个虚线框的位置仅表现出了很小的离散，所有虚线框始终能够覆盖 AUV 的真实位置。这表明本章方法对于航向偏移具有良好的鲁棒性。

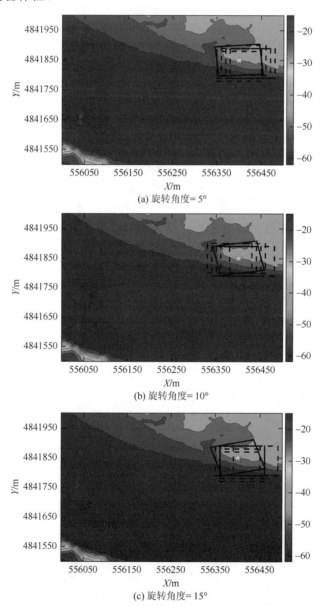

(a) 旋转角度= 5°

(b) 旋转角度= 10°

(c) 旋转角度= 15°

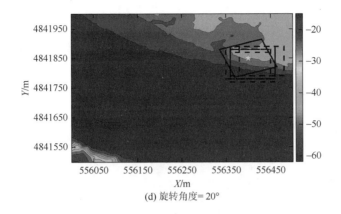

(d) 旋转角度=20°

图 7-13　不同旋转角度下的地形匹配结果（彩图附书后）

表 7-5　图 7-13 中估计位置与真实位置的偏差

图序号	位置偏差(|X|, |Y|)/像素					真实位置坐标
图 7-13（a）	(0, 20)	(0, 10)	(10, 0)	(20, 10)	(30, 10)	
图 7-13（b）	(20, 0)	(10, 10)	(0, 10)	(10, 0)	(30, 10)	(556400, 4841850)
图 7-13（c）	(0, 10)	(10, 30)	(10, 20)	(10, 10)	(40, 10)	
图 7-13（d）	(0, 20)	(10, 30)	(10, 20)	(0, 10)	(30, 10)	

7.4.3　匹配实验三：实时图尺寸影响

实时图大小对于匹配算法的精度有一定影响。实时图越大，能够提供的地形特征就越多，从而匹配精度越高。本实验通过改变实时图的尺寸，研究其与匹配结果之间的关系。所有用于构成实时图的数据均加入了高斯噪声使其信噪比为 10dB，且与参考图之间存在 5°的相对旋转，以使 AUV 处于相同的噪声背景和航向偏移下。实时图的尺寸从 50 像素×50 像素到 200 像素×200 像素不等。地形分辨率和扫描步长与之前相同。

如图 7-14 所示为实验三所用的三维地形数字高程模型。

匹配结果如图 7-15 和表 7-6 所示。可见，当实时图尺寸为 50 像素×50 像素时，五个虚线框呈现严重的离散分布。这是由于在该地域内，该尺寸的实时图提供的地形特征信息量有限，从而出现了多个高相似度的扫描位置。随着实时图尺寸的增大，虚线框开始聚集在真实位置附近并能够覆盖 AUV 的真实位置。

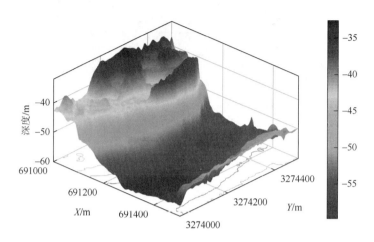

图 7-14 实验三所用参考图的三维地形数字高程模型

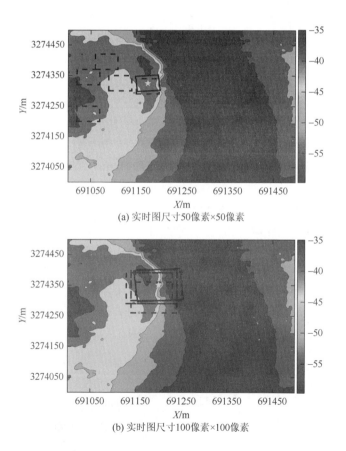

(a) 实时图尺寸50像素×50像素

(b) 实时图尺寸100像素×100像素

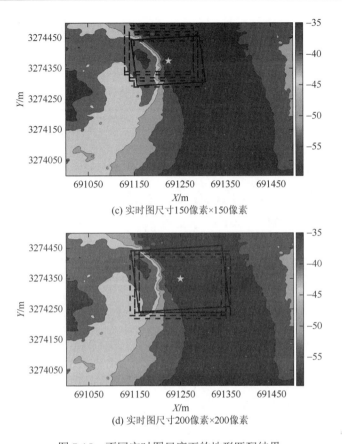

图 7-15　不同实时图尺度下的地形匹配结果

表 7-6　图 7-15 中估计位置与真实位置的偏差

图序号	位置偏差($|X|$, $|Y|$)/像素					真实位置坐标
图 7-15（a）	(0, 10)	(60, 0)	(90, 20)	(130, 20)	(130, 100)	(691175, 3274325)
图 7-15（b）	(20, 10)	(10, 40)	(10, 10)	(10, 30)	(0, 0)	(691200, 3274350)
图 7-15（c）	(20, 30)	(20, 40)	(10, 10)	(10, 20)	(0, 10)	(691225, 3274375)
图 7-15（d）	(10, 20)	(0, 30)	(0, 10)	(10, 20)	(10, 10)	(691250, 3274350)

以上结果说明，本章方法能够利用不同尺寸的实时图实现准确匹配。

实时图的尺寸选择须满足多方面要求。首先，从保证匹配成功率的角度来看，存在一个最小实时图尺寸使其能够包含足够的地形特征，该尺寸与参考区域的地形独特性有关。特征越丰富的区域，实时图的最小尺寸就越小；反之，在平坦区域中则需要更大的实时图来获得有效匹配。其次，实时数据的测量速度也需纳入考虑。若多波束测深系统测量时的载体运动速度为 3kn（约 1.54m/s），则 50m×50m

的实时数据的采集时间约为 32.4s，200m×200m 的实时数据的采集时间约为 129.6s。可见，实时数据的采集占用了全部匹配流程的大部分时间，因此，在地形特征丰富的区域内应适当缩小实时图的尺寸以提高地形匹配的实时性。此外，匹配算法的处理速度也是决定实时图尺寸的因素之一。来自同一区域的实时数据，若采用较高的分辨率成图，可有助于提高匹配精度，但过高的分辨率同时又会增大计算负担。在满足匹配精度的情况下，若定位任务对实时性有严格要求，可采用分块并行处理等手段提高处理效率。

7.4.4　匹配实验四：与 TERCOM 方法对比

为了比较基于原始地形高程数据的匹配方法和基于地形图像特征的匹配方法，实验四在同一个区域的地形高程模型上应用了本章提出的基于加权组合特征的水下地形匹配定位方法和具有广泛应用的 TERCOM 方法，以比较二者的性能。实验中分别研究了噪声、旋转偏差和实时图尺寸对二者的影响。

对上述任一影响因素，在参考图中随机选取 100 个 AUV 的真实位置，利用上述两种方法分别对这些位置进行定位，统计 100 次定位结果的平均定位误差。通过改变影响因素的大小，获得了定位精度随影响因素变化的趋势。实时图的地形分辨率为 1m²/像素，扫描步长为 1 像素/步。

如图 7-16 所示为 X 和 Y 方向的平均定位误差随噪声的变化曲线。实验时，实时图与参考图的相对旋转角度为 0°，实时图尺寸为 100 像素×100 像素。

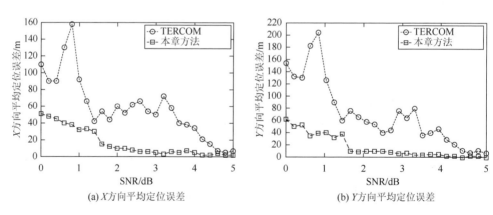

(a) X 方向平均定位误差　　　　　(b) Y 方向平均定位误差

图 7-16　本章方法与 TERCOM 方法在不同噪声下的平均定位误差对比

从图中可以看出，当信噪比为 0dB 时，TERCOM 方法的平均定位误差在 X 和 Y 方向上都超过了 100m。这表明在该噪声水平下，TERCOM 的匹配结果不可靠。然而，基于加权组合特征的匹配方法能够保证 60m 左右的误差，该误差远小于实时图的尺寸。随着信噪比的提高，两种算法的平均定位误差都呈现出降低的趋势。然而，基于加权组合特征的匹配方法在信噪比仅为 2dB 时即可达到 10m 的平均定位误差，而 TERCOM 方法则在信噪比升高到 5dB 时才能够达到该性能。这说明基于加权组合特征的匹配方法在抗噪声性能方面优于 TERCOM 方法。

如图 7-17 所示为 X 和 Y 方向的平均定位误差随相对旋转角度的变化曲线。实验时，实时图不加入噪声，实时图尺寸为 100 像素×100 像素。

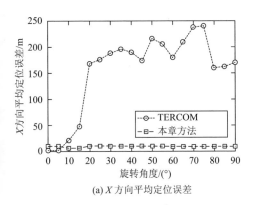 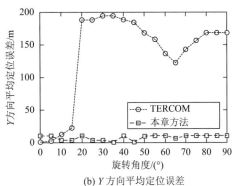

(a) X 方向平均定位误差　　　　　　　　(b) Y 方向平均定位误差

图 7-17　本章方法与 TERCOM 方法在不同旋转偏差下的平均定位误差对比

从图中可见，在旋转偏差为 0°时，TERCOM 方法的平均定位误差也几乎为 0。这说明 TERCOM 方法在没有或存在极小航向偏差时能够保证很高的定位精度。然而，当旋转角度增加时，TERCOM 方法的性能下降很快，其平均定位误差会在 10°左右超过本章提出的匹配方法，并在 20°附近超过实时图的尺寸。本章提出的基于加权组合特征的水下地形匹配定位方法在各个旋转角度都能够稳定保持 10 像素左右的平均定位误差。组合特征向量内的四个纹理特征参数具有旋转不变性是保证该性能的主要原因。因此，在可能会有较大航向偏差的场合，基于加权组合特征的匹配方法比 TERCOM 方法更为适用。

如图 7-18 所示为 X 和 Y 方向的平均定位误差随实时图尺寸的变化曲线。实验时，实时图不加入噪声，与参考图之间的相对旋转角度为 0°。

从图中可以看出，当实时图尺寸为 10 像素×10 像素时，两种方法的平均定位误差都比较大，但 TERCOM 方法的误差大约是本章所提方法的两倍。随着实时图尺寸的增大，两种方法的平均定位误差都呈现出减小的趋势，并在实时图尺寸为 60 像素×60 像素左右变得基本相同。之后，二者的精度不再明显受到实时图尺寸的影响，但本章方法的平均定位误差仍稍低于 TERCOM 方法的平均定位误差。以上结果说明两种方法均需要足够的地形信息才能给出可靠的匹配结果。由于本章方法在地形统计特征参数之外又引入了图像特征，因此其能够利用相对

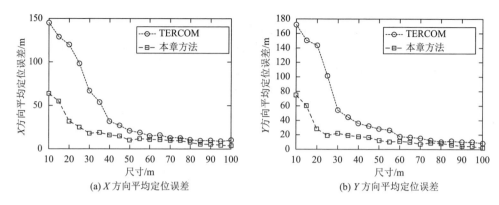

(a) X 方向平均定位误差　　　　　　　　　　(b) Y 方向平均定位误差

图 7-18　本章方法与 TERCOM 方法在不同实时图尺寸下的平均定位误差对比

较少的水下地形数据获取到足够完成匹配的信息量，从而该方法可以采用更小的实时图达到与 TERCOM 方法同样的定位精度。

综上所述，相比于以 TERCOM 方法为代表的基于原始地形高程数据的匹配方法，本章方法更适用于水下地形匹配应用。

7.5　水下地形图像的边缘角点直方图特征

小起伏区域的水下地形图像除了可能表现出 7.3.2 节中所述的纹理特征之外，其包含的边缘形态也能够提供丰富的地形信息。对于纹理特征不显著但深度变化频率快的地形区域，可以提取图像的边缘特征作为匹配定位的依据。

图像的灰度直方图表示了像素沿灰度尺度的分布情况。一幅 N 位的灰度图像（位深度 $= N$）包含了 2^N 个灰度级，每个灰度级中的像素具有相同的灰度值。若将整幅图像中的像素视为一个集合，那么其中属于同一灰度级的像素构成了该集合的一个子集。在本节中，同一灰度级的像素将被视作一个整体，其在图像中所占有的位置称为一个子区域。子区域的形式可以是连续的或离散的，这取决于构成它的像素的空间分布情况。

然而，不同的灰度图像可能具有相同的灰度直方图。例如，图 7-19（a）与（b）含有相同数量的黑色和白色像素点（每个小方块代表一个像素点），因此这两幅图的灰度直方图相同。这是灰度直方图的固有缺点，其导致在利用灰度直方图区分不同图像时的结果并不可靠。随着位深度的减少，图像的灰度级个数和分辨率都会下降，因此利用灰度直方图区分不同图像的错误概率就会增加。来自不同声呐（如多波束声呐、侧扫声呐）的地形或地貌图像通常都具有分辨率较低的特点，因此在使用灰度直方图进行该类图像的匹配时，还需要引入其他图像信息，才能获得可靠的结果。

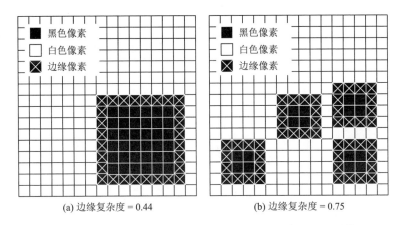

(a) 边缘复杂度 = 0.44　　　　　(b) 边缘复杂度 = 0.75

图 7-19　具有相同灰度直方图和不同边缘复杂度的两幅图像

灰度直方图体现了图像的一维统计特征，而像素的空间分布则体现了图像的二维统计特征。因此，若将像素的空间分布特点和灰度直方图结合，则可以区分具有相同或相似灰度直方图的图像。由此，下面将定义边缘角点直方图。

7.5.1　边缘复杂度

在一幅灰度图像中，同一子区域中的像素点通常呈离散分布，因此其构成了复杂的边缘。边缘复杂度作为图像的一种空间分布特征，可以被用来评估灰度图像某一子区域的像素分布的复杂程度。边缘像素点和边缘复杂度的定义分别如定义 7-1 和定义 7-2 所示。

定义 7-1　一个像素点的灰度值若不同于其四邻域内至少一个像素点的灰度值，则该像素点是其所属子区域的边缘像素点。特别地，图像的边缘点都是边缘像素点。

定义 7-2　所有属于第 k 个灰度级的像素点构成的子区域记为 R_k，这些像素点构成的集合记为 $\lambda(R_k)$。R_k 中的边缘像素点构成的边缘记为 E_k，这些边缘像素点构成的集合记为 $\lambda(E_k)$。$\lambda(R_k)$ 和 $\lambda(E_k)$ 中的元素个数分别为 $[N]\lambda(R_k)$ 和 $[N]\lambda(E_k)$。则 R_k 的边缘复杂度 η_k 为

$$\eta_k = \frac{[N]\lambda(E_k)}{[N]\lambda(R_k)} \tag{7-21}$$

数值上，$[N]\lambda(R_k)$ 等于 R_k 的面积，$[N]\lambda(E_k)$ 等于 R_k 的周长。当 $[N]\lambda(R_k)$ 为 0 时，η_k 等于 0。

在图 7-19（a）和（b）中，黑色子区域的边缘像素点由白色的叉形标记出来。根据上述定义可知，尽管两幅图中的黑色子区域含有相同数量的像素点，

但图 7-19（b）中的黑色子区域具有更多的边缘像素点，即具有更长的周长。这表明该图中像素的空间分布相对前者更为复杂。因此，利用边缘复杂度即可将以上两幅图像区分开。

7.5.2　边缘角点和边缘角点复杂度

虽然利用式（7-21）定义的边缘复杂度能够区分开一些具有相同灰度直方图的图像，然而，有些图像不仅具有相同的灰度直方图，还具有相同的边缘复杂度。图 7-20 给出了一个例子，分图（a）中的黑色子区域与分图（b）中的黑色子区域大小相同，并且其中所有的黑色像素点都属于边缘像素点，因此这两幅图无法通过"灰度直方图＋边缘复杂度"的方法进行区分。

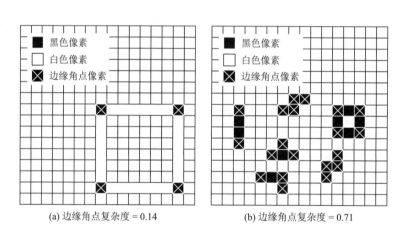

(a) 边缘角点复杂度 = 0.14　　　　　　(b) 边缘角点复杂度 = 0.71

图 7-20　具有相同灰度直方图和边缘复杂度及不同边缘角点复杂度的两幅图像

正如图 7-20 中的黑色子区域所示，在由水下地形深度数据生成的地形图像中，许多子区域都表现为线状和孤立点。

造成该现象的主要原因有二：一是由于水下地形匹配选择的适配区通常是具有丰富深度变化的区域；二是由于在适合匹配的地形区域内，深度的变化频率较高。这造成了在同一子区域中像素点分布较为离散，难以聚集形成平面，大部分像素点都属于边缘像素点，从而使不同图像具有相同灰度直方图和边缘复杂度的可能性大大提高，"灰度直方图＋边缘复杂度"的方法区分度降低。

为了解决该问题，进一步定义了边缘角点复杂度，用来区分如图 7-20 所示的这类图像。首先对子区域的边缘角点进行提取，然后计算该区域的边缘角点复杂度，用来对边缘角点的空间分布进行描述。定义相关参数如下。

定义 7-3　在某一子区域中，若一个边缘像素点的灰度值与至少一个垂直方向上的相邻像素点不同，并且与至少一个水平方向上的相邻像素点不同，则该边缘像素点为这个子区域的边缘角点。

在一幅分辨率为 M 像素×N 像素的灰度图像中，$P(i,j)$ 代表位置 (i,j) 处的像素点，$g(i,j)$ 为 $P(i,j)$ 的灰度值，$i=1,2,\cdots,N$，$j=1,2,\cdots,M$。子区域 R_k 中的边缘角点组成的集合记为 $\lambda(C_k)$，该集合中的元素个数记为 $[N]\lambda(C_k)$，则 $\lambda(C_k)$ 必然为 $\lambda(E_k)$ 的子集：

$$\lambda(C_k) \subseteq \lambda(E_k) \tag{7-22}$$

根据上述定义，$\lambda(C_k)$ 可由式（7-23）表示：

$$\lambda(C_k) = \left\{ P(i,j) \middle| \begin{array}{l} P(i,j) \in \lambda(E_k) \\ (i,j) \neq g(i-1,j) \,\|\, g(i,j) \neq g(i+1,j) \\ g(i,j) \neq g(i,j-1) \,\|\, g(i,j) \neq g(i,j+1) \end{array} \right\} \tag{7-23}$$

定义 7-4　子区域 R_k 的边缘角点复杂度 γ_k 定义为该子区域的边缘角点数与边缘像素数之比：

$$\gamma_k = \frac{[N]\lambda(C_k)}{[N]\lambda(E_k)} \tag{7-24}$$

特别地，当 $[N]\lambda(E_k)$ 等于 0 时，γ_k 等于 0。

如图 7-21 所示为由上述定义可得的所有边缘角点的形式。

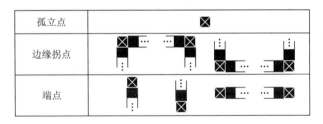

图 7-21　各种边缘角点形式

在图 7-20 中，边缘角点由叉形标记。可见，图 7-20（a）中的边缘角点数少于图 7-20（b）中的边缘角点数，因此前者的边缘角点复杂度小于后者，二者可以通过该特征实现有效区分。

7.5.3　边缘角点直方图

为了将边缘复杂度和边缘角点复杂度中包含的空间信息引入灰度直方图，本节构造了边缘角点直方图。边缘角点直方图是灰度直方图的升级，其反映了各灰度级包含像素点的空间分布特征。边缘角点直方图的定义如下。

定义 7-5　一幅图像的边缘角点直方图表示了各灰度级边缘角点的分布情况。边缘角点直方图中第 k 个灰度级对应的值为 $[N]\lambda(R_k)$、η_k 与 γ_k 的乘积。

若 H 为一幅 N 位灰度图像的边缘角点直方图，H_k 表示 H 中第 k 个灰度级对应的值，$k=1,2,\cdots,2^N$，则 H_k 的定义式为

$$H_k=[N]\lambda(R_k)\times\eta_k\times\gamma_k \tag{7-25}$$

将式（7-25）中的 η_k 和 γ_k 分别替换为式（7-21）和式（7-24），则可得到更为简化的结果：

$$\begin{aligned}H_k&=[N]\lambda(R_k)\times\eta_k\times\gamma_k\\&=[N]\lambda(R_k)\times\frac{[N]\lambda(E_k)}{[N]\lambda(R_k)}\times\frac{[N]\lambda(C_k)}{[N]\lambda(E_k)}\\&=[N]\lambda(C_k)\end{aligned} \tag{7-26}$$

由式（7-26）可见，获得一幅灰度图像的边缘角点直方图，只需灰度直方图下各灰度级包含的边缘角点数。因此，构造边缘角点直方图的步骤如下：

（1）计算图像的灰度直方图，由灰度级划分各子区域；

（2）提取各子区域的边缘像素点；

（3）提取各子区域边缘像素点中的边缘角点；

（4）统计各子区域边缘角点的个数；

（5）将第（4）步的结果按照灰度级由小到大排列即得到图像的边缘角点直方图。

由于边缘角点直方图的长度与灰度直方图相同，因此采用其进行水下地形图像匹配的计算复杂度和时间成本与采用灰度直方图相同。

7.6　基于边缘角点直方图的水下地形匹配定位方法湖试数据处理

本节采用松花湖水库多波束测深数据对边缘角点直方图在水下地形匹配中的性能进行研究。测深设备为哈尔滨工程大学研制的 HT-200-SW 型多波束测深声呐。采用双调和样条插值算法对测深数据进行插值处理，以构建参考图。参考图中局部区域的数据被抽取出来，模拟 AUV 测得的实时数据，用来构建实时图。将实时图作为模板，以一定步长对参考图进行扫描。在每个扫描位置，计算实时图与其覆盖的局部参考图的边缘角点直方图之间的相似度。相似度最高的扫描位置即被认为是匹配位置。

实时图与参考图本质上都是实际海底三维地形的二维投影。二者具有相同的位深度 N，因此灰度级范围均为 $1\sim2^N$。灰度级 1 对应参考图中的最小深度，灰度级 2^N 对应参考图中的最大深度。实时图中的像素灰度也以同样的方式代表相对深度。本节给出了用于生成参考图的水下地形三维模型和等高线图。

7.6.1　匹配实验一：噪声影响

实验一研究噪声对本节提出的水下地形匹配方法的影响。在用于生成实时图的测深数据中加入高斯噪声以模拟噪声背景，加入噪声后数据的信噪比范围为 2～10dB。同时，实时图与参考图存在 5°的相对旋转，以模拟航向误差。

图 7-22（a）给出了参考图对应的地形三维模型，图 7-22（b）给出了该地形的等高线图，其中，用来模拟实时图的实测数据来自虚线所围区域。AUV 的真实位置为虚线区域的中心。参考图与实时图的地形分辨率均为 $1m^2$/像素，参考图大小为 500 像素×500 像素，实时图大小为 100 像素×100 像素，扫描步长为 10 像素/步。

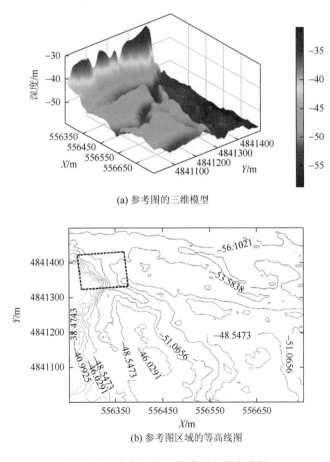

(a) 参考图的三维模型

(b) 参考图区域的等高线图

图 7-22　参考图的三维模型和等高线图

图 7-23 给出了不同噪声条件下的地形匹配结果。虚线框代表实时图的真实位置，实线框代表相似度最大的五个匹配位置。可见，实线框都围绕 AUV 的真实位置分布并具有很大的重叠区域，同时 AUV 位于各实线框的范围内，这说明了本节提出的基于边缘角点的水下地形匹配方法的有效性。随着信噪比的降低，实线框的分布只表现出了少许的离散趋势，这说明该方法具有良好的抗噪声性能。

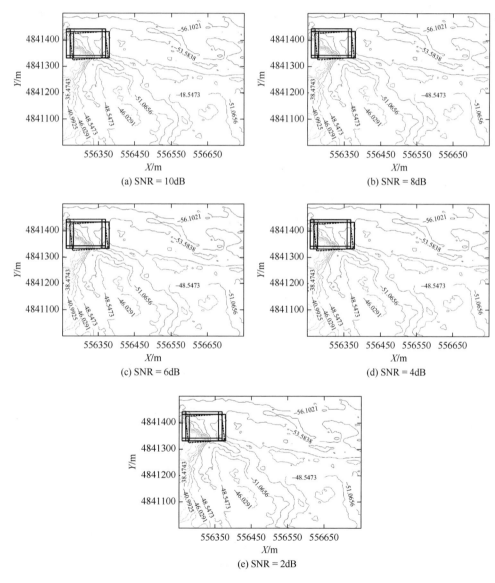

图 7-23　噪声影响下的地形匹配结果

表 7-7 给出了匹配结果图中的定位误差。从表中可见，X 方向和 Y 方向的绝对误差随着信噪比的降低仅有很小的增长，但相似度随着信噪比降低出现下降（相似度值越小为越优型）。然而，尽管相似度值随信噪比产生变化，各匹配位置的相似度排序并未发生改变，这也使得算法的最终匹配结果能够保持稳定。

综上，本节方法能够利用含噪的实时图实现准确的匹配定位。

表 7-7　图 7-23 中估计位置与真实位置的偏差

图序号	信噪比/dB	位置偏差($|X|$, $|Y|$)/像素		相似度
		$|X|$	$|Y|$	
图 7-23（a）	10	3	3	31050
		7	3	61674
		3	13	65543
		13	13	66263
		13	3	66442
图 7-23（b）	8	3	3	50298
		7	3	71738
		3	13	80745
		13	13	90757
		13	3	97090
图 7-23（c）	6	3	3	65091
		3	13	72650
		13	13	79658
		7	3	104323
		13	3	106345
图 7-23（d）	4	3	3	46729
		7	3	77847
		3	13	83164
		13	13	86460
		13	3	87929
图 7-23（e）	2	3	3	66545
		7	3	100725
		3	13	102948
		13	13	103228
		13	3	108937

7.6.2　匹配实验二：实时图尺寸影响

实验二中，参考图与实时图的地形分辨率与实验一相同，用来构建实时图的深度数据信噪比为 2dB。实时图尺寸为 50 像素×50 像素到 200 像素×200 像素不等。实验二的参考图仍来自如图 7-22 所示地形，而实时图的真实位置则与实验一不同。

在如图 7-24 所示的匹配结果中，五个实线框标出的相似度最大的扫描位置紧邻真实位置并有较大的重叠面积，同时各扫描位置均能覆盖 AUV 的真实位置。这说明基于边缘角点的地形匹配方法对于实时图尺寸的变化具有良好的鲁棒性。随着实时图尺寸的增大，五个实线框排列更加紧密。

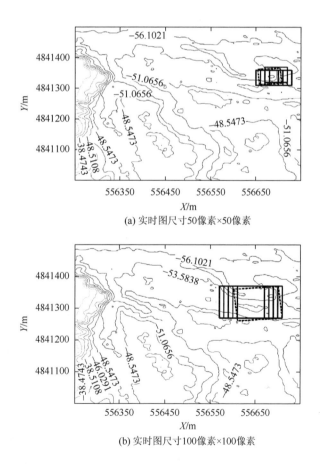

(a) 实时图尺寸50像素×50像素

(b) 实时图尺寸100像素×100像素

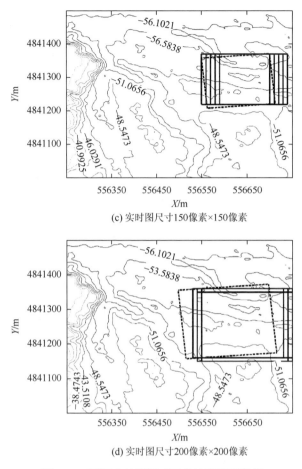

(c) 实时图尺寸150像素×150像素

(d) 实时图尺寸200像素×200像素

图 7-24 不同实时图尺寸下的地形匹配结果

  然而，由表 7-8 可见，各扫描位置的相似度值要大于实验一中的值。这是由于实验二中实时图区域对应的地形与实验一相比更加平坦，因此算法能够获得的地形信息较少，从而导致相似度数值增大，并且定位误差也稍高于实验一。

表 7-8 图 7-24 中估计位置与真实位置的偏差

图序号	实时图尺寸/像素	位置偏差(|X|, |Y|)/像素		相似度
		|X|	|Y|	
图 7-24（a）	50×50	4	5	16310
		6	5	18353
		14	5	21271
		14	5	22329
		24	5	23508

图序号	实时图尺寸/像素	位置偏差($|X|$, $|Y|$)/像素		相似度
		$|X|$	$|Y|$	
图 7-24（b）	100×100	26	5	125784
		16	5	128877
		6	5	145534
		36	5	158216
		4	5	158998
图 7-24（c）	150×150	4	5	631567
		6	5	665007
		14	5	693363
		34	5	707786
		24	5	721926
图 7-24（d）	200×200	34	5	1019328
		44	5	1042212
		24	5	1062587
		34	15	1092486
		44	15	1101404

以上结果说明，本节方法能够利用不同尺寸的实时图实现准确匹配。

为保证某一参考图能够提供足够的地形信息来完成匹配，应对地形的独特性进行评估，以获得区域的适配性，从而确定实时图的恰当尺寸。区域的适配性越高，就可以选择越小尺寸的实时图。

7.6.3　匹配实验三：旋转影响

实验三研究了实时图与参考图之间存在的相对旋转对匹配结果的影响，以模拟 AUV 长时间航行后可能出现的航向偏差。用以构建实时图的深度数据的信噪比为 10dB，实时图与参考图的地形分辨率均为 $1m^2$/像素，其他参数与之前相同。如图 7-25 所示为实验三所用参考图对应地形的三维模型和等高线图，其中的虚线框表示实时图没有旋转偏差时的位置。

图 7-26 为不同旋转角度下的地形匹配结果。

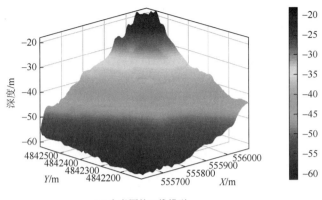

(a) 参考图的三维模型

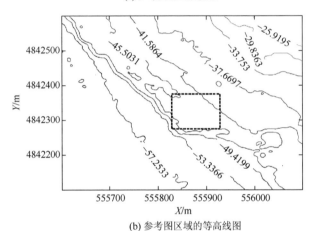

(b) 参考图区域的等高线图

图 7-25　参考图的三维模型和等高线图

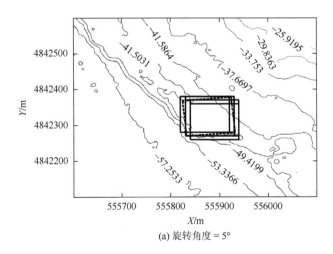

(a) 旋转角度 = 5°

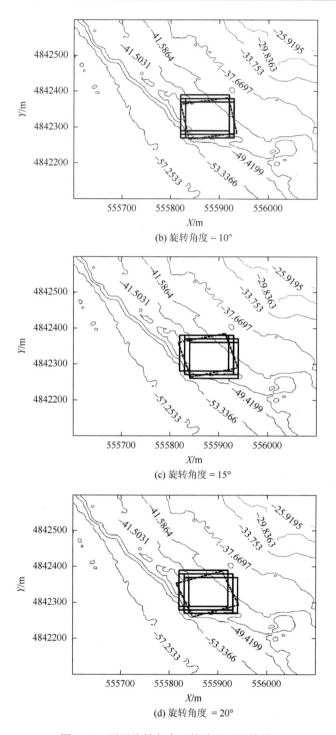

(b) 旋转角度 = 10°

(c) 旋转角度 = 15°

(d) 旋转角度 = 20°

图 7-26 不同旋转角度下的地形匹配结果

由图 7-26 可见，实线框紧密围绕在真实位置周围，并且随着旋转角度的增大，仅表现出很小的离散趋势。这说明基于边缘角点的水下地形匹配方法对于旋转偏差具有良好的鲁棒性。这里假设实际中 AUV 的航向偏差在启动地形匹配时不超过 20°。然而，由于边缘角点直方图是一种统计特征，不依赖于方向信息，因此，在更大的旋转偏差下其匹配精度也可保持在相近等级。

如表 7-9 所示为图 7-26 的匹配结果误差。从表中可见，随着旋转角度的增大，实时图与参考图的相似度逐渐下降（相似度值越大，相似性越低），但匹配误差并未出现明显变化。虽然相似度值不同，但各扫描位置的相似度排名未受到明显影响，这使得最终的五个最佳匹配位置保持稳定。

表 7-9　图 7-26 中估计位置与真实位置的偏差

图序号	旋转角度/(°)	位置偏差($|X|$, $|Y|$)/像素		相似度
		$|X|$	$|Y|$	
图 7-26（a）	5	2	4	99781
		8	6	135259
		12	4	137924
		2	6	140116
		12	14	167445
图 7-26（b）	10	2	4	141670
		8	6	146662
		8	4	174704
		2	6	185315
		8	16	199374
图 7-26（c）	15	2	4	141485
		8	6	171061
		12	4	175606
		2	6	185238
		12	14	196089
图 7-26（d）	20	8	6	169944
		2	4	177886
		2	6	202043
		12	4	218373
		8	16	220178

以上结果说明，本节方法对于实时图与参考图之间的相对旋转误差具有良好的适应性。

7.7　基于深度学习算法的水下地形匹配

近年来，得益于卷积神经网络（convolutional neural network，CNN）对图像特征优秀的学习和表达能力，数据驱动的机器学习算法成为包括图像匹配等计算机视觉领域的研究热点。因此可以考虑将水下地形图像匹配建模为一个基于监督算法的深度学习问题。然而，与这项任务相关的还有几个关键挑战。首先，深度学习算法的优良性能依赖于大量有效的训练样本和相应的标签，但由于水底地形数据收集通常比较困难，成本较高，因此缺乏可用的、充足的地形数据训练样本。其次，地形图像的外观复杂性使得从一幅图像到另一幅图像的特征关联变得非常困难，因此对 CNN 模型提出了更高的要求。

我们基于 7.3.1 节中对水下地形数据的预处理方法，通过分析影响海底地形定位精度的关键因素，为水下地形数据样本的构建提供理论支撑，同时构建水下地形数据集，用于支持深度网络的训练。

7.7.1　影响海底地形匹配定位性能的关键因素分析

地形匹配方法的基本思想是通过 AUV 航行中获取的实时地形与先期获得的包含海底地形数据的基准地形图进行实时匹配，从而获得实时测量地形在基准图中的位置，并作为 AUV 的实时位置修正惯导系统的导航数据。基于相关性的地形匹配定位模型可以描述为

$$\begin{cases} L_{t+\Delta t} = L_t + U_{\Delta t} + v_{\Delta t} \\ R_{\mathrm{map}} = H' + v \\ S_{\mathrm{map}} = \mathcal{S}(L_{t+\Delta t}, v_{\Delta t}) \\ L' = g(\mathcal{P}(R_{\mathrm{map}}), \mathcal{P}(S_{\mathrm{map}})) \end{cases} \tag{7-27}$$

式中，L_t 为 t 时刻参考导航系统给出的位置；Δt 为两次定位的间隔时间；$U_{\Delta t}$ 为间隔时间内导航系统的改变量；$v_{\Delta t}$ 为参考导航系统在 Δt 时间内累积的导航误差；R_{map} 为 AUV 获取的实时地形图，一般表示为实时测深序列 H' 与测量误差 v 的和形式；S_{map} 为基于参考导航系统在 $t + \Delta t$ 时刻指示的位置与 $v_{\Delta t}$ 估计的搜索范围；$\mathcal{P}$ 为对测深值的预处理，包括去除异常值、插值成灰度图及特征提取等操作；g 为相似性度量函数，本书中 g 为互相关运算；L' 为实时图在基准图中的预测位置。

考虑到定位需求的应用场景，并基于上述匹配定位模型和基于相关性匹配的算法特点，我们将影响基于相关性的地形匹配定位性能的关键因素总结如下。

1. 数字地形图精度

地形匹配的精度与水下测深图的质量密切相关。由于海底的非结构特性，测深图通常被处理成网格模型，它以不同程度的准确度表示真实的海床，每个网格单元与现实的偏差构成误差。本节在网格模型的基础上进一步转化为海底地形图像，在海底地形图像中，每个点的水深值在灰度图像中对应像素的灰度值。然而，实际测量的水深值在二维上分布不均匀，需要通过插值技术计算缺失点，以形成连续的地形图像。海底地形图像可以表示为

$$G_{(x,y)} = G'_{(x,y)} + v \qquad (7\text{-}28)$$

式中，(x, y) 为地形图像上任意点的位置；$G_{(x,y)}$ 是地形图像在点 (x, y) 的灰度值，反映了该位置的水深值估计；v 是水深噪声，与系统导航参数误差、传感器测量误差、海图误差、海底地形建模误差以及潮差等有关，通常设为零均值、方差为 δ 的高斯分布，即 $V_k \sim \mathcal{N}(0, \delta)$ [83]。

2. 航向角度

基于相关性的地形匹配方法运用相关度算法，对获取的地形数据进行批处理得到载体在基准图中所处的位置，具有简单高效且不受初始位置误差影响等特点。但相关性算法对载体航迹要求较高，当航向存在较大偏差时误差将急剧增大。而 AUV 水下航行过程中，航向传感器受自身精度及纬度影响，难免会出现一定的偏差，且在浅水域作业时，同时会受到海流的影响引起航向漂移，因此应充分考虑航向误差对匹配精度的影响。文献[84]~[86]在航向误差模拟中，应用 3σ 原则有效地计算最大预期误差，并在航向误差估计中引入随机项，来假设航向测量过程中受到高斯噪声的影响，通过上述方式来模拟航向误差最坏的情况。

3. 实时图可区分度

为保证算法匹配的成功率，实时图需包含足够及可区分的信息特征，实时图的可区分度与实时图地形特征的独特性和实时图尺寸相关，地形独特性描述了地形特征在局部区域的唯一程度。由于水下地形的非结构化特性，在没有先验地形的情况下，实时图的独特性可以概括为地形表达的信息量，地形信息量越大，则找到唯一匹配区域的概率越高。而实时图尺寸可以作为实时图地形信息量的另一个体现条件，理论上实时图的尺寸越大，则地形特征越丰富，匹配成功的概率就越高，因此，地形的信息量与地形尺寸相辅相成，共同决定了实时图的可区分度。

4. 地形分辨率

在基于网格的地形模型中，网格单元的大小通常称为网格模型的分辨率，网

格单元的尺寸越大，分辨率越低。网格模型的准确性已被证明与模型的分辨率呈正相关[87]。通常，地形基准图是在常规 AUV 部署之前，对作业区域进行勘测获取、处理（例如，去除异常值）和网格化后构建生成。而实时图为 AUV 在作业过程中实时获取，考虑到采样频率和地形测量传感器的精度影响，实时图和基准图之间会出现分辨率差异；当实时图的地形分辨率低于基准图的分辨率时，会有部分水深值细节缺失；而当实时图的地形分辨率高于基准图的分辨率时，会出现重复无效的地形信息。

5. 搜索范围

这里的搜索范围是指基于 AUV 参考导航系统给出的误差估计，在水下基准图中以一定置信度选取的包含实时图真实位置的椭圆搜索空间。搜索空间的大小决定着搜索准确度和搜索效率。在不失一般性的条件下，后面内容中基准图和搜索空间为相同的概念。由于基础导航系统的定位误差是由惯性器件决定的，定位误差在水平投影面上服从高斯分布，因此误差椭圆公式如式（7-29）所示：

$$\begin{cases} l_a = \lambda \sqrt{\dfrac{1}{2}\left((\delta_x^2 + \delta_y^2) + \sqrt{(\delta_x^2 - \delta_y^2)^2 + 4\delta_{xy}^2}\right)} \\ l_b = \lambda \sqrt{\dfrac{1}{2}\left((\delta_x^2 + \delta_y^2) - \sqrt{(\delta_x^2 - \delta_y^2)^2 + 4\delta_{xy}^2}\right)} \\ \varphi = \dfrac{\pi}{2} - \dfrac{1}{2}\arctan(2\delta_{xy} / (\delta_x^2 - \delta_y^2)) \end{cases} \quad (7\text{-}29)$$

式中，δ_x 和 δ_y 分别为参考导航系统在东向位置和北向位置的定位误差；δ_{xy} 为东向北向位置协方差；l_a 和 l_b 分别为椭圆的长半轴和短半轴；λ 为扩展因子；φ 为长半轴与正北方向夹角。

为了方便计算，在实际应用中通常选取置信椭圆的外切矩阵作为搜索区域，矩阵的边长计算公式如下：

$$\begin{cases} l_x = 2\sqrt{l_a^2 \sin^2 \varphi + l_b^2 \cos^2 \varphi} \\ l_y = 2\sqrt{l_a^2 \cos^2 \varphi + l_b^2 \sin^2 \varphi} \end{cases} \quad (7\text{-}30)$$

7.7.2 水下地形数据样本集

本节的关键任务是水下地形图像的匹配和定位问题，其基本思想是以实时图为模板，通过在基准图中匹配和定位模板图像，从而实现 AUV 定位。因此，为了构建海底地形数据样本集，需要利用插值生成的海底地形图像，提取实时图和基准图组成样本对。

我们基于 7.7.1 节中对影响海底地形匹配定位性能的关键因素分析，提出一种基于候选区域分类的样本选择策略和数据增强策略。样本选择策略通过在海底地形图像上生成候选区域作为候选样本，并通过统计候选区域内的信息量作为样本质量指标，将样本选择转化为一个基于候选区域质量指标的二分类任务。基于候选区域的方式可以灵活地生成多尺度的目标样本，且相较于在每个像素点提取样本的策略，可大量减少重复样本造成的数据冗余。具体步骤如下所述。

（1）生成海底地形灰度图像。本节以 RESON7125 多波束测深仪所采集的深度测量值作为基准数据，在 Song 等[88]工作的基础上，首先生成海底地形灰度图像，地形图像的地形分辨率为 $1m^2$/像素，这意味着 1 像素代表 $1m^2$ 的局部区域。

（2）生成候选区域。在海底地形图像中以固定步长生成纵横比固定的多尺度边框来模拟实时图尺寸，生成候选样本。通过设置合适的参数，可以生成覆盖整个地形图像的候选框，以固定比例对整个地形图像进行多尺度采样。

（3）计算候选样本的质量指标。基于上述对实时图可区分度的分析，我们用候选样本的质量来描述该候选框的信息可区分度，并提出一种基于超像素显著性统计的候选样本质量指标。首先通过使用简单线性迭代分割（simple linear iterative clustering，SLIC）算法将候选样本分成若干个超像素，每个超像素可视为一个等高区域，超像素块的值为该超像素内所有点的均值。然后以超像素为基本处理单位，通过引入地形差异熵，在以超像素为中心的一阶域内计算该超像素的局部显著性，超像素的局部显著性可以反映出局部的地形信息的独特程度。超像素 S 局部显著性的计算公式如下：

$$\begin{cases} D_{s(i)} = \dfrac{|z_{s(i)} - \overline{z}_O|}{\overline{z}_O} \\[3mm] P_i^e = \dfrac{D_{s(i)}}{\displaystyle\sum_{i=1}^{n} D_{s(i)}} \\[3mm] H_S = -\displaystyle\sum_{i=1}^{n} P_i^e \lg P_i^e \end{cases} \tag{7-31}$$

式中，O 为 S 的一阶邻域；n 为 O 内超像素的数量；$s(i)$ 为一阶邻域内第 i 个超像素；$z_{s(i)}$ 为 $s(i)$ 的水深值；$\overline{z}_O$ 为 S 一阶邻域内的水深均值；$D_{s(i)}$ 为 O 区域的地形差异值；P_i^e 为归一化地形差异值；H_S 为超像素 S 一阶邻域内的地形差异熵，我们用 H_S 描述超像素 S 的局部独特性。

最后我们将候选样本的质量指标定义为

$$I = \sum_{j=1}^{m} H_{S_j} \times \frac{A_{S_j}}{A_{O_j}} \tag{7-32}$$

式中，A_{S_j} 为第 j 个超像素的面积；A_{O_j} 为第 j 个超像素一阶邻域的面积；A_{S_j} 与

A_{O_j} 的比值反映出超像素的可靠程度，以此降低水深跳点等异常值对指标的影响程度；m 为候选区域内超像素的数量，通过固定超像素块的大小，超像素的数量会从侧面反映出候选区域的尺寸；I 为定义的候选样本的质量指标，为所有超像素局部显著性与可靠度乘积的和。因此，式（7-31）可以同时量化候选区域的独特性和尺寸。

（4）基于样本质量指标对候选区域进行排序，选取大于指标阈值的候选样本，并基于非极大原理删除重复度较高的区域，筛选候选区域作为实时图样本。

（5）基于上述选择出的实时图的位置和尺寸，以实时图的中心位置作为初始坐标进行随机位移，通过扩展实时图边缘，生成与之对应的基准图共同组成一个样本对。图 7-27 显示了步骤（2）～步骤（4）的基本处理结果。我们令步长等于

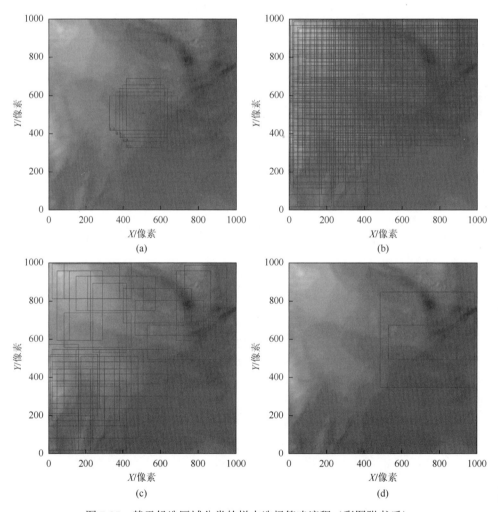

图 7-27　基于候选区域分类的样本选择策略流程（彩图附书后）

16，在地形图中设置区域中心点，每个点以固定尺寸生成 5 个候选区域，宽高比固定为{1∶1，1∶2，2∶1，4∶3，3∶4}。其中，分图（a）为尺寸 1000 像素×1000 像素的海底地形图以及生成的 5 个尺度的基础候选框；分图（b）为经由信息度指标初步筛选出的 454 个候选样本；分图（c）为基于非极大原理通过删除交并比大于 0.7 的冗余区域筛选出的实时图样本；分图（d）中红色框为分图（c）中的一个实时图，蓝色框为经由随机位移生成的参照图，两者共同组成一个样本对。

（6）进行数据增强扩展样本集，具体地，我们参照上述对 DTM 精度、航向角度以及地形分辨率等因素的分析，通过在实时图中添加零均值高斯误差，调整实时图的地形分辨率及旋转角度，并通过对上述操作的随机组合进行扩展数据集。图 7-28 显示了应用数据增强后转化生成的海底地形图，其中，分图（a）为原始地形图；分图（b）为通过减少单位面积内的多波束测量点生成的低分辨率海底地

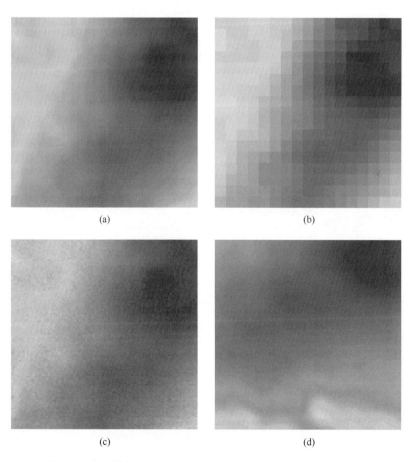

图 7-28　应用数据增强后转化生成的海底地形图（彩图附书后）

形图，相较于分图（a），分图（b）中缺失了较多的细节特征；分图（c）在原始数据中添加零均值高斯白噪声；分图（d）在固定位置对原始测量数据进行 30°的顺时针旋转。通过对原始地形数据进行数据增强，缓解了训练数据缺乏的问题。

　　综上可知，提出的基于候选区域分类的样本选择策略和数据增强策略综合考虑了 DTM 精度、航向角度、实时图可区分度、地形分辨率以及搜索范围等影响地形匹配性能的关键因素，通过最大限度模拟水下 AUV 的作业环境构建水下地形样本集。

7.7.3　网络体系结构

　　由于海底地形获取的复杂性和海底地形特征的非结构特性，水下地形图像的分辨率一般较低，包含大量的环境噪声，且缺少具有明显边界条件的显著目标特征，而更多地表现出灰度和纹理等底层特征特性，因此对神经网络的特征提取以及相关性计算模块提出了更高的要求。通过结合卷积神经网络模型高层特征与底层特征的差异性和从粗匹配到细匹配的策略思想，在孪生网络工作的基础上[89]，通过增强网络底层特征的提取能力，提出一种基于互相关性的注意力模块对网络进行调制和增强（图 7-29）。该网络的工作原理如下。

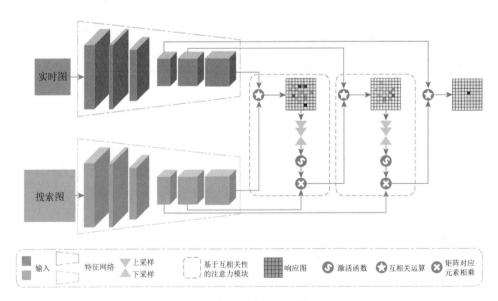

图 7-29　双分支匹配定位网络模型概述图

它包括一个经过强化的骨干网络和一个注意力模块。骨干网络最后三个阶段的特征输出以倒序的方式依次作为注意力模块的输入以生成更加鲁棒和准确的匹配定位结果

（1）特征网络。为了增强网络对底层特征的提取能力，我们以 MobileNetV2[90] 模型为基础，通过增强网络对底层空间位置信息的编码能力构建了一个轻量化的双分支特征网络，双分支网络之间权值共享以减少参数。具体地，我们通过增加网络通道数量以生成更多的早期特征，网络中的早期特征保留了大量的空间细节有助于物体的精确定位。我们分别将 Stage4、Stage5 中的通道数量修改为 48 和 72，深层特征增加了对尺度变化和旋转的鲁棒性，但同时会降低网络对位置的敏感性。为了使高层特征和底层特征达到更好的平衡，我们将 Stage6 的通道数量保持为 96 并去除 Stage7~Stage9，从而构建了一个六阶段的主干网络。此外，我们还引入 SiamDW[91]中的 CIR 单元来保证网络的平移不变性。

（2）基于互相关性的注意力模块。卷积神经网络的不同层级特征对匹配的鲁棒性和准确性的影响偏向不同[92]。在基于互相关性计算的相似度计算模块中，基于深层特征的互相关运算会产生更鲁棒的输出模式，但是只能定位一个粗略的区域，而基于底层特征的互相关运算则会输出一个更加尖锐的定位结果，但是包含了较多的干扰解。基于上述理论，并结合从粗匹配到细匹配的策略思想，我们提出基于互相关性的注意力模块，该模块可以学习双分支网络输出特征图的相关性，通过将相关性关系上采样，并以注意力图的方式叠加上一层中搜索分支输出特征图后作为下一个模块的输入。该注意力模块可以有效地融合多层特征，提高网络对误匹配的抗干扰能力，同时可促进双分支结构更加有效地协作。

具体地，我们选取双分支主干网络的最后三个阶段的输出特征图以倒序的方式依次作为注意力模块的输入，我们使用 $Z_{\text{stage}_i} \in \mathbf{R}^{C_i \times w_i \times h_i}$ 和 $X_{\text{stage}_i} \in \mathbf{R}^{C_i \times W_i \times H_i}$ 分别表示第 i 个阶段模板分支和搜索分支的输出特征图，其中 $i = 4, 5, 6$，C 为特征图的通道数量，w、h 和 W、H 分别为 Z 和 X 的分辨率，$\mathbf{R}$ 为实数集。我们首先以 Z_{stage_6} 为卷积核，设置步长为 1，填充为 0，与 X_{stage_6} 作互相关运算，生成 S_{stage_6}，其中

$$S_{\text{stage}_6} = Z_{\text{stage}_6} * X_{\text{stage}_6} \in \mathbf{R}^{1 \times (W_6 - w_6) \times (H_6 - h_6)}$$

式中，S 映射出 Z 在 X 中各位置的相似性分数，我们将该相似性分数编码为 Z 在 X 中空间区域的权值。我们首先将 S 进行两次下采样处理后，再将 S 上采样至 X_{stage_5} 的分辨率尺寸，再通过 Sigmode 函数激活后，作为空间权值叠加到 X_{stage_5} 后生成 $\bar{X}_{\text{stage}_5}$，并作为下一个注意力模块的输入：

$$\bar{X}_{\text{stage}_5} = X_{\text{stage}_5} \otimes \text{Sigmode}(\Delta(\nabla(\nabla S_{\text{stage}_6}))) \in \mathbf{R}^{C_5 \times W_5 \times H_5}$$

式中，$\bar{X}_{\text{stage}_5} \in \mathbf{R}^{C_5 \times W_5 \times H_5}$ 为第一个注意力模块的输出；$\otimes$ 为表示矩阵对应元素相乘；Δ 表示上采样操作，此处，我们使用双三次插值算法对响应图进行上采样操作；∇ 则为下采样操作，且 $\nabla S_{\text{stage}_6} = \text{MaxPool}(S_{\text{stage}_6}) + \text{AvgPool}(S_{\text{stage}_6})$，即对 S_{stage_6} 同时进行最大池化和平均池化后，对池化结果进行元素相加融合，从而获得更大的感受野。相较于直接对响应图进行融合，通过该种方式，可以有效降低由于

出现误匹配而对模型最终输出的影响程度。最后，在经过两个注意力模块的处理后，生成的 $\bar{X}_{\text{stage}_4} \in \mathbf{R}^{C_4 \times W_4 \times H_4}$ 与 Z_{stage_4} 作互相关运算后生成最终的分数图作为网络输出。

注意力模块通过在相关性响应图上采样生成空间权值的方式，使后续网络更多地关注下一阶段输出特征图的局部特征，而倒序的结构设置有效地利用高低层特征的特点，允许网络采用先粗后细的层级匹配定位方式，可以过滤掉更多的伪匹配区域，提高定位结果的精度和置信度。

（3）损失函数。网络采用判别方法，在正负样本上对网络进行端到端训练，并采用逻辑损失作为我们的损失函数：

$$\mathcal{L}(y,v) = \ln(1 + \exp(-yv))$$

式中，v 是单个模型输出的实值分数；$y \in \{-1, +1\}$ 是其 Ground-Truth 标签。为了更好地利用各阶段的信息，我们将损失函数应用于网络的不同阶段[93]，单阶段的损失函数定义为该阶段的生成响应图中所有位置损失的平均值：

$$\mathcal{L}_{\text{stage}_i}(y,v) = \frac{1}{|D|} \sum_{\mu \in D} \mathcal{L}(y[\mu], v[\mu])$$

对于分数图中的每个位置 $\mu \in D$，需要一个真实标签 $y[\mu] \in \{-1, +1\}$。

我们将网络最终的损失函数定义为

$$\text{Loss} = \lambda_1 \mathcal{L}_{\text{stage}_4} + \lambda_2 \mathcal{L}_{\text{stage}_5} + \lambda_3 \mathcal{L}_{\text{stage}_6}$$

式中，权值参数 λ_1、λ_2 和 λ_3 被用于平衡不同阶段的损失值对最终输出的影响程度，在具体实现中，这些权值被经验地设置为 0.4、0.3 和 0.3。最后，通过梯度下降法最小化 Loss 来对网络进行训练。

7.8 基于深度学习算法的水下地形匹配定位方法湖试数据处理

神经网络模型应用动量为 0.3、权值衰减为 0.001 的随机梯度下降法对训练过程进行优化。模型一共被训练 20 个批次，前五个批次的学习率为 0.01，后 15 个批次的学习率动态地调整为 0.001。训练完成后，采用松花湖水库多波束测深数据对深度学习算法在水下地形匹配中的性能进行研究。测深设备为哈尔滨工程大学研制的 HT-200-SW 型多波束测深声呐。采用 7.7.2 节中数据生成及数据增强的方式以构建模拟数据。本节实验所用的参考图大小为 500 像素×500 像素，图 7-30 给出了本节使用的参考图对应的地形三维模型。

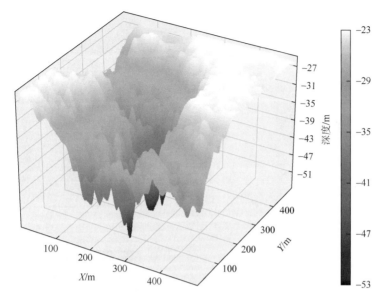

图 7-30　参考图的三维模型（彩图附书后）

7.8.1　匹配实验一：噪声影响

实验一研究噪声对本节提出的水下地形匹配方法的影响。在实时图中加入零均值高斯噪声，通过调整噪声方差以模拟水下噪声环境对实时测深数据造成的高度误差，方差范围为 1～9。参考图与实时图的地形分辨率均为 $1m^2$/像素，实时图大小为 91 像素×181 像素。同时，实时图与参考图存在 10° 的相对旋转，以模拟航向误差。

图 7-31 给出了不同噪声条件下的实时图三维模型和匹配结果。白色实线框代表实时图的真实位置，AUV 处于该区域的中心星形处，黑色虚线框代表网络预测的最佳匹配位置。由图可见，随着噪声方差的增大，实时图三维模型出现较大的外观变化，而网络预测位置与 AUV 的真实位置一直保持着很大的重叠区域，且均能覆盖 AUV 的真实位置。这说明网络模型具有良好的抗噪性能。

表 7-10 给出了匹配结果图中的亚像素定位误差。从表中可见，在噪声方差小于等于 7 的条件下，X 方向和 Y 方向的绝对误差保持稳定，只有在噪声方差等于 9 时，X 方向的位置发生微小的偏移，但网络的预测的位置始终保持在非常小的误差范围，说明本节方法能够在实时图存在噪声的条件下输出稳定准确的匹配定位结果。

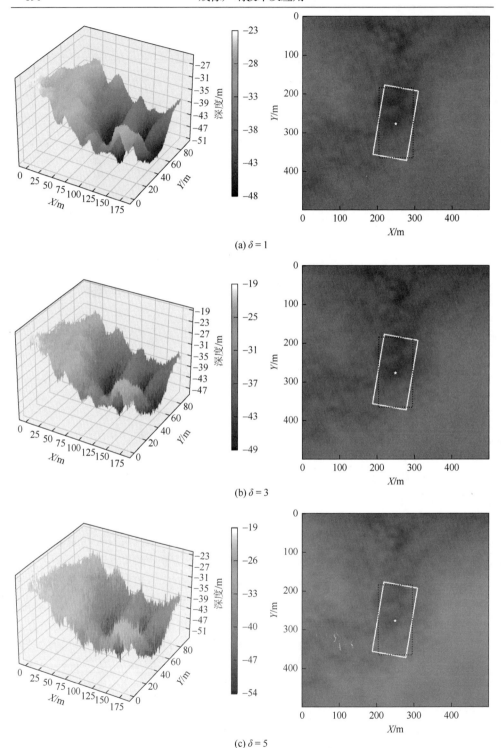

(a) $\delta = 1$

(b) $\delta = 3$

(c) $\delta = 5$

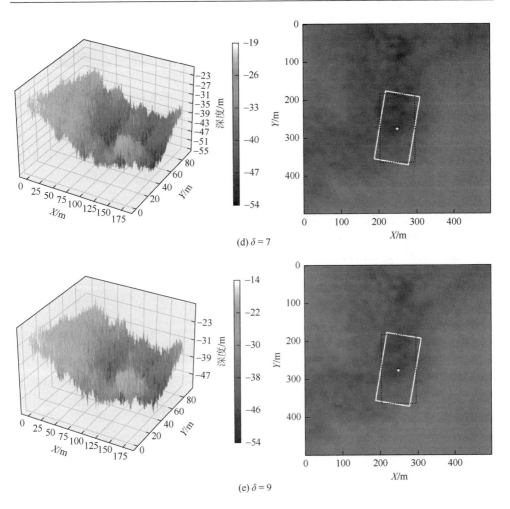

(d) $\delta = 7$

(e) $\delta = 9$

图 7-31　噪声影响下的实时图三维模型和地形匹配结果

表 7-10　图 7-31 中预测位置与真实位置的偏差

图序号	噪声方差 δ	位置偏差(|X|, |Y|)/像素		真实位置坐标
		|X|	|Y|	
图 7-31（a）	1	0.127	0.684	
图 7-31（b）	3	0.127	0.684	
图 7-31（c）	5	0.127	0.684	(250.5, 275.5)
图 7-31（d）	7	0.127	0.684	
图 7-31（e）	9	2.67	0.684	

7.8.2 匹配实验二：实时图特征区分度影响

由于实时图尺寸可以从侧面反映出实时图的特征区分度，因此实验二通过改变实时图的尺寸，研究其对匹配结果的影响，实时图尺寸为 40 像素×40 像素到 120 像素×120 像素不等。此外，实时图添加噪声方差 $\delta=1$ 的高斯白噪声，以模拟环境噪声，且与参考图存在 10° 的相对旋转，参考图与实时图的地形分辨率均为 $1\mathrm{m}^2/$像素。

图 7-32 给出了不同尺寸的实时图三维模型和匹配结果。可见，随着尺寸的增大，实时图能够提供的地形特征也会增多，网络预测的最佳匹配位置和真实位置的中心点距离也会变小，同时网络预测的位置均能覆盖 AUV 的真实位置。

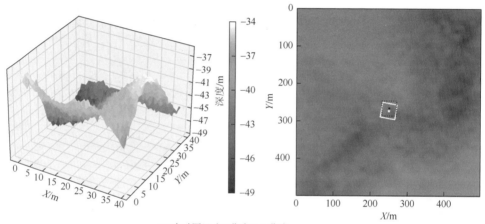

(a) 实时图尺寸40像素×40像素

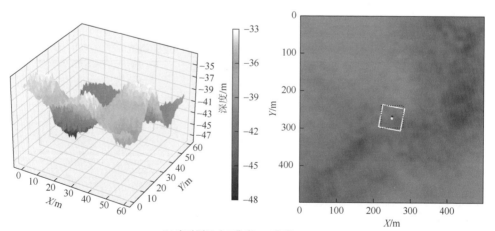

(b) 实时图尺寸60像素×60像素

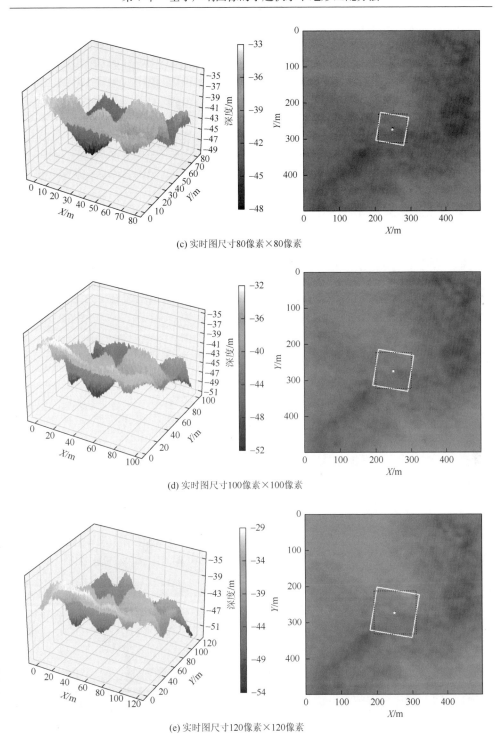

(c) 实时图尺寸80像素×80像素

(d) 实时图尺寸100像素×100像素

(e) 实时图尺寸120像素×120像素

图 7-32　不同实时图尺寸下的实时图三维模型和地形匹配结果

由表 7-11 可见，随着实时图尺寸的增大，基于式（7-32）计算得到的实时图质量指标值也增大，X 方向和 Y 方向的绝对误差会减小，这表明网络能够适用于不同尺寸实时图的匹配定位需求，但是为了保证匹配的精度，模型对实时图的信息量有一定要求。

表 7-11　图 7-32 中预测位置与真实位置的偏差

图序号	实时图尺寸/像素	位置偏差(|X|, |Y|)/像素		质量指标	真实位置坐标
		|X|	|Y|		
图 7-32（a）	40×40	0.443	8.155	4.793	
图 7-32（b）	60×60	0.414	4.212	10.14	
图 7-32（c）	80×80	0.387	3.261	17.28	(250, 273)
图 7-32（d）	100×100	0.357	1.325	27.78	
图 7-32（e）	120×120	0.331	1.068	38.97	

7.8.3　匹配实验三：旋转影响

实验三通过调整实时图与参照图之间的相对旋转角度，以研究航向偏离对网络模型匹配性能的影响。相对旋转角度为 10°～50°不等。实时图大小为 91 像素×181 像素，同时加入误差为 $\delta = 1$ 的高斯白噪声，以模拟环境噪声对实时测深数据的影响，参考图与实时图的地形分辨率均为 1m²/像素。如图 7-33 所示为不同旋转角度下的实时图三维模型和地形匹配结果。

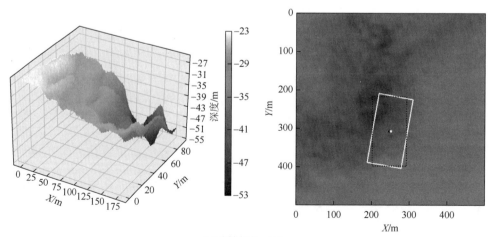

(a) 旋转角度 = 10°

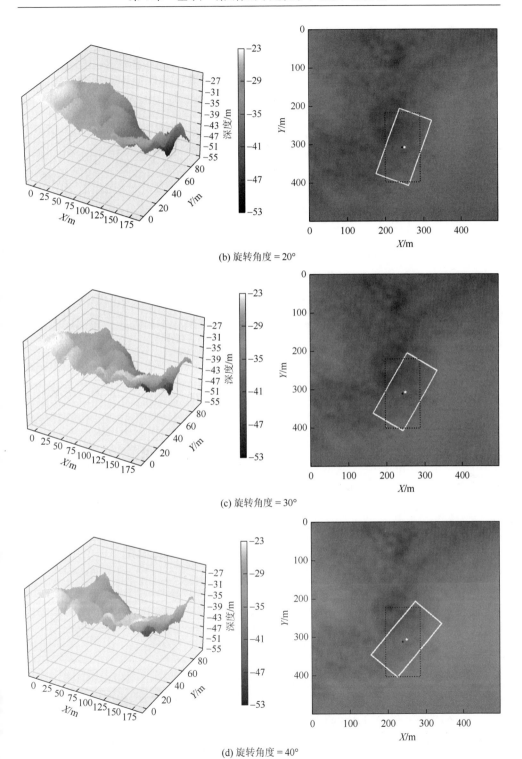

(b) 旋转角度 = 20°

(c) 旋转角度 = 30°

(d) 旋转角度 = 40°

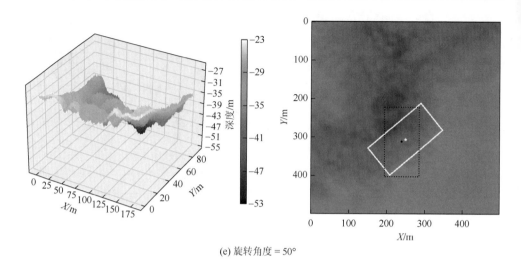

(e) 旋转角度 = 50°

图 7-33　不同旋转角度下的实时图三维模型和地形匹配结果

由图 7-33 可见，随着旋转角度的增大，网络预测位置与真实位置的中心点逐渐偏离，但是预测位置均能覆盖 AUV 的真实位置。如表 7-12 所示为图 7-33 的匹配结果误差。从表中可见，随着旋转角度的增大，X 方向和 Y 方向的绝对误差也增大，但整体误差仍保持在合理的范围内。说明通过数据增强和注意力模块的调制，网络对旋转偏差具有良好的鲁棒性。

表 7-12　图 7-33 中预测位置与真实位置的偏差

图序号	旋转角度/(°)	位置偏差($\lvert X \rvert$, $\lvert Y \rvert$)/像素		真实位置坐标
		$\lvert X \rvert$	$\lvert Y \rvert$	
图 7-33（a）	10	2.67	0.09	(250.5, 307.5)
图 7-33（b）	20	5.21	0.09	
图 7-33（c）	30	8.02	2.70	
图 7-33（d）	40	10.82	5.50	
图 7-33（e）	50	10.82	5.50	

7.8.4　匹配实验四：地形分辨率影响

实验四通过调整实时图与参照图之间的相对地形分辨率，以研究分辨率对网络模型匹配性能的影响。将参考图的地形分辨率固定为 1m^2/像素，实时地形的分辨率范围为 1～9m²/像素。实时图大小为 63 像素×83 像素，与前几次实验相同，实时图中同时加入高度误差为 $\delta = 1$ 的高斯白噪声，且与参考图存在 10°的相对旋转。图 7-34 所示为不同地形分辨率的实时图三维模型和地形匹配结果。

由图 7-34 可以看出，实时图的三维模型随着分辨率的降低，局部特征变得越来越粗糙，损失了较多的细节信息，但整体能反映出地形的起伏变化。因此，网络的预测位置虽然随着分辨率的降低与真实位置的中心点出现偏离，但偏离程度较小，这从表 7-13 中 X 方向和 Y 方向的绝对误差值同样可以体现出来。以上结果说明，本模型能够在不同地形分辨率的实时图定位场景中实现准确的匹配。

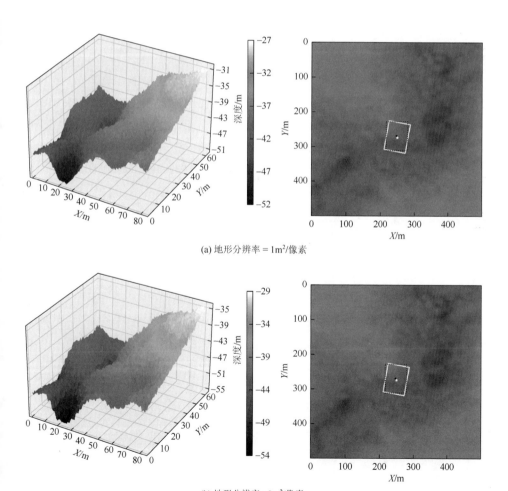

(a) 地形分辨率 = 1m²/像素

(b) 地形分辨率= 3m²/像素

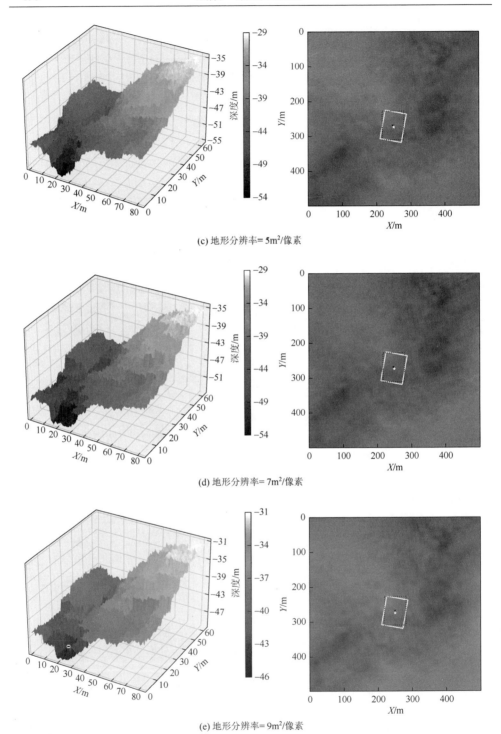

(c) 地形分辨率= 5m²/像素

(d) 地形分辨率= 7m²/像素

(e) 地形分辨率= 9m²/像素

图 7-34　不同地形分辨率下的实时图三维模型和地形匹配结果

表 7-13　图 7-34 中预测位置与真实位置的偏差

图序号	地形分辨率/(m²/像素)	位置偏差(|X|, |Y|)/像素		真实位置坐标
		|X|	|Y|	
图 7-34（a）	1	1.865	4.081	
图 7-34（b）	3	1.865	4.081	
图 7-34（c）	5	1.865	4.081	(250.5, 373.5)
图 7-34（d）	7	2.042	4.081	
图 7-34（e）	9	0.266	6.035	

参 考 文 献

[1]　Chen P Y，Li Y，Su Y M，et al. Review of AUV underwater terrain matching navigation[J]. The Journal of Navigation，2015，68：1155-1172.

[2]　万磊，李璐，刘建成. 一种基于航位推算的水下机器人导航算法[J]. 中国造船，2004，45（4）：77-82.

[3]　Nygren I. A method for terrain navigation of an AUV[C]. Proceedings of Oceans，Honolulu，2001：1766-1774.

[4]　许昭霞，王泽元. 国外水下导航技术发展现状及趋势[J]. 舰船科学技术，2013，35（11）：154-157.

[5]　Chen X L，Li Y. Terrain aided navigation for autonomous underwater vehicle[C]. 2011 Seventh International Conference on Natural Computation，Shanghai，2011：1785-1789.

[6]　Nygren I，Jansson M. Terrain navigatin for underwater vehicles using the correlator method[J]. IEEE Journal of Oceanic Engineering，2004，29（3）：906-915.

[7]　Zhang K，Li Y，Zhao J H，et al. A study of underwater terrain navigation based on the robust matching method[J]. Journal of Navigation，2014，67：569-578.

[8]　Williams S，Dissanayake G，Durrant-Whyte H. Towards terrain-aided navigation for underwater robotics[J]. Advanced Robotics，2001，15（5）：533-549.

[9]　Kato N，Shigetomi T. Underwater navigation for long-range autonomous underwater vehicles using geomagnetic and bathymetric information[J]. Advanced Robotics，2009，23（7）：7-8.

[10]　Hagen O K，Anonsen K B，Skaugen A. Robust surface vessel navigation using terrain navigation[C]. Oceans，Bergen，2013：1-7.

[11]　Mallios A，Ridao P，Ribas D，et al. EKF-sLAM for AUV navigation under probabilistic sonar scan-matching[C]. The 2010 IEEE/RSJ International Conference on Intelligent Robots and Systems，Taibei，2010：4404-4411.

[12]　Roman C，Singh H. Improved vehicle based multibeam bathymetry using sub-maps and SLAM[C]. The 2005 IEEE/RSJ International Conference on Intelligent Robots and Systems，Edmonton，2005：3662-3669.

[13]　王文晶. EKF-SLAM 算法在水下航行器定位中的应用研究[D]. 哈尔滨：哈尔滨工程大学，2007.

[14]　刘明雍，赵涛，周良荣. SLAM 算法在 AUV 中的应用进展[J]. 鱼雷技术，2010，18（1）：41-48.

[15]　周武，赵春霞，沈亚强，等. 基于全局观测地图模型的 SLAM 研究[J]. 机器人，2010，32（5）：647-654.

[16]　林睿. 基于图像特征点的移动机器人立体视觉 SLAM 研究[D]. 哈尔滨：哈尔滨工业大学，2011.

[17]　韩锐. 未知环境下基于 SLAM 的移动机器人导航算法研究[D]. 武汉：武汉理工大学，2006.

[18]　王晶. 自主水下航行器同步定位与构图方法研究[D]. 哈尔滨：哈尔滨工程大学，2013.

[19]　桑恩方，庞永杰，卞红雨. 水下机器人技术[J]. 机器人技术与应用，2003，3：8-13.

[20]　Paull L，Saeedi S，Seto M，et al. AUV navigation and localization: a review[J]. IEEE Journal of Oceanic Engineering，2014，39（1）: 131-149.

[21]　Paul J，Besl N D. A method for registration of 3D shapes[J]. IEEE Transactions on Pattern Analysis and Machine Intelligence，1992，14（2）: 239-256.

[22]　刘承香. 水下潜器的地形匹配辅助定位技术研究[D]. 哈尔滨：哈尔滨工程大学，2003.

[23]　Kamgar-Parsi Behzad，Kamgar-Parsi Behrooz. Matching sets of 3D line segments with application to polygonal are matching[J]. IEEE Transactions on Pattern Analysis and Machine Intelligence，1997，19（10）: 1090-1099.

[24]　郑彤，边少锋，王志刚. 基于 ICCP 匹配算法的海底地形匹配辅助导航[J]. 海洋测绘，2008，28（2）: 21-23.

[25]　吴宏悦. 基于地形熵和 ICCP 算法的水下辅助导航组合方法研究[J]. 舰船科学技术，2011，增刊: 54-57.

[26]　杨绘弘. 基于 ICCP 的水下潜器地形辅助导航方法研究[D]. 哈尔滨：哈尔滨工程大学，2009.

[27]　徐晓苏，吴剑飞，徐胜保，等. 基于仿射修正技术的水下地形 ICCP 匹配算法[J]. 中国惯性技术学报，2014，22（3）: 362-367.

[28]　张凯，赵建虎，陈卓. 一种互相关水下地形匹配导航算法[J]. 大地测量与地球动力学，2014，34（1）: 123-126.

[29]　Yuan G N，Zhang H W，Tuan K F，et al. A combinational underwater aided navigation algorithm based on TERCOMICCP and kalman filter[C]. 2011 Forth International Joint Conference on Computational Sciences and Optimization，Kunming and Lijiang，2011: 852-955.

[30]　Hollowell J. Heli/SITAN: A terrain referenced navigation algorithm for helicopters[C]. IEEE PLANS'90-Position Location and Navigation Symposium，Las Vegas，1990: 616-625.

[31]　Li P J，Zhang X F，Xu X S. Novel terrain integrated navigation system using neural nerwork aided kalman filter[C]. Sixth International Conference on Natural Computation，Yantai，2010: 445-448.

[32]　Li H，Zhang J Y，Shen J. Error estimation method of SINS based on UKF in terrain aided navigation[C]. International Conference on Mechatronic Science，Electric Engineering and Computer，Jilin，2011: 2498-2501.

[33]　Xie J H，Zhao R C，Xia Y. Combined terrain aided navigation based on correlation method and parallel Kalman filters[C]. The Eighth International Conference on Electronic Measurement and Instruments，Xi'an，2007: 1145-1150.

[34]　Ånonsen K B. Bayesian terrain-based underwater navigation using an improvd state-space model[C]. Underwater Technology and Workshop on Scientific Use of Submarine Cables and Related Technologies，Tokyo，2007: 499-505.

[35]　Nygren I. Terrain navigation for underwater vehicles[D]. Stockholm: Royal Institute of Technology，2005.

[36]　Nygren I，Jansson M. Terrain navigation for underwater vehicles using the correlator method[J]. IEEE Journal of Ocean Engineering，2004，29（3）: 906-915.

[37]　刘洪，高永琪，张毅. 基于质点滤波的水下地形匹配算法分析[J]. 弹箭与制导学报，2013，33（3）: 12-16.

[38]　陈小龙，庞永杰，李晔，等. 基于极大似然估计的 AUV 水下地形匹配定位方法[J]. 机器人，2012，34（5）: 559-565.

[39]　Carlström J，Nygren I. Terrain navigation of the Swedish AUV62f vehicle[C]. 14th International Symposium on Unmanned Untethered Submersible Technology，Durham，2005: 1-10.

[40]　Nygren I. Robust and efficient terrain navigation of underwater vehicles[C]. Position，Location and Navigation Symposium，Monterey，2008: 923-932.

[41]　Meduna D K，Rock S M，McEwen R S，et al. Closed-loop terrain relative navigation for AUVs with non-inertial grade navigation sensors[C]. 2010 IEEE/OES Autonomous Underwater Vehicles（AUV），Monterey，2010: 1-8.

[42]　Meduna D K，Rock S M，McEwen R S，et al. Low-cost terrain relative navigation for long-range AUVs[C]. Oceans

Quebec City，2008：1-7.

[43]　Ånonsen K B，Hagen O K. An analysis of real-time terrain aided navigation results from HUGIN AUV[C]. Oceans，Seattle，2010：1-9.

[44]　Ånonsen K B. Bayesian terrain-based underwater navigation using an improvd state-space model[C]. Symposium on Underwater Technology and Workshop on Scientific Use of Submarine Cables and Related Technologies，Tokyo，2007：499-505.

[45]　Ånonsen K B，Hallingstad O，Hagen O K，et al. Terrain aided AUV navigation——A comparison of the point mass filter and the terrain contour matching algorithms[C]. UDT Europe 2005 Conference Proceedings，Amsterdam，2005.

[46]　Ånonsen K B，Hallingstad O. Terrain aided underwater navigation using point mass and particle filters[C]. Position，Location，And Navigation Symposium，Coronado，2006：1027-1035.

[47]　Hagen O K，Ånonsen K B，Mandt M. The HUGIN real-time terrain navigation system[C]. Oceans，Seatle，2010：1-7.

[48]　Ånonsen K B，Hagen O K. Terraom aided underwaer navigation using pockmarks[C]. Oceans 2009，MTS/IEEE Marine Technology for Our Future：Global and Local Challenges，Biloxi，2009：1-6.

[49]　Hagen O K. Terr Lab-a generic simulation and post-processing tool for terrain referenced navigation[C]. Oceans，Boston，2006：1-7.

[50]　Bjorn J，Magne M，Ove K H. Terrain referenced navigation of AUVs and submarines using multibeam echo sounders[C]. Proceedings of UDT Europe 2004，Nice，2004：1-10.

[51]　王涛. 桑迪亚惯性地形辅助导航算法及应用研究[D]. 西安：西北工业大学，2006.

[52]　张飞舟，侣文芳，晏磊，等. 水下无源导航系统仿真匹配算法研究[J]. 武汉大学学报（信息科学版），2003，28（2）：153-157.

[53]　于家城，晏磊，邓嵬，等. 海底地形辅助导航 SITAN 算法中二次搜索技术[J]. 电子学报，2007，35（3）：474-477.

[54]　严明. 水下地形辅助导航系统中的地形匹配算法设计与仿真研究[D]. 北京：北京大学，2004.

[55]　田峰敏. 基于先验地形数据处理的水下潜器地形辅助导航方法研究[D]. 哈尔滨：哈尔滨工程大学，2007.

[56]　张红伟. 基于 ICCP 算法的水下潜器地形辅助定位改进方法研究[D]. 哈尔滨：哈尔滨工程大学，2010.

[57]　Lianantonakis M，Petillot Y R. Sidescan sonar segmentation using active contours and level set methods[C]. IEEE Oceans 2005 Europe，Brest，2005：20-23.

[58]　Daniel S，Leannec F L，Roux C，et al. Maillard. Sidescan sonar image matching[C]. IEEE Journal of Oceanic Engineering，1998，23：245-259.

[59]　Stalder S，Bleuler H，Ura T. Terrain-based navigation for underwater vehicles using side-scan images[C]. IEEE Oceans 2008，Quebec City，2008：1-3.

[60]　Chailloux C，Zerr B. Non symbolic mothods to register sonar images[C]. IEEE Oceans 2005 Europe，Brest，2005：276-281.

[61]　Cobra D T，Oppenheim A V，Jaffe J S. Geometric distortions in side-scan sonar images：A procedure for their estimation and correction[J]. IEEE Journal of Oceanic Engineering，1992，17（3）：252-268.

[62]　Daniel S，Leannec F L，Roux C，et al. Maillard. Side-scan sonar image matching[J]. IEEE Journal of Oceanic Engineering，1998，23（3）：245-259.

[63]　Stalder S，Bleuler H，UraT. Terrain-based navigation for underwater vehicles using side scan sonar images[C]. Oceans，Quebec City，2008：1-3.

[64]　Tao W，Zhao J，Liu J，et al. Study on the side-scan sonar image matching navigation based on SURF[C]. International

Conference on Electrical and Control Engineering，Wuhan，2010：2181-2184.

[65] 张红梅，赵建虎，邵楠. 基于海床特征地貌的水下导航方法[J]. 测控技术，2011，30（11）：96-102.

[66] Tena R I，de Raucourt S，Petillot Y，et al. Concurrent mapping and localization using sidescan sonar[J]. IEEE Journal of Oceanic Engineering，2004，29（2）：442-456.

[67] Hagen O K，Anonsen K B，Saebo T O. Low altitude AUV terrain navigation using an interferometric sidescan sonar[C]. Oceans，Waikoloa，2011：1-8.

[68] Woock P. Deep-sea seafloor shape reconstruction from side-scan sonar data for AUV navigation[C]. Oceans 2011 IEEE，Santander，2011：1-7.

[69] 李德华，杨灿，胡昌赤. 地形匹配区选择准则研究[J]. 华中理工大学学报，1996，（2）：7-8.

[70] 郑彤，蔡龙飞，王志刚，等. 地形匹配辅助导航中匹配区域的选择[J]. 中国惯性技术学报，2009，17（2）：191-196.

[71] 吴尔辉，沈林成，常文森. 地形匹配辅助导航中的地形独特性分析[J]. 国防科技大学学报，1998，20（3）：5-8.

[72] Tang A W，Mcclintock R L. Terrain correlation suitability[J]. ProcSpie，1994，2220：50-58.

[73] Bergman N，Ljung L. Point-mass filter and Cramer-Rao bound for terrain-aided navigation[C]. IEEE Conference on Decision and Control，San Diego，1997：850-855.

[74] 苏康，关世义，柳健，等. 在不同地形条件下的地形辅助导航系统定位精度评估[J]. 宇航学报，1998，19（1）：84-89.

[75] 朱华勇，沈林成，常文森. 地形相关算法度量值的统计特性[J]. 国防科技大学学报，1999，（4）：91-95.

[76] 李俊，杨新，朱菊华，等. 用于精确定位的最佳匹配区选择分形法[J]. 上海交通大学学报，2001，35（2）：305-308.

[77] 刘扬，赵峰伟，金善良. 景象匹配区选择方法研究[J]. 红外与激光工程，2001，30（3）：168-170.

[78] 冯庆堂. 地形匹配新方法及其环境适应性研究[D]. 长沙：国防科技大学，2004.

[79] 张凯，赵建虎，王锲. 基于支持向量机的水下地形匹配导航中适配区划分方法研究[J]. 大地测量与地球动力学，2013，33（6）：72-77.

[80] 李雄伟，刘建业，康国华. 熵的地形信息分析在高程匹配中的应用[J]. 应用科学学报，2006，24（6）：608-612.

[81] 李德华，杨灿，胡昌赤. 地形匹配区选择标准研究[J]. 华中理工大学学报，1996，24（2）：7-8.

[82] 徐晓苏，苏逸群. 改进的地形熵算法在地形辅助导航中的应用[J]. 中国惯性技术学报，2008，16（5）：595-598.

[83] Salavasidis G，Munafò A，Fenucci D，et al. Terrain-aided navigation for long-range AUVs in dynamic under-mapped environments[J]. Journal of Field Robot，2021，38（3）：402-428.

[84] Salavasidis G，Munafò A，McPhail S D，et al. Terrain-aided navigation with coarse maps—toward an arctic crossing with an AUV[J]. IEEE Journal of Oceanic Engineering，2021，46（4）：1192-1212.

[85] Salavasidis G. Terrain-aided navigation for long-range AUVs operating in uncertain environments[D]. Southampton：University of Southampton，2019：219.

[86] Salavasidis G，Munafo A，Fenucci D，et al. Ultra-endurance AUVs：Energy Requirements and Terrain-aided Navigation[M]. London：The Institute of Engineering and Technology，2020.

[87] Li Z. Variation of the accuracy of digital terrain models with sampling interval[J]. The Photogrammetric Record，1992：14（79）：113-128.

[88] Song Z，Bian H，Zielinski A. Application of acoustic image process-ing in underwater terrain aided navigation[J]. Ocean Engineering，2016，121：279-290.

[89] Bertinetto L，Valmadre J，Henriques J F，et al. Fully-convolutional siamese networks for object tracking[C].

European Conference on Computer Vision，Amsterdam，2016：850-865.

[90]　Sandler M，Howard A，Zhu M，et al. Mobilenetv2：Inverted residuals and linear bottlenecks[C]. 2018 IEEE/CVF Conference on Computer Vision and Pattern Recognition （CVPR），Salt Lake City，2018：4510-4520.

[91]　Zhang Z，Peng H. Deeper and wider siamese networks for real-time visual tracking[C]. 2019 IEEE/CVF Conference on Computer Vision and Pattern Recognition（CVPR），Long Beach，2019：4591-4600.

[92]　Bhat G，Johnander J，Danelljan M，et al. Unveiling the power of deep tracking[C]. Computer Vision—ECCV 2018，Munich，2018：483-498.

[93]　Liao B，Wang C，Wang Y，et al. PG-Net：Pixel to global matching network for visual tracking[C]. Computer Vision—ECCV 2020，Glasgow，2020：429-444.

第 8 章　水下地形适配性的图像分析方法

　　在地形特征丰富的区域，水下地形匹配技术能够获得稳定可靠的定位结果，但地形平缓的区域有时无法提供足够的地形特征，从而导致误配现象的发生，降低了定位的精确度和稳定性。根据已知水下地形数据预先评价和划分适配区是减少误配、提高地形匹配定位精度及可靠性的一种有效手段。

　　地形信息的丰富程度影响了水下地形匹配定位的精度和可靠性。地形的特征越丰富，匹配算法的识别能力就越强，结果就越可靠。然而，相关学者虽然提出了多种地形匹配算法，但在算法的适用地形方面，还少有相关论述，使得实际应用时难以取得理想效果[1-8]。此外，水下地形的适配性需要由多个参数从不同角度进行描述，凭借单方面参数难以获得准确全面的评价结果，易选出适配性不佳的地形区域，从而导致后续匹配算法性能的下降。

　　本章以图像特征作为地形适配性的评价手段，结合第 7 章提出的地形匹配算法，研究了水下地形适配性的图像分析方法。通过在选取的适配区内进行地形匹配实验，对所选适配区的有效性进行了验证。

8.1　水下地形图像适配性的模糊判决方法

8.1.1　水下地形图像适配性参数

　　水下地形的适配性与地形起伏分布的独特性呈现明显的正相关性。该关系在基于声呐图像的水下地形匹配定位技术中表现为匹配定位的成功率依赖于图像特征的区分度。因此，选择合适的图像特征来评价水下地形的适配性是该技术的核心内容。除此之外，由于适配性分析的服务对象是后续的匹配算法，因此，所提取的特征也需配合匹配的需要，能够选出匹配算法的适用地形，从而保证成功定位。

　　传统的图像独特性分析以人类作为图像信息的最终接收者，通过模拟人眼的视觉特性来逼近人脑的主观判断，以人类能否有效区分与辨认图像内容为评价准则。然而，在地形匹配领域，图像由机器进行分析，不要求其必须含有人类可理解的直观信息。例如，人可以轻易区分一组海沟的地形图像，却难以判别一组起伏缓慢的海底平原图像。但对于匹配算法来说，这两组图像可以都具备很好的独特性，从而能够用来实现有效定位。因此，从图像处理的角度分析水下地形的适配性，需要引入新的参数，来衡量地形特征的显著程度。

本节提出的适配性分析方法面向第 7 章所述的基于加权组合特征的水下地形匹配定位方法，因此定义和选择的特征参数对可能具有纹理形态的水下地形有所侧重。

1. 直方图复杂度

本节所讨论的水下地形图像为 8 位灰度图像（灰度级范围为 0～255），各像素点的灰度值对应该点的实际深度。在一幅水下地形图像所包含的有限地理区域中，深度的变化范围通常小于灰度直方图的宽度（256），即只占用直方图的一部分灰度级。地形图像占用的灰度级越多，反映该区域内深度变化越丰富，适配性越强。为提取该特征，定义灰度直方图中被占用的灰度级个数 N 与直方图宽度之比为直方图占用率，如式（8-1）所示：

$$\eta = \frac{N}{256} \tag{8-1}$$

式中，$N \in [1, 256]$。由式（8-1）可知，$\eta \in (0, 1]$。

直方图占用率可以在一定程度上反映水下地形的独特性。如图 8-1 和图 8-2

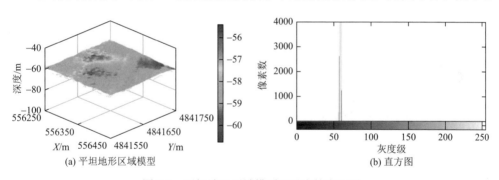

(a) 平坦地形区域模型　　　　　　　　　　(b) 直方图

图 8-1　平坦地形区域模型及对应的直方图

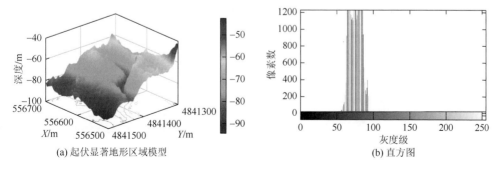

(a) 起伏显著地形区域模型　　　　　　　　(b) 直方图

图 8-2　起伏显著地形区域模型及对应的直方图

所示，若某区域较为平坦，其深度值数目少，则对应地形图像的直方图占用率低；反之，若区域内地形变化复杂，深度信息丰富，则其地形图像直方图占用率会明显升高。

然而，直方图占用率在分析如图 8-3 和图 8-4 所示的地形方面能力有限。图 8-3 与图 8-4 对应的水下地形图像具有相同的直方图占用率，但图 8-4 所示地形对应图像的灰度级更为分散，在三维模型中对应的地形起伏程度更大，因此其适配性优于图 8-3。

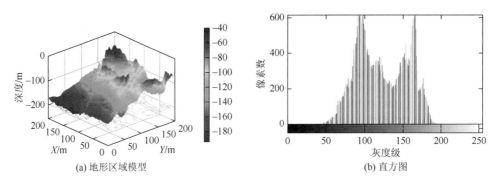

图 8-3　较窄的直方图及对应的地形区域模型（彩图附书后）

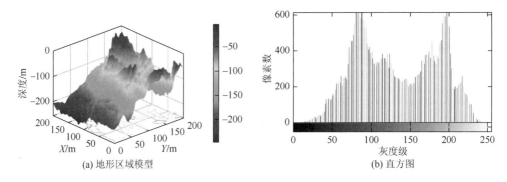

图 8-4　较宽的直方图及对应的地形区域模型（彩图附书后）

为此，进一步定义直方图跨度 L，如式（8-2）所示：

$$L = G_{max} - G_{min} \tag{8-2}$$

式中，G_{max} 与 G_{min} 分别是图像中含有的最大灰度级与最小灰度级。

在直方图占用率相同的情况下，直方图跨度更大的地形具有更好的适配性。应注意，仅仅满足直方图跨度大并不一定对应好的适配性。例如，对于只由两个灰度级构成的图像，仍可能获得很大的直方图跨度，但其图像形态有可能为单一灰度背景下含有少量噪声。

综合上述两个参数的信息，将式（8-1）与式（8-2）组合，定义直方图复杂度 HC，如式（8-3）所示：

$$HC = \eta \cdot L = \frac{N(G_{max} - G_{min})}{256} \tag{8-3}$$

式中，各符号意义与之前相同。可见，$HC \in [0, 255]$。

直方图复杂度从整体上反映了地形图像的灰度分布情况，其值从高到低对应的主要地形类型为：剧烈起伏且含有丰富的深度值；深度值不丰富但起伏较大；起伏较小但含有丰富的深度值；起伏较小且深度值单一。

2. 对比度

对比度是指一幅图像中明暗区域最亮的白与最暗的黑之间不同亮度层级的测量，即指一幅图像灰度反差的大小。对应到水下地形中，通过分析地形图像的对比度可以了解地形起伏的相对剧烈程度。

目前并无统一的对比度定义，较常用的几种包括韦伯对比度、Michelson 对比度与均方根对比度。韦伯对比度来自于韦伯定律，即人类感受到的刺激的动态范围正比于标准刺激的强度；Michelson 对比度与人的视觉感受中视锥细胞对视场光通量的空域频率的感受程度在理论上是一致的；均方根对比度定义为一幅图像内像素值的均方根，其与图像内容的空域频率和空域分布均无关。以上三个对比度定义如式（8-4）～式（8-7）所示。

韦伯对比度（C_W）：

$$C_W = \frac{I - I_b}{I_b} \tag{8-4}$$

式中，I 为物体的亮度；I_b 为背景的整体亮度。

Michelson 对比度（C_M）：

$$C_M = \frac{I_{max} - I_{min}}{I_{max} + I_{min}} \tag{8-5}$$

式中，I_{max} 和 I_{min} 分别表示最亮的亮度和最暗的亮度。

均方根对比度（C_σ）：

$$C_\sigma = \sigma_{I_{w \times h}} = \sqrt{\frac{1}{w \times h} \sum_{I_{w \times h}} (I(x, y) - \mu_{\bar{w} \times h})^2} \tag{8-6}$$

式中

$$\mu_{\bar{w} \times h} = \frac{1}{w \times h} \sum_{I_{w \times h}} I(x, y) \tag{8-7}$$

$I(x, y)$ 为 (x, y) 处像素的灰度值；w 和 h 分别为图像的宽和高。

由于地形图像由机器进行处理，C_W 与 C_M 对于人类感觉的近似性在此并未体现出明显的物理意义。C_σ 反映了灰度值的整体离散性，对应于地形时则体现了深度起伏的剧烈程度。因此，本章采用图像的均方根对比度作为水下地形的适配性参数之一。

3. 拉普拉斯梯度和

上述两个参数提取了地形的整体起伏特征，而地形的局部特征从细节上描述了地形区域的独特性。本章采用拉普拉斯算子提取水下地形梯度，作为水下地形局部变化快慢的表征。

在水下地形图像 I 内，通过拉普拉斯算子模板扫描各像素，计算其 8 邻域微分，并在整幅图像内求和，可以得到拉普拉斯梯度和 L_s，如式（8-8）所示：

$$
\begin{aligned}
L_s = \sum_{(x,y)\in I} \{| 8f(x,y) - &f(x,y-1) - f(x,y+1) \\
- &f(x-1,y) - f(x-1,y-1) - f(x-1,y+1) \\
- &f(x+1,y) - f(x+1,y-1) - f(x+1,y+1) |\}
\end{aligned}
\tag{8-8}
$$

对于水下地形图像，若各像素周围的灰度变化小，则 L_s 也小；若图像轮廓鲜明，L_s 会显著增大。

在实验中，利用图像的离焦模糊来模拟具有不同局部起伏程度的实际地形。操作时，固定相机与目标景物的位置（焦距为 5m），连续改变相机的焦距，获得一系列不同焦距的图像并分别计算各图像的 L_s。图 8-5 显示了 L_s 随焦距的变化曲线。从图中可以看出，在焦平面附近（即对应于局部深度变化明显的地形），L_s 曲线具有很好的平滑性、单峰性和灵敏度，能够有效反映水下地形的局部特征。

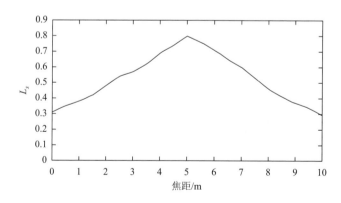

图 8-5　离焦模糊曲线

4. 图像熵

利用信息论中信息熵的概念，引入图像熵来衡量水下地形区域深度分布的不确定性。作为图像的统计特征之一，图像熵的大小反映了图像中平均信息量的多少。地形区域中高程分布（深度分布）的聚集特性所含的信息量在地形图像中可由一维熵表示。设地形图像中灰度为 i 的像素点出现的概率为 p_i，则灰度图像的一元灰度熵 H_1 如式（8-9）所示：

$$H_1 = \sum_{i=0}^{255} p_i \log_2 p_i \qquad (8\text{-}9)$$

一元灰度熵的不足在于不能反映灰度的空间分布特征所包含的信息量。图像的二维熵则通过在一维熵的基础上增加某些反映空间分布的特征量来解决该问题。

邻域灰度均值为像素点 8 邻域灰度和的平均。该特征量与像素点的空间位置有关，反映了灰度分布的空间特征。本章所采用的图像二维熵通过邻域灰度均值引入像素的空间分布信息。该参数与像素的灰度值构成一个特征对，记为 (i,j)，其中 i 代表像素的灰度值（ $i=0,1,2,\cdots,255$ ），j 表示该像素的邻域灰度均值（ $j=0,1,2,\cdots,255$ ）。令 $f(i,j)$ 表示特征对 (i,j) 出现的频数，p_{ij} 为特征对 (i,j) 出现的比例，则在大小为 M 像素×N 像素的图像中，p_{ij} 定义如式（8-10）所示：

$$p_{ij} = \frac{f(i,j)}{M \times N} \qquad (8\text{-}10)$$

由此，图像的二维熵 H_2 如式（8-11）所示：

$$H_2 = \sum_{i=0}^{255} \sum_{j=0}^{255} p_{ij} \log_2 p_{ij} \qquad (8\text{-}11)$$

图像的二维熵可以在体现水下地形所包含深度信息量的同时，对区域中采样点位置的深度信息和采样点周围的深度分布特征做出表征。

8.1.2　水下地形适配性模糊判决法

上述水下地形图像适配性参数从多方面反映了水下地形的独特性，并对可能在图像中表现出纹理的地形有所侧重。然而，由于单一参数获得的评价结果存在片面性，其稳定性相对较低。除此之外，单一参数的取值范围在不同水下地形区域内可能存在较大差异，很难通过设置固定门限等手段来获得通用的评价准则。

地形的适配性是一个模糊概念，即没有明确的界限，不能只判定为"适合匹配"或"不适合匹配"，而应给出适用于匹配定位的程度作为评价结果。对于某一水下高程地图，适配性分析的目的是获得其中相对更适合进行匹配定位的一定数量的区域位置。该问题的实质是对特定区域内的可选子区域进行排序。由于各候选区域的适配性反映在上述多个参数中，因此，可采用模糊综合评判方法进行适配性评价。

　　模糊综合评判属于模糊决策的一种，适用于根据多个因素对某事物做出评判的情形[9, 10]。本节采用模糊综合决策模型，将 8.1.1 节介绍的四个适配性参数作为因素集 U，即 $U = [HC, C_\sigma, L_s, H_2]$，各参数的取值构成评价指标集。由于各参数都属于"越大越优"型，因此若对 m 个待选地形进行分析，x_{ij} 为第 j 个待选地形的第 i 个因素的指标特征量，其隶属度 r_{ij} 由式（8-12）获得：

$$r_{ij} = \frac{x_{ij}}{\overset{\vee}{j} x_{ij} + \hat{j} x_{ij}} \tag{8-12}$$

式中，$i = 1, 2, 3, 4$；$j = 1, 2, \cdots, m$；"$\vee$"和"$\wedge$"分别代表取大运算和取小运算。由此获得的隶属度矩阵 R 如式（8-13）所示：

$$R = \begin{bmatrix} r_{11} & r_{12} & \cdots & r_{1m} \\ r_{21} & r_{22} & \cdots & r_{2m} \\ r_{31} & r_{32} & \cdots & r_{3m} \\ r_{41} & r_{42} & \cdots & r_{4m} \end{bmatrix} \tag{8-13}$$

对隶属度矩阵进行修正以避免超模糊现象，获得修正后的隶属度矩阵 R^* 如式（8-14）所示：

$$R^* = \begin{bmatrix} \dfrac{r_{11}}{c_1} & \dfrac{r_{12}}{c_2} & \cdots & \dfrac{r_{1m}}{c_m} \\ \dfrac{r_{21}}{c_1} & \dfrac{r_{22}}{c_2} & \cdots & \dfrac{r_{2m}}{c_m} \\ \dfrac{r_{31}}{c_1} & \dfrac{r_{32}}{c_2} & \cdots & \dfrac{r_{3m}}{c_m} \\ \dfrac{r_{41}}{c_1} & \dfrac{r_{42}}{c_2} & \cdots & \dfrac{r_{4m}}{c_m} \end{bmatrix} = \begin{bmatrix} r_{11}^* & r_{12}^* & \cdots & r_{1m}^* \\ r_{21}^* & r_{22}^* & \cdots & r_{2m}^* \\ r_{31}^* & r_{32}^* & \cdots & r_{3m}^* \\ r_{41}^* & r_{42}^* & \cdots & r_{4m}^* \end{bmatrix} \tag{8-14}$$

式中

$$c_j = \sum_{i=1}^{4} r_{ij}, \quad j = 1, 2, \cdots, m \tag{8-15}$$

　　定义 W 为评价指标集的权值向量：$W = [w_1, w_2, w_3, w_4]$。为使所有评价指标对所有待评价方案的总离差最大，有

$$W = \left[\frac{d_1}{\sum\limits_{i=1}^{m} d_i}, \frac{d_2}{\sum\limits_{i=1}^{m} d_i}, \frac{d_3}{\sum\limits_{i=1}^{m} d_i}, \frac{d_4}{\sum\limits_{i=1}^{m} d_i} \right] \tag{8-16}$$

式中

$$d_i = \exp\left(\sum_{j=1}^{m}\sum_{k=1}^{m} |r_{ij} - r_{ik}|\right) \tag{8-17}$$

则第 j 个待选地形的综合评价值 b_j 为

$$b_j = c_j \sum_{i=1}^{4} w_i r_{ij} \tag{8-18}$$

综合评判结果向量 B 为

$$B = [b_1, b_2, \cdots, b_m] \tag{8-19}$$

8.2　模糊判决法的湖试数据处理

采用来自 RESON 7125 型多波束测深声呐的千岛湖水下地形数据对上述方法进行验证实验。选取包含不同深度变化特征的水下地形区域，大小为 800m×800m，其等高线图如图 8-6 所示，其对应的水下地形图像分辨率为 $1m^2$/像素。

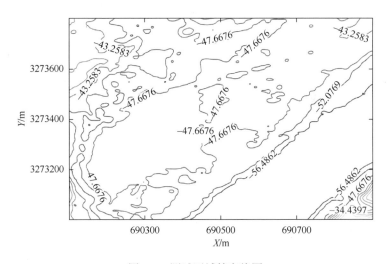

图 8-6　测试区域等高线图

如图 8-7 所示，将该区域划分为 16 个子区域，大小均为 200m×200m，编号为 1~16。

计算各子区域的上述参数值并进行模糊综合评判，根据评判结果，对各子区域的适配性进行排名，结果如表 8-1 所示。由表中结果可见，4 号区域的各参数值明显大于其他区域，对应的实际地形呈阶梯状上升，特征最为明显，获得的模糊评价值最高，即适配性最好。同时还可以看到，随评价排名的降低，单一参数

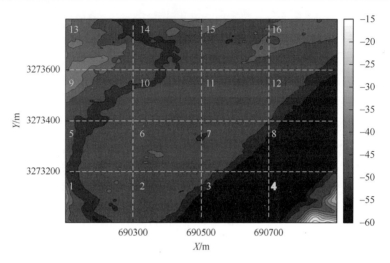

图 8-7   测试区域灰度地形图

值逐渐减小，但其与评价排名之间并不是严格的单调关系。例如，1 号区域的评价排名高于 12 号区域，但其 C_σ 参数值却相对较小。该现象证明了采用单一参数进行适配性评估的稳定性较低，而对其进行模糊综合评判则能够获得更合理的结果。

表 8-1   图 8-7 中各子区域适配性分析结果

评价值	区域编号	HC	C_σ	$L_s/10^3$	H_2
0.4258	4	10.1602	11.5749	47.7971	0.3838
0.1104	1	2.0664	3.0972	24.1949	0.1054
0.0811	13	1.2656	3.8400	18.6495	0.0801
0.0657	9	1.5625	4.0689	14.9141	0.0591
0.0388	7	1.7227	3.9304	12.3616	0.0264
0.0358	14	1.0000	2.4931	12.4502	0.0306
0.0345	15	0.6602	1.6475	9.9371	0.0328
0.0332	16	0.7656	2.2554	5.4393	0.0301
0.0314	12	0.8789	4.1388	4.1252	0.0268
0.0279	2	1.0000	3.2880	11.1541	0.0214
0.0241	5	0.5625	2.5648	9.4376	0.0217
0.0231	6	0.4727	1.0584	10.0209	0.0216
0.0203	10	0.3906	1.3283	4.8122	0.0193
0.0200	3	0.7656	2.1960	9.8313	0.0149
0.0166	8	0.6602	1.4110	5.3724	0.0121
0.0113	11	0.1914	0.7026	4.8437	0.0110

为验证上述排名的可靠性，在 16 个子区域中分别进行匹配定位仿真。匹配算法采用前面内容提出的基于加权组合特征的水下地形匹配定位方法。对某一子区域，在其中进行 50 次匹配实验，每次实验的目标位置随机选择，最后统计 50 次匹配的平均定位误差，结果如表 8-2 所示。

表 8-2　图 8-7 中各子区域平均定位误差

区域编号	平均定位误差/像素
4	1.34
1	7.88
13	9.38
9	11.46
7	23.76
14	25.46
16	26.76
15	27.18
12	29.30
2	33.58
6	36.48
5	36.68
3	39.84
10	41.10
8	43.42
11	46.14

由表 8-2 可见，在表 8-1 中排名靠前的区域内进行的匹配定位获得了更小的平均定位误差，并且按照定位误差从小到大对各区域进行排名，结果与表 8-1 基本相同。只有在某些适配性不佳且评判结果非常相似的水下地形块上，表 8-2 相比表 8-1 才会出现排名翻转的情况，如 15 号与 16 号、5 号与 6 号、3 号与 10 号。

上述结果表明了以上图像特征参数能够有效反映水下地形区域的适配性，对各参数进行模糊综合评判可以获得稳定的适配性评判结果，从而验证了本章方法的有效性。

8.3　水下地形图像适配区渐进式选择方法

8.3.1　多波束地形图像的适配尺度分析

多波束测深数据具有的高分辨率、全覆盖的特点使其能够通过插值和网格化建立适合水下地形匹配的地形模型。插值或网格化能够调整原始数据的密度，从而获得不同分辨率的水下地形图像。水下地形图像的尺度是指单位像素对应的实际地理区域面积，其与地形图像的分辨率有关。高分辨率的地形图像不仅包含大量的高频细节特征，同时也存在较多的噪声干扰。而考虑到水下地形图像数据低精度的特点，实时图和参考图之间共有的细节特征稳定性较低，匹配时应侧重于低频部分的轮廓特征。将水下地形图像变换到不同尺度下，可以突出必要的低频特征，但过度降低尺度则会使图像模糊，特征难以提取，因此，确定水下地形图像的适配尺度可为后续匹配算法的有效实施提供必要辅助。

　　将水下地形图像作为匹配导航中的参考图与实时图，需要确定其最优尺度。对于通过小波分解获得的不同尺度水下地形图像来说，该最优尺度是指能够提供最佳地形匹配信息的最小空间范围。若尺度选择不当，可能会导致无法获得需要的地形特征或提取到冗余信息。由地理学第一定律可知，事物之间均存在联系，距离越近，事物之间的联系性越强。水下地形图像中各位置的灰度分布反映的是实际水底深度的起伏变化，其数值也应存在一定程度的相关性。距离近的测深点，其深度值的相似性比距离远的测深点更高，即对应的水下地形图像中相邻的像素灰度值之间表现出更大的相关性。

　　本章采用图像的局部标准差作为多波束地形图像中灰度相关性的描述参数。若图像 I 的大小为 M 像素 $\times N$ 像素，$f(i,j)$ 表示点 (i,j) 处像素的灰度值，$\overline{f}_{i,j}$ 是以点 (i,j) 为中心、大小为 M' 像素 $\times N'$ 像素的局部图像的灰度均值，如式（8-20）所示：

$$\overline{f}_{i,j} = \frac{1}{M' \times N'} \sum_{x=i-\frac{M'}{2}}^{i+\frac{M'}{2}} \sum_{y=j-\frac{N'}{2}}^{j+\frac{N'}{2}} f(x,y) \tag{8-20}$$

$\sigma_{i,j}^2$ 为该局部图像的方差，如式（8-21）所示：

$$\sigma_{i,j}^2 = \frac{1}{M' \times N'} \sum_{x=i-\frac{M'}{2}}^{i+\frac{M'}{2}} \sum_{y=j-\frac{N'}{2}}^{j+\frac{N'}{2}} (\overline{f}_{i,j} - f(x,y))^2 \tag{8-21}$$

则 I 的局部标准差 σ_I 为

$$\sigma_I = \sqrt{\frac{1}{K \times L} \sum_{i=1}^{K} \sum_{j=1}^{L} \sigma_{i,j}^2} \tag{8-22}$$

式中，K 和 L 分别为局部图像在 I 中水平方向和竖直方向移动的次数：

$$\begin{cases} K = M - M' + 1 \\ L = N - N' + 1 \end{cases} \tag{8-23}$$

　　对某一幅图像，通过小波变换将其分解至不同尺度，计算各尺度下的局部标准差，其中最大值对应的尺度即为最优尺度。

图 8-8（a）和图 8-8（b）分别为某水域的地形模型及其对应的地形图像。图 8-9 为图 8-8（b）的局部标准差随尺度的变化曲线。可见，图 8-8（b）的局部标准差随着分解尺度的增加而呈现小幅下降，在原图尺度下的局部标准差值为最大，即原图的分辨率为此水下地形图像的最优匹配尺度。

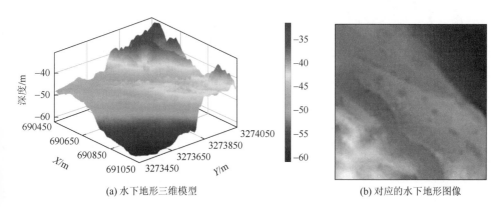

(a) 水下地形三维模型　　　　　　　　　(b) 对应的水下地形图像

图 8-8　水下地形三维模型及对应的水下地形图像

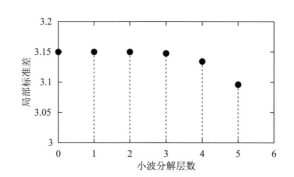

图 8-9　图 8-8（b）的局部标准差随分解尺度的变化图

值得注意的是，不同图像中包含的细节信息和冗余信息的数量有时差别很大，这会导致地形图像的最优尺度发生变化。

航空图像与水下图像相比通常含有更丰富的细节信息。此处以图 8-10 所示的某城市区域的航拍图像为例说明。如图 8-11 所示，图 8-10 的局部标准差最大值对应的尺度为一级分解尺度，而不是图 8-8（b）对应的原图尺度。导致该结果的原因是小波分解减少了图像中的高频细节信息和冗余信息，而突出了特征更加稳定、明显的区域（如房屋与街道），从而使得该分解层级下的图像更适于进行匹配计算。

图 8-10 某城市区域航拍图

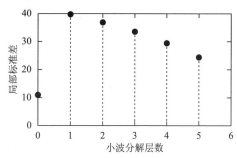

图 8-11 图 8-10 的局部标准差随分解尺度的
变化图

8.3.2 地形图像的特征选择

在确定水下地形图像的适配尺度后，对其从地形深度统计特征和图像统计特征两个方面进行特征提取，以此作为划分适配区的依据。

本节的适配性分析方法以前面内容所述的基于边缘角点的水下地形匹配定位方法为匹配算法，因此定义和选择的特征对深度变化频率快的地形有所侧重。

1. 水下地形深度特征参数

1）深度方差

深度方差（depth variance，DV）体现了对应的水下地形区域深度的总体离散程度。区域内水下深度的起伏越剧烈，深度方差的值越大。若区域 R 的水下地形深度数据的表示形式为 M 行 $\times N$ 列的矩阵，$d_R(i,j)$ 表示第 i 行、第 j 列处数据点的深度值，$\overline{d_R}$ 为区域 R 的深度均值，则其对应的深度方差 DV 如式（8-24）所示：

$$\mathrm{DV} = \frac{1}{M \times N} \sum_{i=1}^{M} \sum_{j=1}^{N} (d_R(i,j) - \overline{d_R})^2 \tag{8-24}$$

2）地形坡度

地形坡度（gradient）为局部地形深度的梯度，体现了局部地形变化的快慢。设东向和北向为 X 轴正向和 Y 轴正向，地形曲面 $d_R(i,j)$ 上点 (i,j) 处的 X 向梯度 $g_x(i,j)$ 和 Y 向梯度 $g_y(i,j)$ 分别如式（8-25）和式（8-26）所示：

$$g_x(i,j) = \frac{\begin{aligned}&d(i+1,j+1) - d(i-1,j+1)\\&+d(i+1,j) - d(i-1,j)\\&+d(i+1,j-1) - d(i-1,j-1)\end{aligned}}{6L} \tag{8-25}$$

$$
\begin{aligned}
g_y(i,j) = \frac{\begin{aligned}&d(i+1,j+1)-d(i+1,j-1)\\&+d(i,j+1)-d(i,j-1)\\&+d(i-1,j+1)-d(i-1,j-1)\end{aligned}}{6L}
\end{aligned}
\tag{8-26}
$$

式中，L 为 $d_R(i,j)$ 的距离分辨率。

若 $d_R(i,j)$ 代表一幅水下地形图像，则 L 为图像中单个像素对应正方形区域的边长。点 (i,j) 处的水下地形坡度 $G(i,j)$ 为

$$
G(i,j) = \arctan\sqrt{g_x^2(i,j)+g_y^2(i,j)}
\tag{8-27}
$$

进一步提取地形坡度 G 的均值 E_G 和方差 σ_G^2 作为地形特征值，其定义式分别如式（8-28）和式（8-29）所示：

$$
E_G = \frac{1}{M\times N}\sum_{i=1}^{M}\sum_{j=1}^{N}G(i,j)
\tag{8-28}
$$

$$
\sigma_G^2 = \frac{1}{M\times N}\sum_{i=1}^{M}\sum_{j=1}^{N}(G(i,j)-E_G)^2
\tag{8-29}
$$

2. 图像二维熵

选用图像二维熵 H_2 以反映区域中采样点位置的深度信息和采样点周围深度分布的综合特征。定义式见式（8-9）～式（8-11）。

3. 自相似度

在地形图像中有时存在某些特征相近的子区域，它们在灰度或其他统计特征上具有较高的相似性。这类子区域称为相似区，地形图像的这种特点称为自相似性，反映该特征的参数定义为自相似度（self-similarity，SS）。在被选作适配区的水下地形图像中，相似区数量和相似度的增加会导致误匹配概率和定位误差的增大，因此，计算适配区地形图像的自相似度是选择适配区的关键环节。自相似度是判断水下地形区域适配性的重要参数，其对匹配概率和定位精度有着直接影响。

以地形图像中一定大小的子区域作为模板，整幅图像作为参考图，利用模板对参考图进行扫描，在每个扫描位置进行匹配计算，即可获得一系列相似度值。按照各相似度值对应的扫描位置对其进行排列，则能够得到该模板与参考图的相关矩阵。相关矩阵中的局部极大值称为相关峰，自相似度即由相关峰的特征定义。

设相关矩阵中的最大值为 S_{max}，其对应的相关峰称为最高峰。显然，最高峰的尖锐程度与定位精度有关。其越尖锐，水下地形匹配的误差越小。定义最高峰尖锐度 λ_{max} 来衡量该特征。令 S_{sub} 为相关矩阵中的第二大值（次高峰），则 λ_{max} 为最高峰和次高峰的差值与最高峰值之比，如式（8-30）所示：

$$\lambda_{\max} = \frac{S_{\max} - S_{\text{sub}}}{S_{\max}} \quad\quad (8\text{-}30)$$

可见，$\lambda_{\max} \in [0,1]$，其值越大，说明最高峰越尖锐。

通常，相关峰的高度在超过一定阈值的情况下才会对匹配结果带来明显影响。其他相关峰的高度越接近最高峰，造成的影响就越大。由此可知，高度超过阈值的相关峰数量也是反映地形图像自相似度的指标之一，而阈值的大小应与最高峰的值有关。定义相关峰高度阈值系数为 γ，$\gamma \in (0,1)$，对应阈值 T_s 为

$$T_s = \gamma \cdot S_{\max} \quad\quad (8\text{-}31)$$

则高度超过 T_s 的相关峰数称为图像的自匹配数，记为 N_s。应注意，相关峰高度阈值系数 γ 应根据 $\lambda_{\max}$ 的具体情况进行调节，$\lambda_{\max}$ 越大，说明最佳匹配位置越不易受到影响，γ 可适当减小；反之，$\lambda_{\max}$ 越小，说明能对最高峰带来干扰的相关峰越多，γ 应适当增大。在缺乏先验知识的条件下，可取 0.5。

由上述分析可知，一对 $\lambda_{\max}$ 与 N_s 可以表示某一局部子区域与整体的相关性。若在整幅水下地形图像内抽取一定数量的局部子图并计算其各自自相似度的平均值，即可获得该水下地形图像总体的自相似度。设在水下地形图像中随机选取 K 个子图像作为模板，其中第 i 个模板的最高峰尖锐度和自匹配数分别为 $\lambda_{\max}(i)$ 和 $N_s(i)$，$i = 1, 2, \cdots, K$，则该水下地形图像的自相似度 SS 定义式如式（8-32）所示：

$$\text{SS} = \frac{1}{K} \sum_{i=1}^{K} \frac{N_s(i)}{\lambda_{\max}(i)} \quad\quad (8\text{-}32)$$

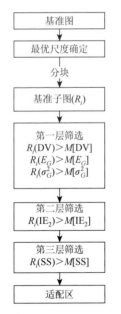

图 8-12　适配区渐进式
选择方法流程图

8.3.3　适配区渐进式选择方法

利用上述地形图像特征参数，设计一种渐进筛选、逐步细化的适配区选取方案，其流程图如图 8-12 所示，其中运算符 $M[\cdot]$ 表示取数列的中位数。

首先，计算水下地形的分解尺度-局部标准差变化曲线，确定该图的最优匹配尺度，以该尺度下的水下地形图像作为参考图。

其次，将参考图分为若干大小相同的子图作为基本单位，并以"整体"特征到"局部"特征的顺序进行筛选。

第一层筛选针对水下地形深度特征。根据 8.3.2 小节的参数定义，计算各子图的水下地形深度特征参数（深度差、地形坡度均值、地形坡度方差），并以各参数的中位数为门限，选出上述参数均大于门限的子图作为筛选结果。

第二层筛选针对图像信息量。与第一层筛选类似，由 8.3.2

小节内容计算各子图的二维熵,并选出其中熵值大于中位数的子图作为筛选结果。

第三层针对的是水下地形图像的自相似度。根据 8.3.3 小节的计算方法,求取前两层筛选出的各子图的自相似度,同样以其中位数为门限,提取小于门限的子图作为最终的适配区选择结果。

8.4 多波束测深湖试数据处理

利用千岛湖多波束测深数据对上述方法进行验证性实验。数据采集所用设备为 RESON Seabat 7125 型多波束测深声呐,且数据已通过必要的预处理手段对野值和噪声进行了去除。选择深度变化丰富的地形区域作为适配区提取区,其对应平面大小为 600m×600m,三维模型和等高线图分别如图 8-13 和图 8-14 所示。

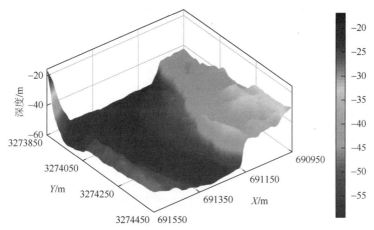

图 8-13 测试区域地形的三维模型(彩图附书后)

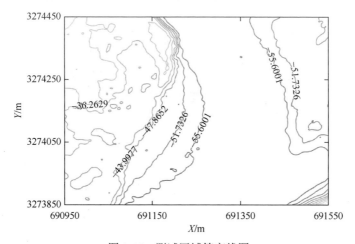

图 8-14 测试区域等高线图

图 8-15 为该区域对应的地形图像，分辨率为 $1m^2$/像素。该图像被分为 100（10×10）个大小相同的子块，将以每个子块为单位计算特征并完成筛选。

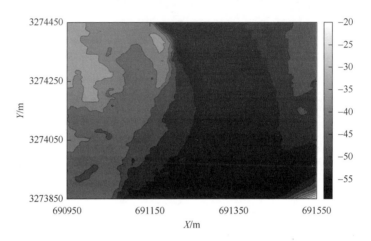

图 8-15　测试区域地形图像分块（10×10）

如图 8-16 所示为经过水下地形深度特征筛选得到的初步结果。从图中可见，大部分地形较为平缓的区域，如中部的河道，均已被排除，保留下的子区域内均包含一定程度的深度变化。

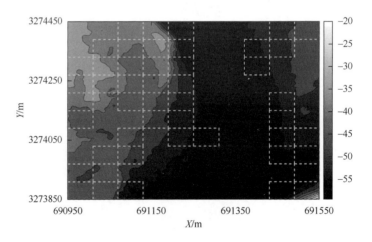

图 8-16　测试区域水下地形深度特征筛选结果

如图 8-17 所示为对上一步筛选出的子块进行信息量筛选的结果。从图中可见，该阶段去除了深度变化信息量较低的子块，保留了包含地形信息量更大的区域。

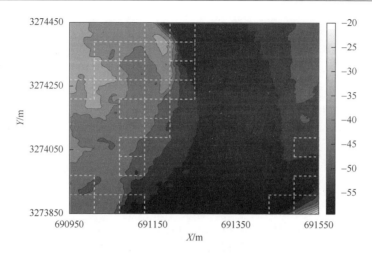

图 8-17　测试区域水下地形图像信息量筛选结果

　　图 8-18 为通过自相似度筛选，在上步结果中进一步得出的最终适配区筛选结果。其中各子区域内部均有较大面积的深度变化区，这使得其局部区域的独特性更好，自相似度更低，从而满足作为适配区的要求。选出的各子区域结合在一起，即为该地形图像中的整体适配区。

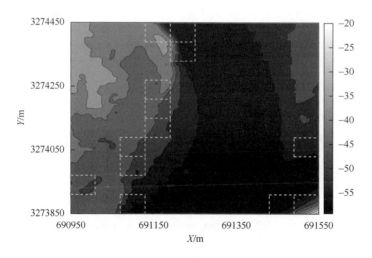

图 8-18　测试区域自相似度筛选结果

　　为验证上述适配区提取结果的正确性，从图 8-15～图 8-18 中各选一个子图作为参考图进行匹配实验。图 8-19（a）～（d）分别为来自图 8-15～图 8-18 的 4 幅子图。

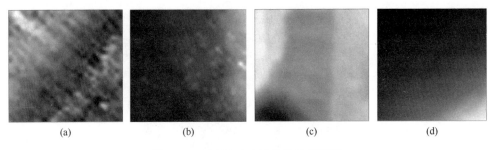

(a)　　　　　　　　(b)　　　　　　　　(c)　　　　　　　　(d)

图 8-19　匹配实验中的基准地形子图

子图的选择规则为，在前图中选择的子图不属于后图中虚线标示的范围，即所选的子图为后图相对于前图被筛选掉的区域，如此可保证所选子图的适配性依次增加。图 8-19 的特征参数见表 8-3。

表 8-3　图 8-19 的地形图像特征参数

特征参数	图像序号			
	图 8-19（a）	图 8-19（b）	图 8-19（c）	图 8-19（d）
DV	0.08	1.91	1.59	118.16
E_G	0.18	0.24	0.21	0.55
σ_G^2	477.17	463.90	467.76	524.57
IE_2	0.03	0.06	0.11	1.62
SS	14.65	9.19	3.64	2.82

匹配实验所用的匹配算法为前面内容提出的基于边缘角点的水下地形匹配定位方法。对任一适配区，在其中进行 50 次匹配计算，每次匹配的目标位置随机生成，实时图数据的信噪比为 10dB，与参考图之间存在 5°的相对旋转，以模拟实时数据和参考数据间存在的噪声与航向误差干扰。统计 50 次匹配的平均定位误差，结果如表 8-4 所示。

表 8-4　图 8-19 的平均定位误差

图像序号	平均定位误差/像素	
	X 方向	Y 方向
图 8-19（a）	7.80	8.24
图 8-19（b）	3.72	4.18
图 8-19（c）	2.56	2.38
图 8-19（d）	1.24	1.50

由表 8-4 可见，在渐进筛选过程中，筛选轮次越多的子图，在其中进行匹配定位的结果误差就越小，这说明本章所采用的各地形图像特征参数能够有效反映水下地形区域的适配性，基于这些参数构建的水下地形适配区选择方法能够正确提取出参考图中适配性高的区域，从而验证了本章方法的有效性。

参 考 文 献

[1] 张涛，徐晓苏，李佩娟，等. 基于模糊决策的地形辅助导航区域选择准则[J]. 大连海事大学学报，2009，35（2）：5-8.

[2] Ånonsen K B，Hagen O K. Terrain aided underwater navigation using pockmarks[C]. IEEE Oceans 2009，Biloxi，2009：1-6.

[3] 周玲，程向红. 基于约束粒子群优化的海底地形辅助惯性导航定位方法[J]. 中国惯性技术学报，2015，23（3）：369-372.

[4] 陈小龙，庞永杰，李晔，等. 基于极大似然估计的 AUV 水下地形匹配定位方法[J]. 机器人，2012，34（5）：559-565.

[5] Eroglu O，Yilmaz G. A terrain referenced UAV localization algorithm using binary search method[J]. Journal of Intelligent & Robotic Systems，2014，73（4）：309-323.

[6] Yun S H，Lee W，Park C G. Covariance calculation for batch processing terrain referenced navigation[C]. IEEE Position Location and Navigation Symposium，Monterey，2014：701-706.

[7] Zhang K，Li Y，Zhao J H, et al. A study of underwater terrain navigation based on the robust matching method[J]. Journal of Navigation，2014，67（4）：569-578.

[8] Zhao L，Gao N，Huang B Q, et al. A novel terrain aided navigation algorithm combined with the TERCOM algorithm and particle filter[J]. IEEE Sensors Journal，2014，15（2）：1124-1131.

[9] 谌剑，张静远，李恒. 基于灰色决策的地形辅助导航区域选取方法[J]. 海军工程大学学报，2012，24（5）：48-53.

[10] 张涛，徐晓苏，李佩娟，等. 基于模糊决策的地形辅助导航区域选择准则[J]. 大连海事大学学报，2009，35（1）：5-8.

第9章 基于侧扫声呐的地貌图像匹配定位与航向估计方法

侧扫声呐图像能够清晰地呈现海底表面的各种不同地貌，丰富的内容为图像特征提取提供了选择空间，从而使得匹配成功率、精度和稳定性显著提高。但地貌图像匹配技术在水下应用中面临着一个主要困难，即侧扫声呐作业时不同的距底高度与测线方向等会导致声波对同一海底区域入射角度的差异。这种差异在地貌图像的参考数据与实时数据之间带来的影响是否足以支持匹配处理，这是需要首先解决的问题。

9.1 水下地貌图像匹配定位的可行性分析

为了分析地貌数据匹配的可行性，我们进行了地貌数据获取试验和试验数据分析。利用 EdgeTech 4200-FS 型侧扫声呐在吉林省龙凤山水库进行了水底地貌数据获取试验（图 9-1）。

(a) EdgeTech 4200-FS型侧扫声呐　　　　　　　　　(b) 试验水域

图 9-1　龙凤山水库侧扫声呐探测试验

图 9-2 给出了一组不同航迹下的同一区域的成像结果。其中地貌信息较为丰富，从图中可以看到，尽管两次航迹角度明显不同，但地貌主要形态依然存在，可以作为匹配的依据。

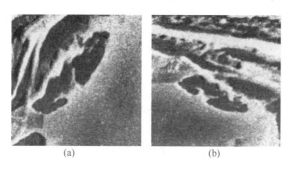

(a)　　　　　　　　　　　(b)

图 9-2　复杂地貌图

图 9-3 给出了另一组不同航迹下的同一区域的成像结果。这里地貌信息比较贫乏,其中的主要特征仅包括一个小尺寸的沉底目标。在这种情况下,需要在航线角度偏差不大时才能正确实施匹配。

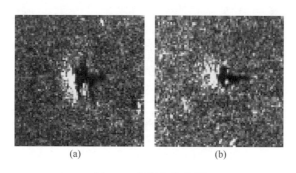

(a)　　　　　　　　　　　(b)

图 9-3　非复杂地貌图

由此我们得出结论,在地貌信息丰富的地区,或者地貌信息有限但航线偏差较小时,可以利用水下地貌图像匹配技术。在具体应用中,地貌图像匹配可以作为地形匹配的一种辅助手段,在局部区域,例如,接近目标点附近时,或者地形匹配定位不适用的小范围区域,在先期地形匹配对航向进行初步修正的条件下,通过地貌图像更丰富的特征提高匹配精度。

9.2　分辨率对准

与地形匹配类似,将侧扫声呐图像应用于地貌匹配定位,首先要处理的是参考数据与实时数据之间实际地理尺度的对应关系问题。参考数据与实时数据来自不同的时间和空间,并且二者的探测设备型号、探测时的声呐系统参数、载体的运动速度等通常存在差异。不同的侧扫声呐设备,在相同的距离量程下,垂直航迹方向单位距离内的采样点数可以不同，而即使使用相同的声呐设备，也可能在两次探测中采用不同的量程从而得到不同数量的采样数据。在沿航迹方向，不同的运动速度也会在单位距离内得到不同数量的数据。上述影响因素导致参考数据与实时数据中单个采样点对应的水底投影面积并不一致，从而难以确定实时图在参考图内对应的区域尺寸，进而无法实施匹配搜索以获得实时图的位置坐标。因此，二者数据的分辨率对准是地貌图像匹配定位的必要条件。

可利用参考数据与实时数据采集时的系统参数实现分辨率的对准。以水平方向的每 ping 数据为例，设侧扫声呐接收数据中单个采样点对应的水平区域为正方形，定义该组数据的地理分辨率为该正方形的边长。若侧扫声呐的量程为 R（m），沿量程方向有 N 像素，则该组数据的地理分辨率 r_{GEO} 为

$$r_{\mathrm{GEO}} = \frac{N}{R} \tag{9-1}$$

若参考图与实时图对应的侧扫声呐量程分别为 R_r 与 R_t，二者量程内对应的采样点数分别为 N_r 与 N_t，则参考图与实时图声呐数据的地理分辨率之比 η 为

$$\eta = \frac{N_r R_t}{R_r N_t} \tag{9-2}$$

以 η 为比例参数，通过插值或降采样调整二者的数据密度至同一水平后，即可将参考数据与实时数据在垂直航迹方向对准至同一分辨率。

同理，利用参考数据与实时数据采集时载体运动速度之间的比例关系可对沿航迹方向的分辨率实施对准。

在完成以上数据分辨率对准后，即可执行后续的匹配定位算法。另外，侧扫声呐的纵向分辨率通常低于横向分辨率，我们后面的分析假定经过了内插等处理，认为在图像上纵向和横向分辨率一致。

9.3　水下地貌图像匹配定位方法

9.3.1　特征选择

基于图像的水下地貌匹配定位需要选择合适的图像特征作为匹配依据。图像特征主要分为点特征、线特征、面特征、矩特征等几类。点特征是指图像中邻域灰度梯度变化大的像素点的集合。由于声呐图像的分辨率较低且成像环境复杂，同一区域的不同地貌图像中包含的特征点稳定性较低，因此不适合采用点特征进行图像匹配。线特征是指图像中明显的线段特征，其侧重于表现图像的结构信息，但由于实时图与参考图分别采集自不同时空，线特征在处理过程中可能会出现中

断或缺失，影响了后续匹配的稳定性。面特征是指图像中比较明显的区域特征，其能够提供更加丰富的图像信息，但在提取该特征时需要选择合适的面尺寸以确保包含特征景物，并且要求图像有较高的质量。回波强度是侧扫声呐成像的依据。受水下环境和声呐探测方位等多种因素影响，水下地貌图像中不易获得稳定的线特征以及广泛清晰的面特征。实际应用中，参考图与实时图之间通常存在尺度、方向不一致的问题，矩特征在这两方面具有良好的不变性，因此本节研究采用图像的矩特征作为特征向量实现水下地貌匹配定位的可行性。

　　采用 Hu 氏不变矩描述侧扫声呐图像的特征。

　　图 9-4（a）为一幅来自侧扫声呐的地貌图像，图 9-4（b）～（d）分别为该图像加入噪声以及 4°和 63°相对旋转的图像。计算这四幅图像的 Hu 氏不变矩，结果如表 9-1 所示。

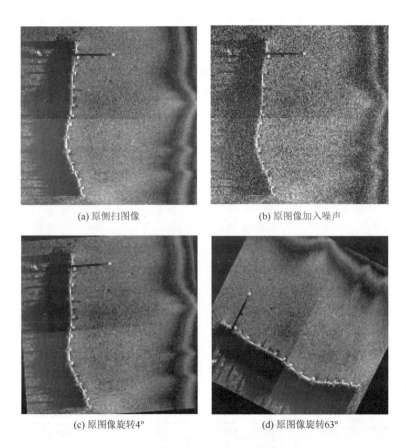

(a) 原侧扫图像　　　　　　　　　　　　　　(b) 原图像加入噪声

(c) 原图像旋转4°　　　　　　　　　　　　　(d) 原图像旋转63°

图 9-4　来自侧扫声呐的海底地貌图像

表 9-1　图 9-4 中各图像的 Hu 氏不变矩

Hu 氏不变矩	图 9-4 (a)	图 9-4 (b)	图 9-4 (c)	图 9-4 (d)
ϕ_1	6.1110	6.1190	6.1225	6.1669
ϕ_2	16.7817	16.8752	16.8080	16.2819
ϕ_3	23.9212	24.1155	23.8018	25.4439
ϕ_4	23.2368	23.3513	23.2442	23.2679
ϕ_5	47.2337	47.4764	47.0504	47.6237
ϕ_6	32.4277	32.5556	32.6121	33.2893
ϕ_7	47.1000	47.3898	47.1864	52.8742

由表 9-1 可见，图 9-4 (a) ～ (c) 的 Hu 氏不变矩之间具有很高的相似度，显示了很好的稳定性，而分图 (d) 的部分 Hu 氏不变矩则表现出了明显差异。由相关公式可知，Hu 氏不变矩是图像的一种统计特征，其大小依赖于参与计算的图像区域内像素的灰度值。由于分图 (d) 相对原图的旋转角度较大，图像的内容产生了显著变化，与分图 (a) ～ (c) 相比，参与不变矩计算的像素有较大差别，因此导致了结果的不同。如果考虑实际工况航向偏离下的图像，则图像内容会有更大的区别，部分特征的差异也将更为明显。

9.3.2　模板形状选择

为提高图像内容在存在相对旋转情况下的稳定性，选择圆形为图像模板的形状。选择矩形图像的最大内切圆，并将其余部分的像素灰度置为 0。由圆的特性可知，只要圆的半径相同，其截取的图像也将一致。在不变矩的计算中灰度为 0 的像素对结果不造成影响，因此圆形图像的不变矩将对旋转保持稳定。如图 9-5 所示为图 9-4 经圆形模板截取后的图像。

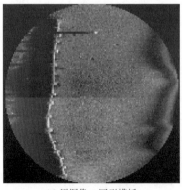
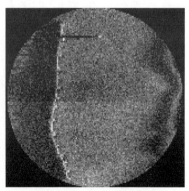

(a) 原图像＋圆形模板　　　　　　　　　(b) 含噪声图像＋圆形模板

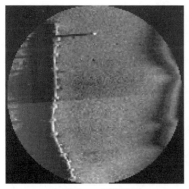 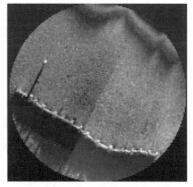

(c) 旋转4° + 圆形模板　　　　　　　　　　(d) 旋转63° + 圆形模板

图 9-5　经圆形模板截取的海底地貌图像

　　计算这四幅图像的 Hu 氏不变矩，结果如表 9-2 所示。从表中可以看出，经过圆形模板截取的图像，其 Hu 氏不变矩对噪声和相对旋转表现出了很好的不变性。因此，本章将采用该特征作为参考图和实时图的匹配依据。

表 9-2　图 9-5 中各图像的 Hu 氏不变矩

Hu 氏不变矩	图 9-5（a）	图 9-5（b）	图 9-5（c）	图 9-5（d）
ϕ_1	6.1892	6.1957	6.1894	6.1911
ϕ_2	15.9467	16.0309	15.9467	15.9171
ϕ_3	25.0164	25.4781	25.0239	25.0752
ϕ_4	23.3649	23.4660	23.3698	23.4007
ϕ_5	48.1532	48.7994	48.1631	48.4823
ϕ_6	32.8168	32.9097	32.8103	32.6728
ϕ_7	47.7357	48.0365	47.7473	47.7409

9.3.3　相似性测度

　　Hausdorff 距离是一种极大极小距离，用来描述两组点集之间的相似程度[1]。采用 Hausdorff 距离作为实时图与参考图中各位置 Hu 氏不变矩之间的相似性测度，完成匹配筛选。

　　有限点集 $A = \{a_1, a_2, \cdots, a_m\}$ 和 $B = \{b_1, b_2, \cdots, b_n\}$ 之间的 Hausdorff 距离定义式为

$$D_{AB} = \max(d_{AB}, d_{BA}) \tag{9-3}$$

式中，d_{AB} 为点集 A 中所有点到点集 B 的距离的最大值；d_{BA} 同理，分别如式（9-4）和式（9-5）所示：

$$d_{AB} = \max_{a \in A} \min_{b \in B} \| a - b \| \tag{9-4}$$

$$d_{BA} = \max_{b \in B} \min_{a \in A} \| b - a \| \tag{9-5}$$

其中，$\| \cdot \|$ 表示在点集 A 和点集 B 上的某类距离范数。D_{AB} 取为 d_{AB} 和 d_{BA} 中的最大值，即得到点集 A 和 B 之间的相似度。

然而，该 Hausdorff 距离定义对噪声干扰敏感，为保证匹配质量，进一步定义平均 Hausdorff 距离，如式（9-6）所示：

$$\overline{D_{AB}} = \max(\overline{d_{AB}}, \overline{d_{BA}}) \tag{9-6}$$

式中

$$\overline{d_{AB}} = \frac{1}{N_A} \sum_{a \in A} \min_{b \in B} \| a - b \| \tag{9-7}$$

$$\overline{d_{BA}} = \frac{1}{N_B} \sum_{b \in B} \min_{a \in A} \| b - a \| \tag{9-8}$$

其中，N_A 和 N_B 分别为点集 A 和点集 B 中点的个数。

9.3.4　湖试数据匹配实验

如 9.1 节所述，在实际侧扫声呐探测中，由于航迹、设备离底深度等条件的改变，实时图的变化要更为复杂。为了验证以上理论在实际应用中的可行性，本节利用侧扫声呐湖试数据进行了匹配实验。

以 Hu 氏不变矩作为图像特征、平均 Hausdorff 距离作为相似性测度进行算法匹配验证。侧扫声呐数据来自龙凤山水库探测试验，实时图通过从不同测线对参考图内的局部区域进行二次探测实际获得。

匹配实验分为两组，分别采用不同类型的地貌图像作为参考图，每组实验中依次采用两幅实时图作为模板进行匹配。实验所用图像及匹配结果如图 9-6～图 9-9 所示。

第一组匹配实验的参考图与实时图来自地貌信息较为丰富的区域（图 9-6）。

从图 9-7 中可以看出，本节的匹配方法能够准确定位实时图的覆盖区域。虽然两次探测的航迹不同，实时图相对于参考图的旋转角度较大，但由于保留了其中包含的主要特征，仍然能够获得很好的匹配结果。

与之相比，第二组匹配实验的参考图与实时图（图 9-8）则来自地貌信息比较贫乏的区域，其中的主要特征仅包括一个小尺寸的沉底目标。此时，由于实时图

(a) 参考图　　　　　　　　　(b) 实时图1　　　　　　　(c) 实时图2

图 9-6　第一组匹配实验参考图与实时图

(a) 实时图1匹配结果　　　　　　　　　(b) 实时图2匹配结果

图 9-7　第一组实验匹配结果

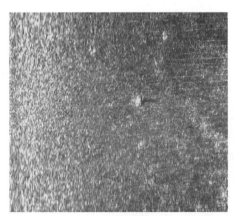

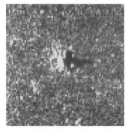

(a) 参考图　　　　　　　　　(b) 实时图1　　　　　　　(c) 实时图2

图 9-8　第二组匹配实验参考图与实时图

与参考图之间的旋转角度不大，本节的匹配方法能够在参考图中实现实时图的正确定位，见图 9-9。

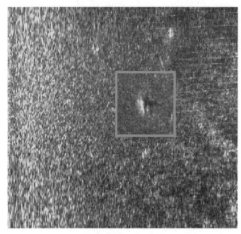

(a) 实时图1匹配结果　　　　　　　　　　(b) 实时图2匹配结果

图 9-9　第二组实验匹配结果

　　以上结果表明，圆形模板能够有效抑制旋转干扰，Hu 氏不变矩与圆形模板结合的方法在水下地貌信息丰富与贫乏的区域均适合作为水下地貌图像的匹配手段。

9.4　航向估计方法

9.4.1　旋转角度估计

　　通过 9.3 节方法在参考图中获得的实时图的最佳匹配区域称为匹配图。由于载体导航系统存在累积误差且载体在水中存在横摇，实时图与匹配图之间必然存在相对旋转。估计该旋转角度即可得到载体的实际航向信息。本节将说明利用 Log-Polar 变换（L-P 变换）实现旋转角度估计的方法。

　　在极坐标平面 (r,θ) 中，其坐标原点 O 的坐标记为 (x_0,y_0)，r 为从点 O 到点 (x,y) 的径向距离，θ 为对应的夹角，则 (r,θ) 与 (x,y) 的关系可表示为

$$\begin{cases} r = \sqrt{(x-x_0)^2 + (y-y_0)^2} \\ \theta = \arctan\left(\dfrac{y-y_0}{x-x_0}\right) \end{cases} \quad (9\text{-}9)$$

若将笛卡儿坐标系下图像 I 的中心作为极坐标系的原点 O，则极坐标系下的各水平线对应于 I 中的放射线。图 9-10 为一幅笛卡儿坐标系下的测试图像及其对应的极坐标图像。

(a) 笛卡儿坐标系下图像

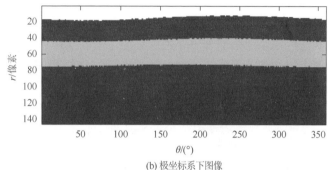

(b) 极坐标系下图像

图 9-10　笛卡儿坐标系和极坐标系下的测试图像

当图像在笛卡儿坐标系下绕中心点旋转时，其对应的极坐标系参数仅有 θ 发生变化，即原图像的旋转对应于极坐标图像沿 θ 轴的循环平移。图 9-5（a）与（d）之间存在 63°的相对旋转，图 9-11（a）与（b）分别为二者在极坐标系下的表示。

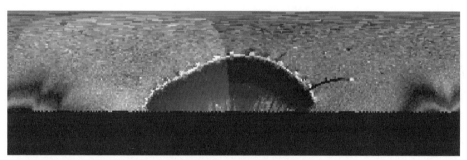

(a) 图9-5(a)对应的极坐标系下图像

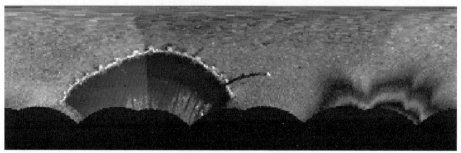

(b) 图9-5(d)对应的极坐标系下图像

图 9-11　旋转-循环平移示意图

可见在极坐标系下，二者的相对旋转转化为循环平移。考虑两幅存在相对旋转的图像 I_1 和 I_2 及其对应的极坐标图像 P_1 和 P_2。P_2 可通过沿 θ 轴做对 P_1 循环平移得到，逆时针旋转对应向左平移，顺时针旋转对应向右平移。相对旋转角度可通过计算 P_1、P_2 的最大互相关位置获得。

尽管如 9.2 节所述，可通过图像采集时的声呐量程、载体运动速度等参数对实时图与匹配图的分辨率进行对准，但测量误差必然会影响对准结果，使其分辨率不能达到完美匹配，因此实时图与参考图之间除了存在相对旋转，其分辨率还会存在一定差别，估计旋转角度时需要考虑该问题的影响。

设图像 I_1 和 I_2 的分辨率之比为 α，即 I_1 中坐标为 (x,y) 的点对应于 I_2 中的点 $(\alpha x, \alpha y)$。将二者变换至对数平面上，则有

$$(x,y) \rightarrow (\ln x, \ln y) \tag{9-10}$$

$$(\alpha x, \alpha y) \rightarrow (\ln \alpha x, \ln \alpha y) = (\ln x + \ln \alpha, \ln y + \ln \alpha) \tag{9-11}$$

由式（9-11）可见，在笛卡儿坐标系下的分辨率缩放等同于在对数平面上的平移。可将对数变换与极坐标变换相结合，构成对数极坐标变换（L-P 变换），其对应关系为

$$(x,y) \rightarrow (\ln r, \theta) \tag{9-12}$$

式中，r 和 θ 的定义如式（9-9）所示。实时图与匹配图经过分辨率对准，假设其分辨率比值 α 较小是合理的，通常可认为 $\alpha \in [1,2]$，即二者在对数极坐标平面下沿 $\ln r$ 轴的相对平移量范围为 $[0,0.7]$ 像素。该平移量小于 1 像素，难以对互相关计算的结果产生影响，因此采用 L-P 变换可减小分辨率差别的影响，进而完成旋转角度估计。

9.4.2　湖试数据处理

与 9.3 节一样，为使研究结果进一步贴近实际应用，通过侧扫声呐实测图像对以上理论进行验证。

如图 9-12 和图 9-13 所示为通过估计的旋转角度对图 9-7 和图 9-9 的匹配结果进行旋转校正的结果图。从图中可以看出，两组实验中校正后的实时图与参考图高度重合，这说明了本节所述方法能够在水下地貌丰富和贫乏的区域实现高精度的航向估计。第一组实验中参考图与实时图间的相对旋转较大，图像内容的局部形变更为明显，而第二组实验图像中沉底目标的阴影具有较为明显的方向性，这些因素导致第一组匹配结果的重合度略低于第二组。该现象进一步说明，为保证高精度的定位结果，侧扫地貌图像匹配定位的使用应尽量保证实时图与参考图测量航迹的一致性。

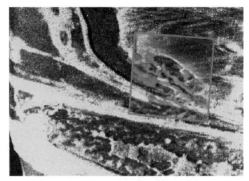

(a) 实时图1匹配 + 旋转校正结果　　　　　　　　　(b) 实时图2匹配 + 旋转校正结果

图 9-12　第一组实验匹配 + 旋转校正结果

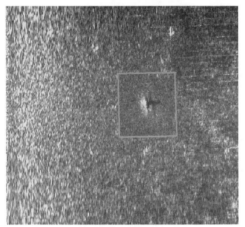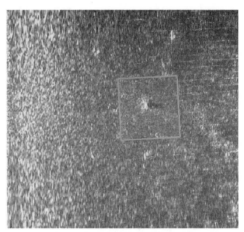

(a) 实时图1匹配 + 旋转校正结果　　　　　　　　　(b) 实时图2匹配 + 旋转校正结果

图 9-13　第二组实验匹配 + 旋转校正结果

9.5　连续地貌匹配定位实验与分析

地貌匹配定位经常应用于航行目标点附近,此时需要进行连续的定位与航向修正,因此需要考察连续地貌匹配定位的能力。

以某区域的侧扫声呐图像为参考图,在以上单项定位与航向误差估计实验的基础上,将二者结合为完整的匹配方案,进行连续定位实验,以验证使用地貌匹配进行水下连续定位和航向估计的有效性。

数字地貌参考图为 1920 像素×720 像素的侧扫声呐图像,其地理分辨率为 $1m^2$/像素,图 9-14 为航迹估计结果示意图。

图 9-14　航迹估计结果

　　水下潜器的离底深度为 10m，指示航迹为由左至右的水平虚线，真实航迹在垂直方向上存在偏移，偏移量与水平方向的航行距离之比在 0.10~0.14 范围内随机波动。在整条航迹中设置 60 个匹配点，各匹配点之间的水平距离为 20m。AUV在 INS 指示下运行至各匹配点处时，首先执行 9.3 节所述的水下地貌匹配方法，估计载体的实时位置坐标，然后，以估计位置为中心提取同实时图大小相同的局部参考图，利用 9.4 节所述的方法估计航向误差。

　　从图 9-14 中可以看出，估计航迹与真实航迹具有很好的重合度。

　　如图 9-15 和表 9-3 所示为各匹配点处在水平方向和垂直方向的定位误差，两个方向的平均误差均约为 1 像素，表现出了很高的定位精度。

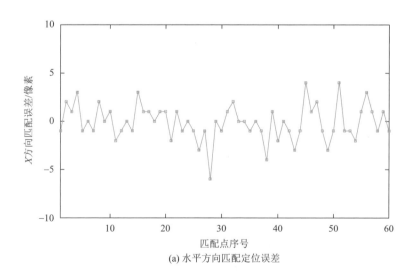

(a) 水平方向匹配定位误差

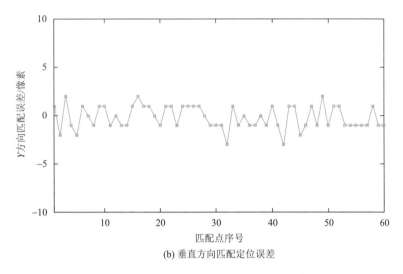

(b) 垂直方向匹配定位误差

图 9-15　航迹定位结果误差统计图

表 9-3　图 9-14 地貌匹配定位结果平均误差统计

方向	平均误差/像素
X	1.4000
Y	1.0667

　　能够达到该精度的原因主要有三个：其一是侧扫声呐图像的高分辨率，这保证了提取的图像特征在参考图与实时图之间的稳定性；其二是实时图与参考图之间的尺度一致性，通过预先规划 AUV 的离底高度以及匹配之前执行分辨率对准，最大限度地保证实时图与参考图之间的共有特征体现在相同的尺度下；其三是合适的特征选择，虽然航向误差的存在使得实时图与参考图之间存在相对旋转，但定位结果说明 Hu 氏不变矩和圆形模板的引入能够有效克服该干扰。

　　如图 9-16 所示为各匹配点处的航向估计误差，平均误差为 0.4347°。由该结果可知，基于 L-P 变换的旋转估计方法能够给出有效的高精度航向估计。除此之外，参与航向估计的参考图是以上一步匹配定位获得的位置坐标为中心获得的，因此之前的匹配定位精度也会对航向的估计带来影响，而实验所得结果也从侧面说明匹配定位的精度能够满足航向估计算法的需要，二者结合作为完整的水下地貌匹配定位方法是可行的。

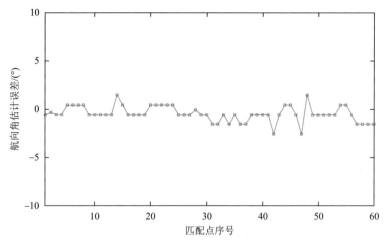

图 9-16　航向角估计误差统计图

9.6　水下综合导航实施方案

本节将利用第 7 章到本章的水下地形和地貌匹配算法及适配性分析方法，建立一个水下综合导航实施方案并进行验证。

9.6.1　方案流程

该方案的流程如图 9-17 所示。在 AUV 航行前的准备阶段，采集工作区域的地形数据和目的地周围的地貌图像并进行必要的预处理，构建水下地形和地貌参考地图，并对 AUV 工作区域的水下地形进行适配性分析，选择出水下地形匹配算法的适配区；任务开始后，在长距离航行阶段，AUV 在地形适配区时将通过水下地形匹配对自身进行定位，并修正 INS 的累积误差；在接近目的地时，AUV 将执行水下地貌匹配，进行精确定位和航向估计，使自身逐渐靠近目的地。

实时图的大小是经过第 7 章的分析在存在噪声和航向偏差时能提供足够定位精度的尺寸，而匹配的搜索范围应该是两次匹配定位之间 INS 系统的最大累积误差对应的范围。

采用千岛湖的多波束测深数据建立 AUV 工作区域的水下地形参考图，该区域的地形图像如图 9-18（a）所示，其中，AUV 的预定航迹为由西北方的起点运动到东南方目的地。如图 9-18（b）所示为 AUV 目的地附近的水下地貌参考图，根据预定航迹，AUV 将从该参考图的西北角进入图像范围并沿直线运动至目的地。

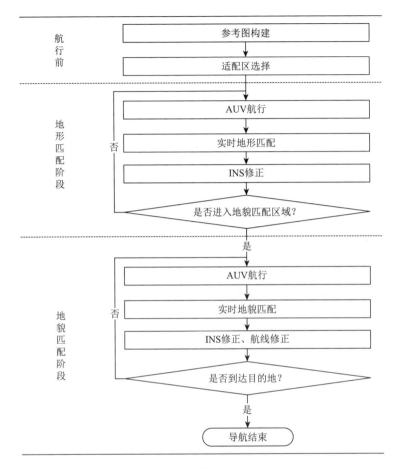

图 9-17　水下综合导航实施方案流程图

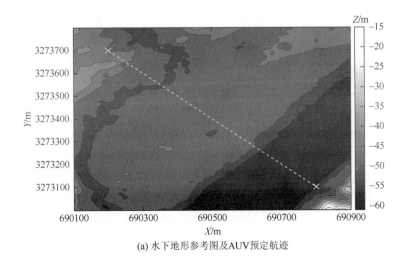

(a) 水下地形参考图及AUV预定航迹

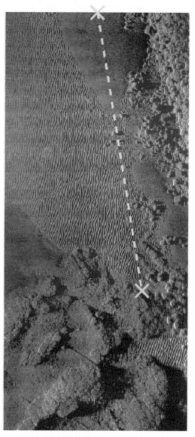

(b) 水下地貌参考图及AUV预定航迹

图 9-18　水下地形和地貌参考图及 AUV 预定航迹

　　AUV 从起点出发，直至航行至进入水下地貌参考图范围之前，其导航系统为惯性导航和水下地形匹配系统的组合。当 AUV 进入地形适配区时，执行第 7 章所述的水下地形匹配方法，定位自身位置，并修正惯导系统的累积误差。

　　当 AUV 依惯导指示进入水下地貌参考图的范围后，其导航系统为惯导系统和水下地貌匹配系统的组合。AUV 通过惯导系统测量自身的运动参数，并同时采集周围的实时地貌图像以执行水下地貌匹配定位和航向估计。由于已接近目的地，该阶段 AUV 的运动速度相比于前阶段长距离连续航行时应适当降低，然而低速运动会导致洋流等未知干扰的影响增大，因此虽然运动距离短，AUV 仍可能偏离预定航迹，从而需要及时更新位置和航向信息，重新规划由当前位置至目标点的航线。当 AUV 到达目的地时，再执行一次水下地貌匹配，以获取精确的位置坐标，为 AUV 的后续工作提供必要的初始位置和航向信息。

9.6.2　实验与分析

　　航行前，通过第 8 章提出的水下地形适配性分析方法选择水下地形参考数据库中的适配区。适配性分析方法应配合对应的水下地形匹配方法共同使用。虽然这并不意味着在某一种适配性分析方法得到的水下地形适配区内，只有其对应的水下地形匹配方法才能得到可靠的定位结果，但由于在一种适配性分析方法的研究过程中，不可避免地要使用一种或几种水下地形匹配方法的定位结果作为衡量该适配性分析方法效果的依据，因此适配性分析的结果必然在一定程度上依赖于所用的水下地形匹配方法。

　　如图 9-19 所示，分图（a）和分图（b）分别为采用 8.1 节和 8.3 节所述的两种适配性分析方法的适配区划分结果，这两种方法分别对应于 7.3 节和 7.5 节所述的水下地形匹配方法。作为区分，分图（a）中的绿色矩形区域代表适合采用基于加权组合特征的水下地形匹配方法的适配区，分图（b）中的红色矩形区域则表示适合采用基于边缘角点的水下地形匹配方法的适配区。

　　将两幅图中的适配区结合起来表示，结果如图 9-19（c）所示，其中绿色与红色矩形的含义与前两幅图相同，而蓝色矩形则表示该区域内同时适合采用上述两种水下地形匹配方法。

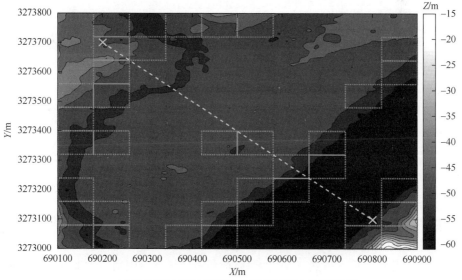

(a) 适合基于加权组合特征的水下地形匹配方法的适配区

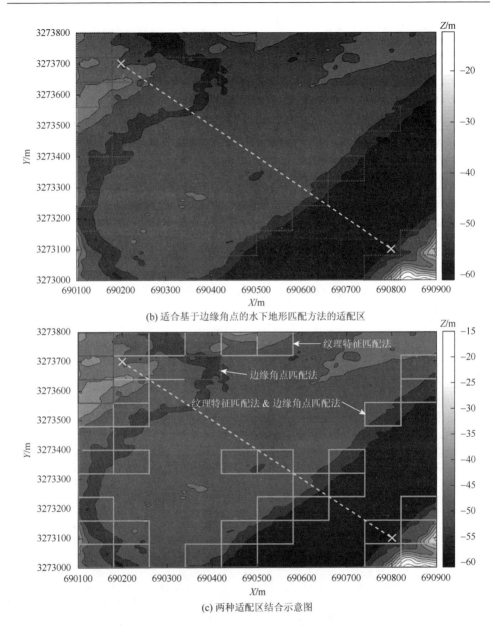

(b) 适合基于边缘角点的水下地形匹配方法的适配区

(c) 两种适配区结合示意图

图 9-19　适配区划分结果（彩图附书后）

完成适配区划分的水下地形参考图将保存于 AUV 的存储设备中，当 AUV 在航行中驶入某一适配区内时，将通过执行水下地形匹配定位对基础导航单元的累积误差进行及时修正。虽然 AUV 的预定航线只经过了有限数量的适配区，但也有必要保存所有适配区的位置信息，从而在 AUV 偏离航线很远时仍有可能执行水下地形匹配纠正导航误差。

AUV 开始航行后至进入水下地貌参考图覆盖区域之前，主要依靠惯导系统进行导航，惯导系统按照预定航迹引导 AUV 向目标点航行。惯导系统的误差特性为均值为 0、方差为$(0.05d)^2$的高斯白噪声，d 为航行距离。如图 9-20 所示，受到累积误差的影响，AUV 的实际航迹与预定航迹之间出现偏差。当 AUV 航行一段时间后，在检测到其进入适配区内时，执行水下地形匹配，确定 AUV 的真实位置。航迹中共有 7 个匹配点，分别位于不同的适配区内，其中 1、2、6、7 点位于绿色区域内，采用基于加权组合特征的地形匹配方法进行定位，3、4、5 点位于蓝色区域内，采用基于加权组合特征的地形匹配方法以及基于边缘角点的地形匹配方法共同进行定位，定位结果取二者的平均值。如表 9-4 所示为各匹配点处的定位结果及其与实际航迹之间的误差。从表中可见，本书的水下地形匹配定位方法能够准确获得 AUV 的实时位置，在本次仿真条件下，定位误差不超过 3 像素。利用这些位置处的匹配定位结果修正 INS 误差，使得实际航迹偏离预定航迹的趋势在第 1 匹配点之后显著减小，AUV 沿着与预定航迹基本平行的航线最终运动至目标点附近的水下地貌匹配区内。

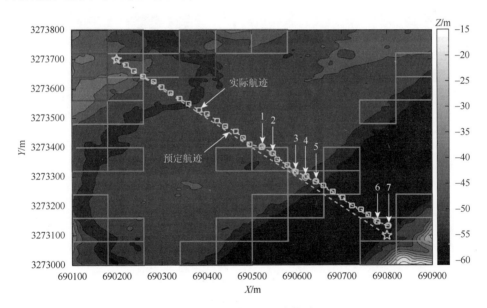

图 9-20　水下地形匹配定位结果

表 9-4　图 9-20 中的地形匹配定位结果与误差

匹配点序号	实际航迹坐标		匹配点坐标		定位误差	
	X	Y	X	Y	$\|X\|$	$\|Y\|$
1	690522	3273400	690523	3273403	1	3
2	690547	3273380	690545	3273381	2	1

续表

匹配点序号	实际航迹坐标		匹配点坐标		定位误差	
	X	Y	X	Y	|X|	|Y|
3	690597	3273316	690596	3273318	1	2
4	690621	3273301	690619	3273298	2	3
5	690641	3273283	690642	3273284	1	1
6	690778	3273145	690777	3273147	1	2
7	690801	3273131	690803	3273133	2	2

当 INS 导航系统显示 AUV 进入目的地附近的水下地貌匹配范围后，开始利用侧扫声呐执行水下地貌匹配定位和航向估计，辅助引导 AUV 驶向目的地。如图 9-21 所示为水下地貌匹配阶段采集的 4 幅实时图，分图（a）～分图（d）沿 AUV 的运动路径依次排列，分别对应于 4 次匹配定位。

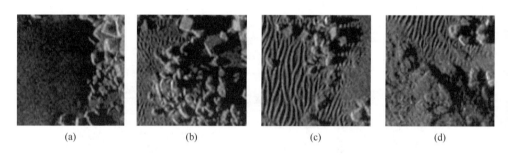

(a)　　　　　　　(b)　　　　　　　(c)　　　　　　　(d)

图 9-21　实时地貌图像

如图 9-22 所示为水下地貌匹配定位结果，图中的矩形框由上至下依次为 4 次运算的匹配位置，各矩形中心点表示为 A、B、C 和 D，规划的目标点由×形表示，记为点 T。由图可见，预定的进入点位于水下地貌参考图的西北角，航向为东南，而由于沿途的 INS 累积误差，AUV 在进入水下地貌匹配区域时，其坐标和航向均与预定航迹存在偏差，实际进入点位于水下地貌参考图的东北角，航向为西南，沿 AT 路径运动。因此，在进入点附近需要进行第一次水下地貌匹配定位，重新确定 AUV 的位置及航向。

图 9-21（a）为首次匹配的实时图，从其在图 9-22（a）中的定位结果可见，算法成功搜索到了该图在参考图中的位置（A），并计算出了相对旋转角度。此定位结果将用于两个方面：其一，A 点的位置坐标将提交给 AUV 的控制系统，对当前的定位误差进行消除，重置 INS 的导航起点；其二，利用匹配获得的 AUV 坐标（A）和已知的目的地方位坐标（T），重新计算出 AUV 由当前位置运动至目标

位置的航迹（AT），并计算当前的航向与新航迹方向的偏差角度，以此修正 AUV 的航向，使 INS 系统沿 AT 方向继续导航。

接下来，AUV 在沿途中继续进行水下地貌匹配定位，通过比较水下地貌匹配结果与 INS 定位结果之间的偏差，来检验 INS 的工作状态，偏差过大则进行修正，误差在一定范围内则以 INS 定位结果为主继续进行导航。在第 2 个匹配点 B 处，AUV 的实际航迹 AB 偏离规划航迹 AT 的程度超过了预定的偏差阈值，从而再次进行定位修正。如图 9-22（b）所示，修正的过程与之前类似，计算匹配点 B 与目标点 T 间的新航迹 BT，并调整航向误差使 INS 系统沿 BT 方向引导 AUV 前进。

如图 9-22（c）和（e）所示为点 C 处的匹配修正结果。AUV 在该点的实际航迹 BC 与规划航迹 BT 存在一定偏离，但与上一个匹配点 B 处的偏差相比则较小。在此处进行匹配修正的原因是 AUV 已运动至距离目标点较近的区域，为获得

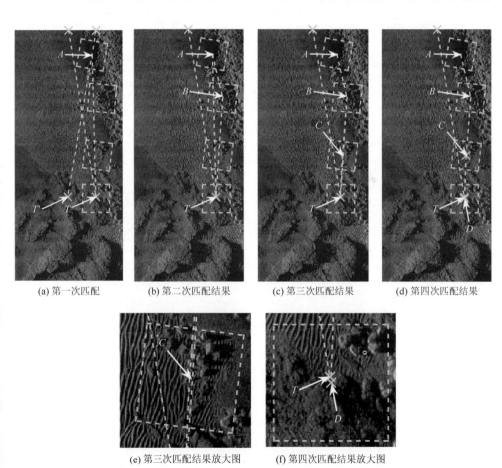

(a) 第一次匹配　　　(b) 第二次匹配结果　　　(c) 第三次匹配结果　　　(d) 第四次匹配结果

(e) 第三次匹配结果放大图　　　(f) 第四次匹配结果放大图

图 9-22　水下地貌图像匹配导航结果

更高的导航精度，预定的偏差阈值可适当减小，从而在发现小偏差时也执行匹配修正。新的修正航迹为 *CT*，INS 将沿该方向引导 AUV 至目标点 *T*。

如图 9-22（d）和（f）所示为最后一个匹配点 *D* 的定位结果。当 INS 指示 AUV 已到达目的地时，执行该次匹配，获得 AUV 实际坐标与规划目的点之间的相对位置关系，进而为 AUV 接下来的任务提供初始位置信息。

以上仿真实验结果说明，AUV 在长距离的水下航行任务中，采用具备地形地貌匹配功能的水下综合导航方案，不仅可以在航行过程中及时对导航系统进行误差修正，也可以在目标点附近区域内实现精确引导，验证了该导航策略的可行性及有效性。

参 考 文 献

[1]　　孔亚男，鲁浩，徐剑芸. 基于 Hausdorff 距离的地磁匹配导航算法[J]. 航空兵器，2011，26（4）：26-29.

索　引

彩　　图

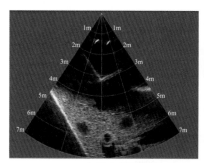

(a) Oculus声呐成像图[2]

(b) Echoscope声呐成像图[3]

图 1-2　二维和三维前视声呐的成像图

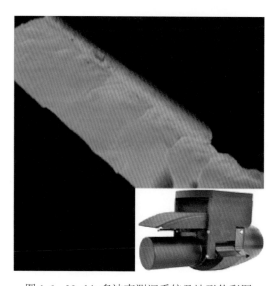

图 1-6　Norbit 多波束测深系统及地形伪彩图

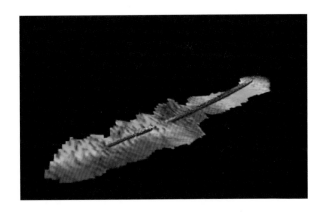

图 1-9　Echoscope 及其获得的海底管道伪彩图[3]

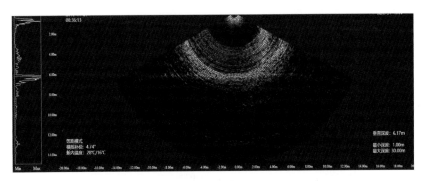

图 1-12　利用多波束测深声呐探测海管气体泄漏结果图

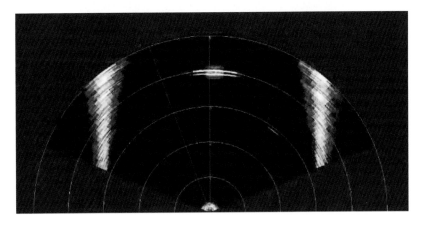

图 2-6　伪彩色处理结果

图 2-7　水下地形图示例

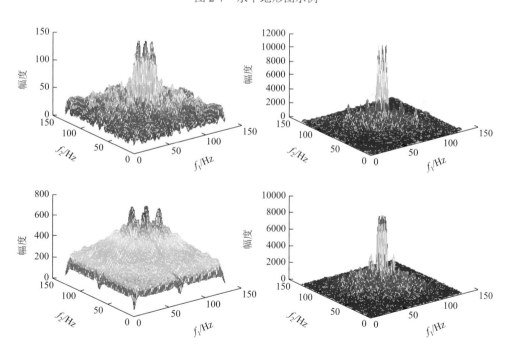

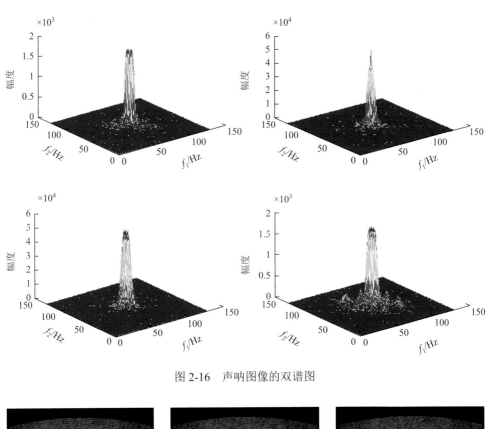

图 2-16　声呐图像的双谱图

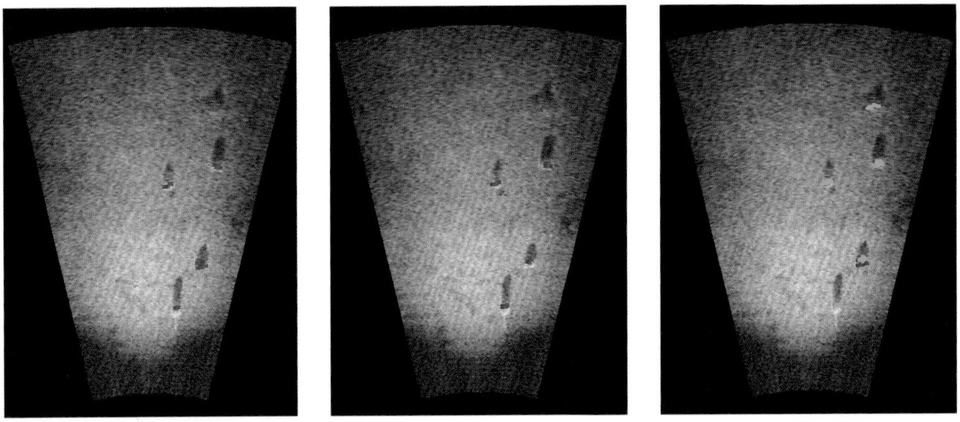

(a) 第1帧图像　　　　　　　　(b) 第2帧图像　　　　　　　　(c) 匹配后图像

图 3-4　基于 NDT 的声呐图像匹配

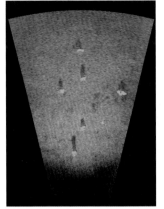 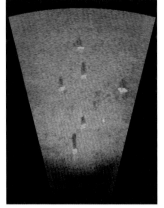 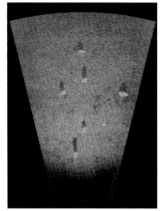

(a) 零仰角图   (b) 平面仰角图   (c) 目标仰角图

图 3-9   第 1 帧图像特征点和闭环映射到最后 1 帧图像的特征点

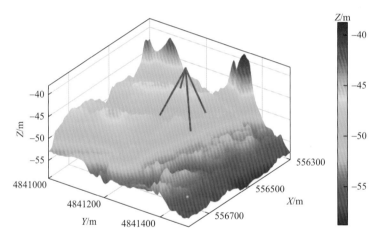

图 7-10   实验一所用参考图的三维地形数字高程模型

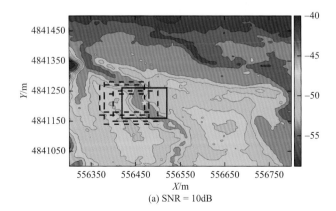

(a) SNR = 10dB

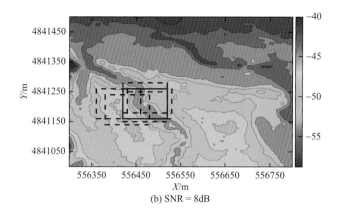

(b) SNR = 8dB

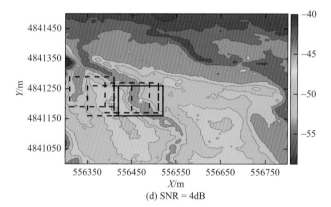

(c) SNR = 6dB

(d) SNR = 4dB

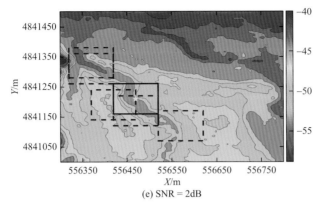

(e) SNR = 2dB

图 7-11　不同噪声下的地形匹配结果

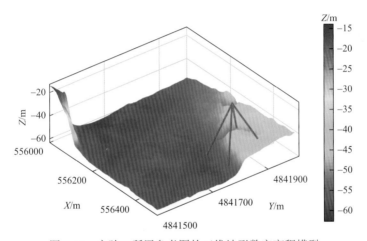

图 7-12　实验二所用参考图的三维地形数字高程模型

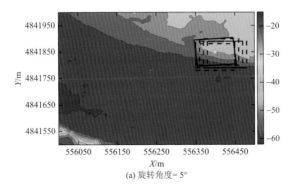

(a) 旋转角度= 5°

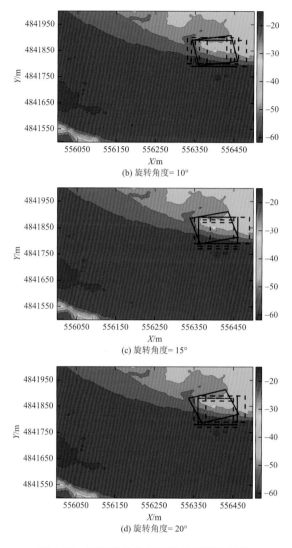

(b) 旋转角度= 10°

(c) 旋转角度= 15°

(d) 旋转角度= 20°

图 7-13　不同旋转角度下的地形匹配结果

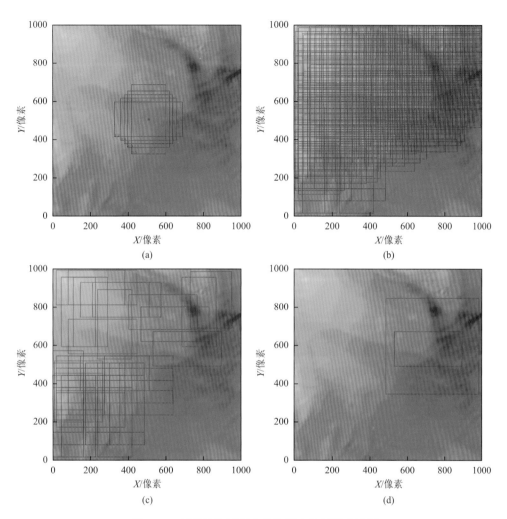

图 7-27　基于候选区域分类的样本选择策略流程

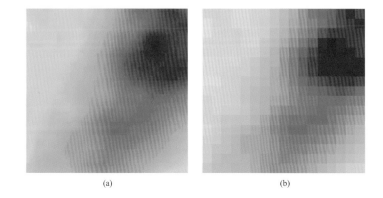

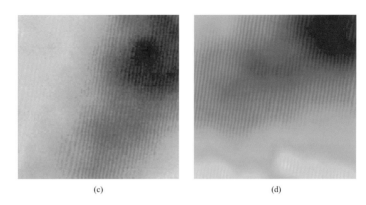

(c)   (d)

图 7-28　应用数据增强后转化生成的海底地形图

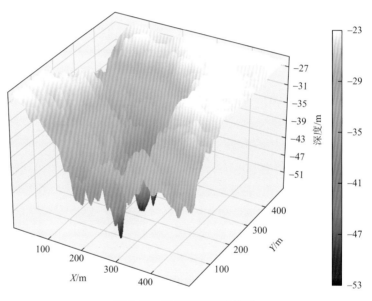

图 7-30　参考图的三维模型

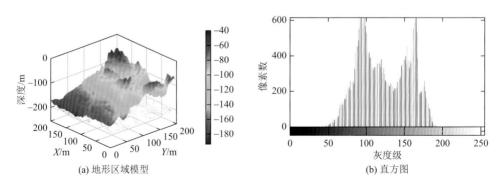

(a) 地形区域模型   (b) 直方图

图 8-3　较窄的直方图及对应的地形区域模型

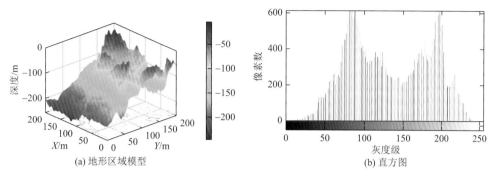

(a) 地形区域模型

(b) 直方图

图 8-4　较宽的直方图及对应的地形区域模型

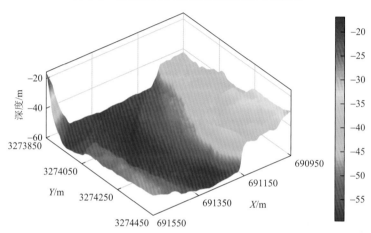

图 8-13　测试区域地形的三维模型

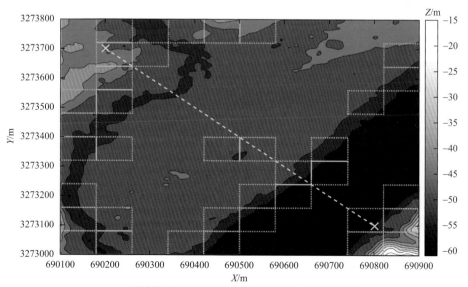

(a) 适合基于加权组合特征的水下地形匹配方法的适配区

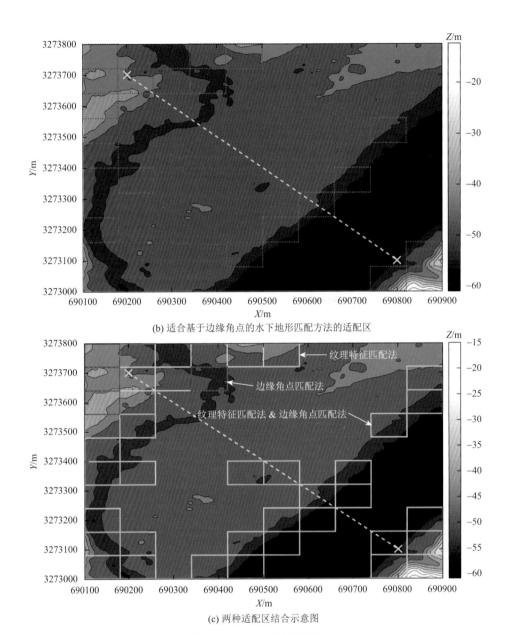

(b) 适合基于边缘角点的水下地形匹配方法的适配区

(c) 两种适配区结合示意图

图 9-19　适配区划分结果